U0162303

厦门大学马克思主义理论学科
『双一流』建设资助项目

厦门大学科技哲学与科技思想史文库

主编 曹志平 陈喜乐

技术基础主义研究

葛玉海 曹志平 著

厦门大学出版社 XIAMEN UNIVERSITY PRESS
国家一级出版社
全国百佳图书出版单位

图书在版编目(CIP)数据

技术基础主义研究/葛玉海,曹志平著.—厦门:厦门大学出版社，2020.12

(厦门大学科技哲学与科技思想史文库)

ISBN 978-7-5615-8014-1

Ⅰ.①技… Ⅱ.①葛…②曹… Ⅲ.①技术哲学—研究 Ⅳ.①N02

中国版本图书馆 CIP 数据核字(2020)第 240666 号

出 版 人 郑文礼
责任编辑 文慧云

出版发行 厦门大学出版社
社　　址 厦门市软件园二期望海路 39 号
邮政编码 361008
总　　机 0592-2181111 0592-2181406(传真)
营销中心 0592-2184458 0592-2181365
网　　址 http://www.xmupress.com
邮　　箱 xmup@xmupress.com
印　　刷 厦门集大印刷厂

开本 720 mm×1 000 mm 1/16
印张 16.25
插页 2
字数 250 千字
版次 2020 年 12 月第 1 版
印次 2020 年 12 月第 1 次印刷
定价 68.00 元

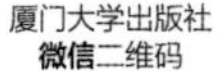

厦门大学出版社
微博二维码

序　言

我们会生活在更好的世界吗？或者说，我们未来生活的世界会更美好吗？绝大多数的人都会做出肯定的回答。因为和过去比，我们的社会确实进步了。比如，物质极大丰富了，粮食产量越来越高了；高速公路和高速铁路里程在不断增加，标准化的物流能够做到高效率地全球化配送；手机和电脑从无到有，而且越来越智能化，深刻地改变了人类的通信和工作方式；过去没有的物联网不仅创造了人类的虚拟生存，而且变成了产业发展的基础；人工智能在自动机器把人从繁重的体力劳动中解放出来的基础上，进一步在几乎所有的人类活动领域，如交通运输、医疗、金融服务、工业生产、互联网、艺术和科学等领域解放人的智力和体力劳动；医学技术的发展，使人类的平均寿命延长，甚至出现了需要讨论人在什么状态下才能算真正死亡的问题；等等。在哲学家通过分析说“归纳法不可靠”的时候，人们都在用归纳法来总结和概括过去，预言未来。未来社会更好吗？人们说：“是的，现在就比过去好，我们的生活会越来越好。”

如果进一步分析人们的回答逻辑，就会发现，从过去到现在对未来的预想，人们不仅运用了归纳法，而且归纳的事件总是人类对现实世界的积极改造而取得的积极成果。也就是说，人们总是基于对现实世界的改造,基于技术及其进步的观念来预想未来世界的前景。哲学上把依据技术的积极效应,憧憬美好新世界,称作"技术乌托邦";把强调技术的负面效应,担心未来世界前景,称作"技术敌托邦"。哲学史上,弗朗西斯·培根(Francis Bacon)的《新大西岛》和阿道司·赫胥黎(Aldous Leonard Huxley)的《美丽新世界》分别是以上两种观点的写照。技术乌托邦认为,技术对人类来说是好的存在,即使技术发展带来了负面影响,但这种影响也是可以消除的,或者和获得的好处相比是微不足道的;技术是不断进步的,并且这种进步的力量构成了人类社会发展的基础和核心。技术敌托邦突出了技术的负面作用,但实际上它也强调了技术的发展,承认技术对人类社会发展的核心作用。

不论是技术乌托邦还是技术敌托邦,在哲学上都是把技术仅仅看作是一种认识的对象,并根据认识的结果构建技术与社会的关系。很显然,它们都低估了问题的复杂性。正如人们在日常生活中总是在运用归纳法,但不能由此否认哲学家关于归纳法不可靠,即不能从"真"的前提归纳出"真"的结论的论证价值一样。现实生活中技术进步的例子及其归纳结论,也不能代替哲学上对技术进步及其和社会关系的形而上学思考。辩证法认为,任何事物都具有两面性,这不是说一个事物有好的一面也有坏的一面,而是说,事物的好的方面同时也就是坏的方面,事物的坏的方面同时有积极的意义。技术及其和人、社会的关系就是这样。技术是人对自然的积极改造,"改造"作为实践本身就负载价值,它是符合辩证法的。为了农业灌溉和发电而建设的大坝,发挥经济和社会效益的前提条件,是水位的抬高以及抬高的水位对原来生态系统的破坏。从发生学上看,技术就是相当于自然来说的,其本真的含义就是"不自然"。那种仅仅从"好""坏""积极作用""负面影响"的方面来论证技术的哲学分析，显然简单了一些。对技术的哲学理解，前提性地包含着对人的本质的哲学理解；要理解技术及其发展对于社会的意义，理解人类社会的发展是否必须以技术为基础力量，首先必须理解技术在人的定义、人的本质规定中的地位。如果将技术看作是人之为人的一个基本条件，看作是人的本质力量的代表，看作是人与其他动物区分的一个标准，那么，这种技术的形而上学必然将技术看作是一种以对象化为核心的客观的价值，这种技术的客观价值不是由人选择的，而是人与生俱来的，它是人作为人对待自然的态度。马克思和海德格尔等人对技术的哲学理解是这方面的代表，他们的理论深刻影响着当代哲学理解技术与社会的关系的本体论和方法论。

这样，在回答“我们会生活在一个更好的世界吗”这个问题的分析中，我们接触到了三种技术观、即经验的归纳法的常识技术观、将对技术的认识作为出发点的认识论技术观，以及从人的本质理解技术的形而上学技术观。这三种技术观分别处于三个不同的层次，它们都对当代人对技术及其与社会的关系的看法发挥着重要影响。

其一，人们在日常生活中的确把技术进步、社会因为技术而进步作为生活的指导，作为日常思维的方法论。比如，产品的更新换代是因为新技术代替了旧技术，新产品的技术指标比旧产品高；人们买手机和电脑，追求的是速度更快的 CPU、更大的内存、更大容量的存储器和更多的功能；人们接受了高铁的票价比动车高，而动车的票价又比普通列车高的安排；把一个国家、城市的工业产值、GDP 和高科技对于二者增长的贡献率的高低等指标，作为衡量和解释国家和城市发达程度的标准；把对高科技及其知识产权的争夺看作是世界主要国家为了未来社会发展的制高点而展开的战略争夺；等等。可以说，人们对日常生活和社会发展的基本判断，就是以技术进步的常识观为基础的。

其二，在当代的技术行为和工业实践中，“技术是把双刃剑”似乎已成为常识。人们在这样一种认识论的支配下，越来越重视如何在工业工程中减少技术的负面作用；也是在这样一种认识论的支配下，人们越来越关注雾霾、酸雨、温室效应、全球性气候失调、森林生产力降低、资源短缺等现代化问题。技术在带给我们利益的同时，必然会带来负面的效应，这是现代化的工程学、工业和社会管理的技术认识论基础。

其三，对技术的形而上学研究，深入到了技术与人的前概念、前逻辑的联系，在更高层次上深刻地影响着人们对技术、社会和文化的理解，成为人们思考未来社会的本体论和方法论。我国科幻作家刘慈欣在获得2018年克拉克想象力服务社会奖（Clarke Award for Imagination in Service to Society）的致辞中说：“当科幻变为现实时，没人会感到神奇，它们很快会成为生活中的一部分。所以我只有让想象力前进到更为遥远的时间和空间中去寻找科幻的神奇，科幻小说将以越来越快的速度变成平淡生活的一部分，作为一名科幻作家，我想我们的责任就是在事情变得平淡之前把它们写出来。”[①] 很显然，这个未来的世界是技术的世界，也是我们的人的世界。在尼尔·波斯曼（Neil Postman）看来，这个未来世界既不是技术乌托邦也不是技术敌托邦，而是由技术本身造成的建立在技术乌托邦基础之上的一种“新型的技术敌托邦”。波斯曼指出，这种新型技术敌托邦的核心是世界的“技术垄断”：首先，它是一种文化态度，即一切形式的文化生活都臣服于技术和技术的统治。以医疗实践为例，波斯曼说：“现行文化的组织方式注定要支持凭借技术手段的医疗工作，文化的各个要素都有这样的倾向，包括法院、官僚主义、保险体

① 刘慈欣：《那些没有太空航行的未来都是暗淡的》，https://www.guancha.cn/LiuCiXin/2018_11_09_478986.shtml。

系、医生的培养、患者的期待等。治疗方法多样的局面不复存在，只剩下一种方法——技术方法。如今，界定医疗能力的因素是用于治病的机器的数量和种类。"[①]其次，它是一种心态和要求，认为针对旧世界的每一种信念、习惯或传统，过去和现在都可以利用技术手段来替代。对于天气炎热这一现象，人们在过去会说："因为太阳太晒了。"而现在则偏向于说："因为（温度计显示）温度达到了40摄氏度。"人们也往往顺从并满足地接受如下解释："数据显示……"而从不过问：谁输入的数据，对于这些数据谁是受益者等。最后，它是一种结果，即人从信息的主动接受者逐步变成了被动接受者，并且每个人都处于既是信息的制造者、传播者，也是信息的受害者的技术安排之中。人人接受技术，接受技术进步，接受技术对于异己的排斥，接受技术进步带来的社会变化，在这种接受的过程中每个人都感受到了技术的统治，但又都无可奈何地接受了这种统治，并把这种统治当作是理所应当的。

我们在本书中探讨的就是事关上述讨论，回答技术在我们未来的世界中承担着什么样的角色的问题。在我们看来，在人们回答技术和社会的关系的时候，起着基础性作用的是这样一类观点：技术是对人类生活世界进行阐述的依据，技术是对人类生活世界进行构建的核心。我们用"技术基础主义"来概括和表达这种观念。"基础主义"的概念以前就有，它指这样一种哲学信念或共设：人类的认知或行为具有某种坚实的基础，后者应当成为一切认知或行为的合理性的源泉。[②] 虽然"技术基础主义"的概念以前没有被明确概括，但它所包括的内容、观点和主张，过去已在不同程度上被阐述过，有的

---

① 波斯曼：《技术垄断：文化向技术投降》，何道宽译，北京大学出版社2007年版，第58页。

② 章忠民：《基础主义的批判与当代哲学主题的变化》，《哲学研究》2006年第6期；刘放桐等：《新编现代西方哲学》，人民出版社2000年版，第626页。

还被人们所熟知。比如,“科学技术是第一生产力”,就是人们熟知的论断;“技术乌托邦”和“技术敌托邦”,在内容上也为人们所熟悉;本书中阐述的“古代技术和现代技术的区分”“技术价值一元论”“技术本质主义”等,则分散于不同哲学家的著作之中。我们将马克思、杜威、海德格尔和埃吕尔等视为“技术基础主义”的代表人物,而对雅斯贝斯、奥格本、加塞特、芒福德、约纳斯等则在有限意义上赋予其“技术基础主义者”身份。

我们认为,技术基础主义概括的技术是人类社会构建的核心力量,是诠释人类社会生活的依据这种核心观念,使技术基础主义在认识论、价值论和本体论上表现出三个基本观点,即古代技术和现代技术的区分、技术价值一元论和技术本质主义。为了行文简洁,我们将“古代技术和现代技术的区分”简称为“观点一”,将“技术价值一元论”简称为“观点二”,将“技术本质主义”简称为“观点三”。马克思关于工具和机器的区分符合“观点一”,关于生产力(或技术)与生产关系(或社会)的关系的论述可以导出“观点二”,关于人性的论述可以导出“观点三”,涉及的主要著作有《1844年经济学-哲学手稿》《资本论》《德意志意识形态》《关于费尔巴哈的提纲》等。杜威对技术史的解读符合“观点一”,对技术与社会的关系的论述形成了“观点二”,他的“工具论”本身也是对技术的定位从而符合“观点三”,涉及的主要著作有:《经验与自然》《人的问题》《逻辑:探究理论》《公共及其问题》《确定性的寻求》《人性与行为》等。海德格尔有明确的关于“观点一”和“观点三”的立场,从其关于技术的论述中也可推出“观点二”,涉及的主要著作有《演讲与论文集》《林中路》《路标》等。埃吕尔的著作中有关于“观点一”“观点二”“观点三”的立场,涉及的主要著作有《技术社会》和《技术系统》等。

“观点一”“观点二”“观点三”之间的关系是十分复杂的。就它们作为技术基础主义的基本观点或主张而言，三者是相辅相成的。“观点一”在认识论层面上支撑“观点二”，如海德格尔区分现代技术与古代技术，导致了现代技术的价值单一化；“观点二”在价值论层面上支撑“观点三”，如主张技术异化的埃吕尔就认为技术有一个“自主性”本质；“观点一”在认识论层面上支撑“观点三”，如在海德格尔那里，作为存在展现（或去蔽、解蔽）方式之一的“技术”的转变与其本质的转变是一致的；“观点三”在本体论层面上支撑“观点二”，例如马克思和杜威强调技术的工具论意义，便倾向于赞同技术的进步性；“观点二”在价值论层面支撑“观点一”，例如埃吕尔主张现代技术自主论，实质上含有对“观点一”的认同。

技术基础主义的上述三个基本观点在以下意义上成为一个整体："古代技术和现代技术的区分”导出技术作为人的生活方式、技术体系具有自主性，“技术价值一元论”导出技术作为人的价值载体，而“技术本质主义”则导出技术作为人的本质体现，三者相互结合有力地支持着技术基础主义的总体主张。从客观上讲，这为前面说的波斯曼的论断奠定了深层的理论基础，也使得它们显得颇为合理。如果我们持有技术基础主义，那么将不得不“坦然”而又“悲壮”地面对即将到来的“新世界”。

技术基础主义的产生，有其广泛而深刻的历史条件和理论基础。我们不仅可以从技术的历史发展中看出它的端倪，还可以在自然科学和人文社会科学中发现它成长的迹象。诸如技术的科学化现象、技术的双刃剑效应、科学和技术的社会建制、启蒙运动的深远影响等都构成了技术基础主义产生的历史条件。在理论渊源上，技术基础主义又与“基础主义”“理性主义”“科学主义”“历史唯物主义”“社会塑造论”等相交叉。技术基础主义的基本特征，也是它能够与上述诸哲学理论相联结的，是它对于人类活动的一个主要倾向，即"确定性的寻求"的揭示，并使之达到了一个新阶段。关于技术与社会关系的描述，技术基础主义是原则性的，它对于技术的"不确定性"（包括技术本身固有的不确定性和人类关于技术认识的含混性等）的存在及其作用认识不足，对于制约技术推动社会进步的社会文化因素也较少涉及。这些都说明，技术基础主义阐释的是关于技术和社会、技术进步和社会发展关系的最底层、最基本的观念和思想，要完整地解释和回答技术如何能够使社会更美好这样的问题，必须在技术基础主义持有的技术是人类社会发展的核心力量这样的观念之上附加对社会制度、文化传统等的考察才行。也就是说，技术基础主义是对那些持有将技术看作是社会构建的核心这种观念的哲学的相似特征的描述和把握，它表现出了这些哲学理论的共有观念，是对人类社会现代化的时代精神的表达。

关于技术基础主义的研究有一定的理论基础，只不过，人们过去的研究面向的仅是技术基础主义的某些观点或与之相近的领域。关于"古代技术和现代技术的区分"，米切姆在《通过技术思考》中就曾对之进行过梳理——从客体、知识和过程三个方面分析了两者的关系；舒尔曼在《科技文明与人类未来》中也对"古典技术"和"现代技术"的区分做过阐述和评论，他认为这种区分虽然"过于简单化"，但不失其合理性，并主张将人与技术的关系纳入到这种区分中来[①]；拉普在《技术哲学导论》中关于人工物和自然物的区分，更是直接到现代技术与古代技术区分的批判。在技术的价值论研究方面，芒福德在《技术与文明》中对技术进步观进行了批评，认为技术进步只是"预设的"；巴萨拉在《技术发展简史》中也对"技术进步观"进行了颇有说服力的分析和评价，并主张用对"技术进化的多样性"的考察来

① E.舒尔曼：《科技文明与人类未来——在哲学深层的挑战》，李小兵等译，东方出版社 1995 年版，第 350 页。

取代对“技术进步”的考察；斯蒂格勒在《技术与时间》中较为详细地分析了他之前的技术进化论，并提出自己的以“技术体系”为核心的技术进化论。从广义上说，关于技术与社会关系的研究也可看作是对技术的价值论研究。前者通常涉及诸如“技术乌托邦主义”、“技术敌托邦主义”、“技术乐观主义”、“技术悲观主义”、“技术决定论”、“技术自主论”、“技术统治论”（也称“技治主义”）和“技术万能论”等概念。这方面的著作有B.杰缅丘诺克的《当代美国的技术统治论思潮》、让·拉特利尔的《科学和技术对文化的挑战》，温纳的《自主性技术》、芬伯格的《技术批判理论》等。关于技术本质主义的研究除了直接出现在芬伯格的上述著作中以外，我们还可以在米切姆的《通过技术思考》、布莱恩·阿瑟的《技术的本质》、理查德·沃林的《存在的政治》等书中找到线索。

技术基础主义研究的困难是，由于它讨论的是关于技术及其与社会关系的一些基本问题，几乎所有的哲学家和技术哲学家都会有关于人与技术、技术进步、技术异化、技术的作用等方面的论述。超越以往的局部讨论，提出“技术基础主义”的概念并将它放在广泛的哲学背景中来讨论，是本书的一个基本特征。我们首先力图明确技术基础主义的概念，揭示技术基础主义产生的历史条件和与之相关的哲学理论，阐述技术基础主义的基本观点或主张，探究其背后的存在论、价值论和认识论根据，分析其前景。第一章是技术基础主义的概念和哲学底蕴，讨论什么样的哲学理论或者哲学派别可以称作技术基础主义。第二章讨论了技术基础主义的第一个基本观点，即现代技术和古代技术的区分，阐述了马克思、杜威、海德格尔、埃吕尔等人在这方面的论述。第三章阐述了技术基础主义的第二个基本观点，即技术价值一元论，讨论了马克思、杜威的技术进步观，勃特勒、巴萨拉、斯蒂格勒、道希和齐曼等人的技术进化论，以及马克思的技术异化思想、雅斯贝斯的技术异化论和海德格尔的技术异化论等。第四章阐述了技术基础主义的第三个基本观点，即技术本质主义。我们认为，由于技术的特殊性，技术工具论和技术实体论一样都属于技术本质主义，马克思、杜威、海德格尔、埃吕尔等人对技术本质的论述构成了当代技术本质主义的基础。第五章阐述了技术基础主义的存在论、价值论和认识论的根据。在存在论上，技术是人的存在方式、技术是存在者的出场方式、技术是社会建构的物质基础、技术构造了人类生存的空间等论断，都支撑着技术基础主义；技术满足了人类对真理、理性主义的进步、效益和美的追求，构成了技术基础主义在价值论上的支撑；而对克服技术不确定性的有效性则构成了技术基础主义的认识论根据。第六章阐述了技术基础主义受到的批判，如芒福德、维纳、巴萨拉等人对技术进步的批判等。第七章阐述了我们对技术基础主义前景的认识，技术基础主义是从理解技术进步的视角寻求确定性的新阶段，向"不确定性"敞开，显露出了技术基础主义的前景。

在众多的哲学派别中，提炼、概括和阐述"技术基础主义"的概念，总结其理论特征，分析一些重要的哲学派别在技术基础主义观念上的理论联系，这些都是一种理论尝试，加之问题确实复杂，书中难免有疏漏、不妥之处，恳请大家批评指正。

目　录

第一章　技术基础主义的概念

“技术基础主义”(techno-foundationalism)在字面上和内容上都与“基础主义”(foundationalism)联系紧密。不管是基础主义，还是反基础主义，或者是对基础主义的批判，都构成了技术基础主义的理论背景。因此，对“技术基础主义”概念的界定离不开对“基础主义”的理解。

第一节　基础主义与技术基础主义

哲学史上的“基础主义”，表现出从一种认识论观点到“反基础主义”批判的哲学观和社会历史观的演变。在这种演变中，基础主义坚持的“基础”及其自明性、本质性，清晰地表现出了技术基础主义的哲学内涵。

一、基础主义的界定

“基础主义”首先是在认识论上得到表现和阐述的。比如，《西方哲学英汉对照辞典》指出，基础主义是“英美认识论中的一种认知辨明理论”，这一理论主张知识具有双层结构，即“基础”部分和“上层建筑”部分：直接产生于感觉器官的某些信念是自明的，相比于其他类型的信念而言，自明的信念具有优先的认知地位，并且为非自明的信念提供证明或辨明的基础。

至于自明的或基本的信念有哪些以及如何从此基础中派生出“上层建筑”，不同的基础主义理论之间存在分歧。[①]《外国哲学大辞典》也以英美分析哲学为视界解释“基础主义”概念，认为基础主义是一种“意义理论”。此理论主张在一个有意义的解释系统中，一个词的意义往往是借助于逻辑从其他语词获得解释的，然而却必定存在一些语词，它们的意义不是通过此种方式，而是通过与外部世界的直接关联而被赋予的，这些避免了知识无限后退困境的特别的语词被称为“观察词”，它们不仅可以独立地得到客观的解释，而且也是理解和解释其他语词的基础和源泉。[②]

罗蒂(Richard Mckay Rorty)在更普遍的意义上，从整个哲学的发展指出，这种认为人类知识具有某种自明的、直接的、坚实的，应当成为其他知识合理性源泉的基础的基础主义，是西方传统哲学的“理论支柱”。因而，基础主义成为罗蒂的“反基础主义”批判的哲学观。在罗蒂看来，基础主义一般包含三个前提条件：第一，任何文化都存在一个理论基础；第二，此基础由具有真理和真相意义的表象构成，这些表象是特许表象(priviledged representation)，即相对于其他表象而言处于优先地位；第三，对此基础的探讨是学术研究的首要目的。[③] 罗蒂认为，柏拉图理念论、经验论、唯理论、康德哲学、实证主义、分析哲学、现象学等，都是基础主义在不同哲学发展阶段的表现形式。具体来说，在柏拉图那里，理念是表象存在的依据，变动不居的万事万物具有一个产生它们的本原即理念，对理念的准确掌握就意味着对表象之真理(即确切知识)的掌握。近代的经验论和唯理论建立在主客二分前提之上，经验论试图基于经验的观察命题建立系统的完整知识体系，唯理论则以理性命题(带有先天或公理意义的一般概念)为出发点构建理论体系，两者都强调人类知识的根本基础的存在。康德哲学通过对人的理性的分析来划分自在之物和现象、信仰和理性、宗

① 尼古拉斯·布宁：《西方哲学英汉对照辞典》，余纪元译，人民出版社 2001 年版，第 392 页。

② 冯契：《外国哲学大辞典》，上海辞书出版社 2008 年版，第 229 页。

③ 刘放桐等：《新编现代西方哲学》，人民出版社 2000 年版，第 626 页。

教和科学等的界限，然而其工作的目的仍是为科学、道德、宗教、艺术等谋求一个在他看来更为可靠的基础。传统基础主义在康德之后发生了分化，以罗素和维特根斯坦为首的英美分析哲学致力于探索一种具有精确性的规范语言，而以胡塞尔为首的现象学则试图借助本质还原和先验还原的方式寻求知识绝对可靠的基础。在主张哲学应该严格化和精确化，以及寻求科学和哲学的最终基础方面，他们仍旧走在由康德指引的路上，仍是基础主义的继承者。[①] 而在更大的范围，哲学家怀特海（Alfred North Whitehead）曾在《过程与实在：宇宙证研究》中说过："欧洲哲学传统最可信赖的一般特征是，它是由柏拉图的一系列注脚所构成的。"[②]这实质上是对柏拉图基础主义以及以后的哲学家对构成人类社会的基础的寻求的阐释。

国内有学者把这种基础主义的哲学观表述为：基础主义是一种"哲学共设"和"哲学信念"，"它确信：存在着或者必须存在某种我们在确定理性、知识、真理、实在、善和正义的性质时，能够最终诉诸的永恒的、非历史的基础或框架，哲学家的任务就是去发现这种基础，并用强有力的理由去支持这种要求"[③]。

由于对"基础"的理解不同，基础主义存在不同的类别。比如，一种观点认为，贯穿西方近现代哲学"认识论思潮"，旨在"为人类整个知识体系寻找一个根本的、绝对的不容置疑的基础"的基础主义，可以依其研究主题的历史性和差异性划分为三种：一是"公理性的基础主义"，如以笛卡儿和莱布尼茨为首的唯理论，以及康德的先天知识论。二是"归纳的基础主义"，如以培根、洛克、穆勒等为代表的经验论。三是"辩护的基础主义"，如 20 世纪初至 60 年代的逻辑实证主义，代表人物有罗素、维特根斯坦、纽拉特、卡尔纳普、汉恩等人。[④] 除此之外，还有其他类型的分类。比如，"古典基

---

① 刘放桐等：《新编现代西方哲学》，人民出版社 2000 年版，第 626 页。

② 怀特海：《过程与实在：宇宙论研究》，杨富斌译，中国城市出版社 2003 年版，第 70 页。

③ 章忠民：《基础主义的批判与当代哲学主题的变化》，《哲学研究》2006 年第 6 期。

④ 王善博：《辩护的基础主义——由来、表现形式及其合理性论题》，《哲学动态》2002 年第 7 期。

础主义”(classic foundationalism)被用来概括笛卡儿和洛克分别用“我思”和“经验”或“观察性陈述”作为基础来构建知识大厦的过程。[①] 由于古典基础主义赋予基础信念众多硬性规定,比如必须具备自明性(self-evident)、确定性(certainty)、不可错性(infallibility)、不可矫正性(incorrigibility)、不容置疑性(indubitability)等,它也被称为“强的基础主义”。在这种基础主义遭受人们的不断质疑后,“温和的基础主义”(modest foundationalism)应运而生。[②] 后者也被称为“可错的”基础主义,它“只要求基础信念和非基础信念是可错地确证的”。[③] 换言之,基础信念作为基础表明的只是可能性,而非必然性;基础信念可能是真的,但不必然是真的。基础信念和非基础信念的关系不再是演绎关系,而是带有归纳性质的辩护关系,在众多信念中,能实现“最好的解释”的信念就是基础信念。[④] 依据对不同类型的基础信念的区分,温和的基础主义还可以进一步划分为“信念论的基础主义”(doxastic foundationalism)和“非信念论的基础主义”(non-doxastic foundationalism)。前者将“显现的信念”和“知觉的信念”划分开来,并将“显现的信念”视为基础信念。后者把“知觉信念”和“记忆信念”都看作基础信念。[⑤]

二、对基础主义的批判

基础主义的含义和意义,是在“反基础主义”的批判中得到进一步明确的。如果说,在自然科学产生以前,基础主义,特别是知识的基础主义,还

---

① 孙清海:《从普兰丁格的“保证”思想看基础主义和联贯主义》,《自然辩证法研究》2014 年第 7 期。

② 孙清海:《从普兰丁格的“保证”思想看基础主义和联贯主义》,《自然辩证法研究》2014 年第 7 期。

③ 张立英:《论“温和的基础主义”》,《山东师范大学学报(人文社会科学版)》2005 年第 5 期。

④ 孙清海:《从普兰丁格的“保证”思想看基础主义和联贯主义》,《自然辩证法研究》2014 年第 7 期。

⑤ 张立英:《论“温和的基础主义”》,《山东师范大学学报(人文社会科学版)》2005 年第 5 期。

只是一种思辨的哲学猜测的话，那么，自然科学的系统产生和飞速发展就成为基础主义最牢固的和最直接的例证。第一代实证主义阐述了把以物理学为典范的科学作为人类社会和文化的基础的哲学观，从马赫主义到逻辑实证主义，则进一步分析和阐述构成人类知识基础的科学的基础问题。迄今为止，逻辑实证主义对科学的逻辑分析，是从纯粹理性的角度实现的对科学基础的规范性的最高认识。而科学历史主义对科学基础主义的批判则告诉人们，逻辑实证主义找到的科学的基础是如何靠不住的。科学历史主义，特别是库恩的范式理论对科学基础主义的批判，在当代哲学中产生了重大影响。

逻辑实证主义科学观的基础是经验主义和逻辑主义。经验主义一直是科学发展史中主流的认识论，在马赫将感觉经验还原到观察陈述的基础上，逻辑实证主义把还原到观察术语的经验事实看作是价值中立的能够决定科学理论命运的基础力量。逻辑主义使逻辑实证主义把逻辑看作是世界和科学的基础，逻辑分析是有效地寻求科学基础的方法。以经验和逻辑为基础，逻辑实证主义建立起标准的基础主义科学观：科学的划界标准是可证实性，经验是决定科学理论真理性的最后因素，从最底层的经验定律经过连接原理逻辑上升到理论原理就形成了演绎的甚至是公理化的科学理论体系。

蒯因在《经验论的两个教条》一文中指出，以逻辑实证主义为代表的现代经验论往往秉持着两个站不住脚的教条：一是逻辑的分析真理和经验的事实真理的二分，二是还原论。在西方哲学中，分析命题和综合命题、逻辑真理和事实真理的区分源远流长。早在 17 世纪，莱布尼茨便提出了依靠充足理由律的"事实真理"和依靠矛盾律的"理性真理"之分。在 18 世纪，休谟区分了具有偶然性的"事实的知识"和具有必然性的"理性的知识"。在 19 世纪，康德提出了"综合判断"和"分析判断"的区分。综合判断通过联系或综合宾词概念和包含于主词之内的概念而为人们提供新知识，分析判断仅阐释和分析包含于主词之内的概念，不提供新知识。在 20 世纪，逻辑实证主义界定了"分析命题"和"综合命题"。分析命题陈述的是先天知识，其真理性源于命题本身包含的词或符号之间的意义融贯，具有必然性和普遍性，但它不包含经验内容。与之相反，综合命题陈述的是事实，其真理性源于经验的证实，是事关科学创新的命题，但它却不具有必然性和普遍性。针对分析真理和事实真理的区分，蒯因提出了三条反驳意见：第一，作为区分依据的"分析"一词经不住进一步分析。"分析"概念有时指的是"同义反复"或"否定它会导致自相矛盾"，有时指的是"把主词已经蕴含的内容归属于主词"，前一种观点有待进一步解释，后一种观点仅适合于具有主谓形式的陈述。第二，仅以意义为依据来阐释分析真理的本质，会导致意义与指称的混淆，换言之，把意义等同于外延是错误的。第三，所谓的分析陈述并不是真正的分析陈述。在逻辑实证主义那里，分析陈述表现为"同一反复的逻辑真理和按照同义性解释的陈述"[①]两种形式。前者只在某些特定语境中成立，后者在根本上仍需由经验观察来证实。比如，"单身汉是没有结婚的男人"就是一个按照同义性进行解释的分析陈述。其中，"单身汉"和"没有结婚的男人"被认定为同义词，这样做的通常依据是"词典"对它们的解释。然而，很显然，词典中的定义并不全是来自于分析本身，更多的是源自经验。

在蒯因看来，还原论是逻辑实证主义意义证实论的基础。"还原"指的是凡是有意义的命题都可以转译为与经验直接相关的真假陈述，"证实"的任务既在于详细地规定关于感觉材料的语言，又在于把命题的内容准确地转译为关于感觉材料的语言。还原论预设了这样一个前提，即每个命题都可以从与之相关的其他命题中分离开来，"独立地在经验上加以证实或否证"[②]。蒯因认为，这种假定与科学进步的事实不符，也与当时哲学对意义单位的认识相悖。逐词逐句式地追溯意义已经被摒弃，取而代之的应是在科学整体或整个科学中确定概念的意义和指称。[③]

对逻辑实证主义的基础主义科学观以致命一击的是科学历史主义的

① 刘放桐等：《新编现代西方哲学》，人民出版社2000年版，第287页。

② 刘放桐等：《新编现代西方哲学》，人民出版社2000年版，第288页。

③ 刘放桐等：《新编现代西方哲学》，人民出版社2000年版，第288页。

兴起。汉森提出的“观察负载理论”的命题质疑了逻辑实证主义的经验论。汉森认为，观察不是没有前提的，观察以理论为前提，没有理论科学家什么都看不到，理论不同，科学家看到的也不同；经验对理论的检验，涉及的不只是经验与被检验的理论之间的关系，而是经验、被检验的理论、经验负载的理论三者之间的关系。“观察负载理论”“允许理论上诉”等观念的提出和论证，揭露了以前经验主义和逻辑实证主义把经验作为科学基础的经验论的简单化倾向，质疑和降低了经验在科学检验和理论评价中的权威性。就逻辑实证主义确立的科学的另一个基础，即逻辑基础来说，西方科学哲学是通过以下三点来澄清的：一是罗素和怀特海把数学还原到逻辑，论证数学的基础是逻辑的努力的失败；二是维特根斯坦后期的《哲学研究》对其前期的被看作是逻辑实证主义理论基础之一的著作《逻辑哲学论》的冲击；三是库恩的以“范式”为核心概念的科学历史主义理论的提出。在科学历史主义看来，科学哲学不应该研究科学应该是怎样的，而应研究科学实际是怎样的，因而科学哲学不是对科学理论和科学语言进行逻辑分析，而是对实际的科学家的活动和科学史进行研究和概括，把握从历史中浮现出来的科学观。

库恩在1962年出版的《科学革命的结构》中批判了逻辑实证主义的逻辑分析的科学观，提出了科学革命是范式的更替、范式具有不可通约性(incommensurability)、没有独立于理论的中性客观的经验事实等相对主义的认识论和工具主义的科学真理观，深刻地影响和改变了哲学界对自然科学的看法。我们曾经比较了库恩科学历史主义之前和之后的科学形象。[①] 逻辑实证主义为人们描述的科学形象是：科学语言是无歧义的、精确定义的，观察和理论具有严格的分界，观察陈述是价值中立的，科学理论是严格地从基于观察和实验得来的经验事实中推导出来的，科学与非科学能够明确划界，科学是积累性的事业，科学是统一的等。库恩描述的科学

① 曹志平等：《科学解释与社会理解——当代西方社会科学哲学研究》，厦门大学出版社2017年版，第161～162页。

的形象是:科学革命是范式的更替,范式是科学理论、哲学观念、信仰、社会因素等的综合体,范式基于不可通约性,常规科学是范式指导下的解难题活动,观察负载理论,不存在中性的客观事实,科学与非科学没有明确的界限,经验对理论有意义,但最终决定科学理论命运的是科学共同体的态度,科学理论越来越接近真理的说法是没有根据的,等等。很显然,前者描述的科学形象是基础主义的,而后者描述的科学形象则是非基础主义的。

库恩的《科学革命的结构》不仅是批判逻辑实证主义科学观的科学哲学著作,而且是哲学史上第一次系统地从自然科学的内部深刻批判科学基础主义的著作;库恩的非基础主义科学观的影响是深远的,波及整个哲学领域。这从伽达默尔哲学诠释学对它的关注可以看出。伽达默尔的《真理与方法》是与库恩的《科学革命的结构》同时代的作品。伽达默尔对自然科学的哲学理解,深受物理学家赫尔姆霍茨的影响,在科学的本体论、认识论和方法论上都基本坚持了实证主义的观念。比如,自然科学完全被科学方法论统治,"自然科学的对象可以理想地被规定为在完全的自然知识里可以被认识的东西"[①]等,都是实证主义科学观的反映。库恩的《科学革命的结构》的出版和科学历史主义的崛起,使伽达默尔意识到了自然科学观的根本变化,并在其《真理与方法》的"再版"中有一些体现。比如,在《真理与方法》中,伽达默尔论述前理解的普遍性时有一段话说:"我们根本不必否认传统要素在自然科学里也能起积极的作用,例如,在某种地方特别喜欢某种研究方式。但是,这样的科学研究并不是从这种情况,而是从它正研究的对象的规律得出它的发展规律的。"[②]但在再版的注解中伽达默尔增加了这样一段话:"这一问题自托马斯·库恩的《科学革命的结构》(芝加哥,1963年)和《必要的张力:对科学传统和变化的研究》(芝加哥,1977年)

---

① 伽达默尔:《真理与方法》(上册),洪汉鼎译,上海译文出版社1999年版,第365页。

② 伽达默尔:《真理与方法》(上册),洪汉鼎译,上海译文出版社1999年版,第363页。

出版以来似乎变得相当复杂。”[1]可以这样说，库恩的科学历史主义阐述的非基础主义科学观成为西方科学哲学的一个转折点，西方科学哲学在批判逻辑实证主义的理性主义和基础主义的抽象性的同时，走向了反基础主义、相对主义，比如费耶阿本德的无政府主义的科学认识论就是如此；在一般的哲学领域，哲学家把历史主义科学观作为批判和否定基础主义的理论基础，阐发反基础主义的哲学观和社会历史观。我们在后现代主义哲学家身上，一般都可以找到这方面的例证。

三、技术基础主义

技术基础主义与认识论的基础主义、基础主义哲学观密切相关。在和认识论的基础主义的关系上，技术基础主义正是基于技术并借助认识论和科学观的基础主义而产生的一种理论。从基础主义哲学观来看，强调技术在现代社会的基础地位的技术基础主义，表现为一种基础主义的社会历史观。

一般地说，技术基础主义指代的是这样一类观点或主张，即技术是对人类生活世界进行阐释的依据，或技术是对人类生活世界进行构建的核心。技术基础主义围绕对技术现象的阐述，把基础主义扩展到存在论领域和价值论领域，而非仅局限于认识论领域。我们认为，“古代技术和现代技术的区分”、“技术价值一元论”，以及“技术本质主义”是技术基础主义的三个基本观点，它们分别从认识论、价值论和存在论层面来谋求技术的单一性和统一性[2]。

正如在本书“序言”中我们指出的，就马克思、杜威、海德格尔和埃吕尔等代表人物而言，严格的技术基础主义的诞生期历时将近200年(即19世纪至20世纪)。它见证了第一次工业革命中后期的发展，以及第二次工业

① 伽达默尔：《真理与方法》(上册)，洪汉鼎译，上海译文出版社1999年版，第363页。

② “单一性”是就各个具体层面而言的，“统一性”是就各个层面之间的关系而言的。

革命的发生和持续。可以说,技术基础主义是现代社会的精神实质和时代精神,尽管现代社会存在着日益显现其重要性的诸如反基础主义、后现代主义在批判科学主义、技治主义、技术自主论等思潮时指出的各种科学和技术问题。

关于技术对现代社会的基础作用,F.拉普(Friedrich Rapp)是这样描述的,他说:“伴随着技术化的过程出现了人们情愿接受计划和控制的心理状态:随着技术变成了一切生活领域中的决定力量,人们逐渐把它当作理解社会历史过程的模式,以便根据技术可行性来考察社会条件甚至整个历史。”[①]尽管拉普也提醒说,“不应当把对当前状况的描述同对它的评价混为一谈”。[②] 但实质上,人类很难超出现代技术而评价技术,我们能做的往往是,在承认技术正在极大地改变和塑造我们的生活世界这个事实的同时,赋予我们的评价,即我们对技术的见解、兴趣、希望或失望。因此,现实社会中,人类最终还是倾向于运用“技术命令的一般前提,即一切行动的可能性,只要有,就必须实现”[③]。

技术基础主义是基于基础主义哲学观对技术与社会关系的历史主义考察。拉普上面说的三种技术现象,即技术对现实生活的塑造、人们对技术的评价,以及人类最终对“技术命令”的执行,可以看作是技术与社会关系的三个历史阶段,对应着人类对技术改变社会的事实认知、价值评价和形而上学思索三种逻辑形式。技术基础主义既是对“技术主导一切”这一事实的描述,也是对“人们以不同方式肯定技术的价值和地位”这一现象的评价,更是对“人们积极、有效地回应技术命令”这一主张的阐发。从最初对技术改变社会的积极肯定的事实认知,到对侧重于技术负面效应的伦理反思,再到对技术与人关系的形而上学论证,构成了技术基础主义的发展逻辑。

① 拉普:《技术哲学导论》,刘武等译,辽宁科学技术出版社 1986 年版,第 127 页。
② 拉普:《技术哲学导论》,刘武等译,辽宁科学技术出版社 1986 年版,第 113 页。
③ 拉普:《技术哲学导论》,刘武等译,辽宁科学技术出版社 1986 年版,第 113 页。

第二节　技术基础主义的历史条件与标准

技术基础主义的形成是需要历史条件的。从历史上看,技术基础主义的诞生横跨19世纪和20世纪,这样的时间跨度对我们归纳和概括技术基础主义产生的历史条件,进而把握技术基础主义的本质和标准造成了困难。我们尝试着以主要事件或技术现象为线索,呈现隐匿在纷繁杂乱的社会背景之下的技术基础主义得以萌生的诱因。

一、技术基础主义的历史条件

技术基础主义作为基于技术基础地位的认识论、价值观、社会历史观和哲学观,是科学、技术和社会生产力发展到一定阶段的产物。技术基础主义产生的历史条件,可以概括为以下四点:(1)技术脱离了经验的归纳而变成以科学为基础的技术;(2)技术成了推动社会发展的革命力量,并日益成为理论关注的对象;(3)科学和技术成为独立的社会建制,不再依赖于任何其他的价值和意识形态;(4)启蒙运动持续发挥建设性的作用。

(一)技术脱离了经验的归纳而变成以科学为基础的技术

科学技术的一体化是变革人类世界的最重要的力量,但就科学和技术的起源而言,两者并不是从一开始就融合在一起的。从本体论看,技术具有使人成为人、使人的生产得以可能的生存论意义,而很显然,系统发生于近代欧洲的科学不具有这样的本体论地位。自然科学产生后,在第二次技术革命之前,科学与技术的关系也不密切。突出的表现是,埋头于生产实践的技术,并没有出现以牛顿力学为理论基础的发展态势,反而是技术推动科学发展的例子更多(如蒸汽机对热力学研究的推动)。但是,与近代自然科学的系统产生相伴而生的,引导自然科学持续发展的科学精神和科学方法论,却具有使技术脱离生产经验的总结,进入到以科学理论为基础的高级发展阶段的力量。体现在伽利略、培根、笛卡儿、牛顿等人的科学研究中的，强调实验方法和数学相结合的近代科学精神和科学方法具有以往的自然研究没有的独特之处。首先，近代科学秉持理性、实证和批判精神，而摈弃想象、猜测和思辨；其次，近代科学开始积极干预或介入自然现象，而不再是被动、模糊、笼统地反映自然；最后，近代科学日渐成为有独立精神气质，有方法论要求的有组织的社会建制，一改之前凭个人好奇的自由思辨，任由其他社会价值影响的状况。① 近代自然科学的这些精神和方法论特质，为以科学为基础的技术进步的发展态势奠定了基础。

因此，在历史上，当科学迅猛发展使得科学研究走在生产需要的前面时，科学便介入了技术的发明和应用，而受科学指导的技术也摇身变为应用科学。最早的应用科学案例是无线电通信技术。这一技术是纯粹科学研究的结果。在19世纪下半叶，麦克斯韦首次提出了电磁理论；在1887年，赫兹通过实验证实了电磁波的真实存在；在1895年，古利尔莫·马可尼研制的技术装置已经可以把无线电报信号传送1英里(约1.6千米)距离，至1899年，更是实现了横跨大西洋两岸的超长传输。作为应用科学的无线电报传输技术，实现现代科学和技术的首次融合。从此之后，无线电通信技术展示的这种技术发展以科学理论为基础的态势，成为现代技术发展的基本形式，诸如核技术、激光技术、纳米技术、基因技术等都是在相关科学理论或发现的指导下开发出来的。

从另一方面讲，作为应用科学的技术反映的是技术的科学化过程，这一过程不仅对技术的发展有益，也会反过来促进科学的发展，使实验科学的属性得以凸显。例如，在19世纪末，电子、X射线和天然放射性的发现，便得益于实验技术。马克思曾论述过科学和技术的相互促进关系，他说："在机器体系中，资本对活劳动的占有从下面这一方面来看也具有直接的现实性：一方面，直接从科学中得出的对力学规律和化学规律的分析和应用，使机器能够完成以前工人完成的同样的劳动。……另一方面，现有的机器体系本身已经提供大量的手段。……科学在直接生产上的应用本身

① 王伯鲁：《马克思技术思想纲要》，科学出版社2009年版，第167～168页。

就成为对科学具有决定性的和推动作用的要素。”[①]

以科学为基础的技术，具有古代仅仅是生产经验的归纳的技术，不具有系统性、自主性、合理性、普遍化等现代特征。正如我们后面指出的，这些特征，它们不仅是技术自身属性的显现，更是对技术在现代社会中的作用的概括。技术基础主义，不可能产生于零散的、不普遍的、不具有强制性的经验归纳的技术阶段，而必然是以科学化的系统的技术体系为历史条件的。技术基础主义就是对社会的科学技术化特征的概括和总结。

(二)技术成了推动社会发展的革命力量，并日益成为理论关注的对象

作为应用科学的技术，它一方面摆脱了生产经验和个人技能的限制；另一方面由于有了科学理论的基础，也极大地增强了自身的力量。如果隐去科学这一背景，那么可以说自工业革命开始的人类历史便是由技术书写的。

我们可以列出一系列的数据来勾勒这一段技术史。依据麦克莱伦第三（McClellan Ⅲ，J. E.）和多恩（Dorn，H.）的统计，在1764年到1812年的近50年间，英国的机器织布机便使该国的棉织品工业的劳动生产率提高了200倍，其织布机本身的数量在1813年也达到了2400台，但这还只是起步阶段，因为1833年的织布机已经迈上万台大关。[②] 在1847年，英国正在施工的铁路里程就达到近6500英里（约10460千米）[③]。另外，英国的钢铁产量也从1830年的70万吨跃升至1860年的400万吨，煤炭产量则从1830年的2400万吨攀升至1870年的11000万吨。就城市发展而言，英格兰在1850年率先实现了城市人口和农村人口持平，伦敦也在次年举办了

① 马克思、恩格斯：《马克思恩格斯全集》第46卷（下），人民出版社1980年版，第216页。

② 麦克莱伦第三、多恩：《世界史上的科学技术》，王鸣阳译，上海科技教育出版社2003年版，第332页。

③ 麦克莱伦第三、多恩：《世界史上的科学技术》，王鸣阳译，上海科技教育出版社2003年版，第331页。

万国博览会,即第一届世界博览会。[1] 通过以上数据,可以略窥百年来的技术发展为英国社会做出的巨大贡献。

英国的工业化为欧洲其他国家乃至全世界范围的工业化树立了榜样。随着第二次科技革命的发生,人类迈入电气时代。全世界的生产总值从1900年的1万亿美元增加到1950年的4万亿美元。在1900年到1990年间,全世界的城市化程度增加了30%。[2] 1945年,第一颗原子弹投入实战;1946年,第一台电子计算机问世;1953年,弗朗西斯·克里克和詹姆斯·沃森提出了脱氧粒糖核酸(DNA)双螺旋结构的分子模型;1955年,口服避孕药已经开始大规模实验;在1958—1959年间,罗伯特·诺伊斯(Robert Noyce)和杰克·基尔比(Jack Kilby)发明了集成电路;1969年,人类成功登上月球;1976年,人造物(海盗1号)首次登陆火星;1982年,人造心脏首次移植成功。这些技术现象和数据表明,技术已经成为人类生活和社会发展的重要参与者和构造者。

我们可以借用荷兰技术哲学家舒尔曼(Egbert Schuurman)的话来总结技术对人类发展的积极贡献:"解放了的技术于是就将能医治人们'凭借自然'而生活其中的困难环境,它将提供一种对生活的机会的扩大,减轻工作的苦痛和困难,抵御自然灾害,征服疾病,改善社会安全状况,扩大联络,增加信息,扩大责任,大大地增加与精神健康相和谐的物质繁荣,消灭自然、文化和人的异化。技术解放了人的时间,促进了新的可能性的发展。有了这些可能性,文化将会进展到新的揭示。技术也将为多面性的工作——为细心的、创造性的、充满爱心的工作提供余地。"[3]

然而,引起人们重视的并非只有技术的积极贡献,由技术发展带来的

① 麦克莱伦第三、多恩:《世界史上的科学技术》,王鸣阳译,上海科技教育出版社2003年版,第336页。

② 麦克莱伦第三、多恩:《世界史上的科学技术》,王鸣阳译,上海科技教育出版社2003年版,第402页。

③ E.舒尔曼:《科技文明与人类未来——在哲学深层的挑战》,李小兵等译,东方出版社1995年版,第382页。

严重威胁同样进入了人们的视野。技术的负面作用也是技术对社会影响力的彰显。如果我们回顾一下技术史,那么就会知道1957年乌拉尔山克什特姆镇(Kyshtym)的核废料污染;1961年欧洲开始禁止使用镇静剂;1966年携带四枚氢弹的B-52在西班牙坠毁;1972年杀虫剂DDT被禁止使用;1979年美国三里岛的核反应堆发生了核泄漏事故;1984年印度博帕尔化工厂发生毒气泄漏;造成2500人死亡的惨案;1986年"挑战者"号宇宙飞船在升空后不久发生了爆炸,以及几个月后切尔诺贝利核电站发生了严重核事故;等等。[①] 这些个案使越来越多的人动摇了对技术发展所持的乐观态度。当更广范围的环境污染、战争威胁和计算机病毒等发生时,迫使人们对技术发展的态度进行系统的哲学反思。

早在1876年,恩格斯在得出"动物仅仅利用外部自然界","而人则通过他所作出的改变来使自然界为自己的目的服务,来支配自然界。这便是人同其他动物的最终的本质的差别"[②]的结论的同时,就警告人们:"但是我们不要过分陶醉于我们人类对自然界的胜利。……对于每一次这样的胜利,自然界都对我们进行报复。……每一次胜利,起初确实取得了我们预期的结果,但是往后和再往后却发生完全不同的、出乎预料的影响,常常把最初的结果又消除了。"[③]约阿希姆·拉德卡(Joachim Radkau)在谈到工业革命中技术的负面效应时说:"集爆炸的危险性以及噪声和浓烟于一身的蒸汽轮船很早就表明,一些完全陌生的,令人不安且要求特殊关注的东西正朝着人类走来。怨言和担忧从一开始就与工业化进程结伴而行。"[④]面对工业化的弊端,德国化学家汉斯·威斯利赛努斯(Hans Wislicenus)在1901年便将"灰尘折磨、煤烟烦扰、废水问题和烟雾损害"视为当时环境

---

① 米切姆:《通过技术思考:工程与哲学之间的道路》,陈凡等译,辽宁人民出版社2008年版,绪论,第2~8页。

② 马克思、恩格斯:《马克思恩格斯选集》第4卷,人民出版社1995年版,第383页。

③ 马克思、恩格斯:《马克思恩格斯选集》第4卷,人民出版社1995年版,第383页。

④ 拉德卡:《自然与权力:世界环境史》,王国豫、付天海译,河北大学出版社2004年版,第275页。

污染的主要表现。[1] 现实中，在人口密集、工业集中的现代化大城市，人们往往有这样的感受，高楼林立、车流如潮、商品琳琅满目的景象与遮天蔽日的雾霾、不时卷起的尘灰、变色发臭的河水、无所不在的噪声污染共存。除工业城市的污染之外，全球范围内的大气污染、酸雨、臭氧层破坏、石油泄漏污染、热带雨林面积剧减、土壤污染、地下水枯竭、土地荒漠化、物种消失、塑料和电子垃圾污染等由技术或直接或间接导致的现象，也使人类的生存环境日趋恶化。

战争威胁紧随环境污染之后，成为人类生存的主要敌人。如果说工业化本身已呈现出浓淡交替的灰黑色，那么战争则无异于又给它加上一层沉重的底色。正如现代的环境污染往往超出了大自然的自我修复能力，现代战争的规模、残酷和危害也使人类变得难以承受。第一次世界大战已经开始使用铁路、卡车、潜水艇、鱼雷、霰弹枪、步枪、马克沁机枪、榴弹炮、迫击炮、手榴弹、火焰喷射器、坦克、毒气、飞机等武器装备；第二次世界大战更是使用了冲锋枪、火箭筒、火箭炮、遥控炸弹、单兵突击车、T-34 坦克、超重型铁道炮、轰炸机、战斗机、U 型潜艇、巡洋舰、航空母舰、“V-1”型和“V-2”型导弹，以及原子弹等。除了战争之外，自 20 世纪 80 年代开始出现的计算机病毒，也给人类社会造成了数以亿计的财产损失。这些都进一步加重了人们对技术发展的担忧，引发了一批又一批学者对技术进行深刻反思。

对于思想家来说，以上“看得见的”现象都不是技术发展最重要的弊端，对人类真正的威胁在于技术导致人的自由或自主性的丧失。现代化的人类，生活在技术塑造的技术系统中。一方面，现代技术以“量的单纯追求”掩盖了人类对于自然“质的多样性”需要，以对效率的追求遮蔽了人们对于技术的现实需要，现代技术在解放人类的同时日益成为统治人类的工具和力量；另一方面，“大科学”或者说科学生产的工业化，如“曼哈顿工程”，不仅对于普通人是一种强大的异己的力量，而且对于其中的工程技术

① 拉德卡：《自然与权力：世界环境史》，王国豫、付天海译，河北大学出版社 2004 年版，第 275～276 页。

人员也是如此:他们都只能作为一名专业工人,即只在某一特定方面发挥作用,而工程的进度、目标和潜在用途,正如许多科学家所言,已超出了他们的控制。

总之,技术发展的积极作用和负面效应如影随形,是一个问题的两个方面。从根本上讲,正是技术对于社会发展起着基础性的作用,技术问题才成为人类必须直面的现实问题,才激励着不同领域、不同时期的学者对技术与人类未来的共同思索。

(三)科学和技术成为独立的社会建制

"社会建制"一般是指为满足社会需求而形成的某些社会组织系统。科学和技术并非从诞生之日起就是社会建制,而且科学的社会建制化远远早于技术的社会建制化。科学和技术的社会建制化所以重要,成为决定科学、技术社会作用发挥的一个决定性因素,是因为建制化了的科学技术不再是社会其他力量的附庸,而成为普遍性的超越了具体社会制度、文化和其他社会价值的独立的社会生产力。

科学技术的社会建制化始于科学的社会建制化。学界普遍认为科学的社会建制起始于欧洲一些科学学会的成立,然而细究起来,科学之所以能够成为一种社会组织系统,原因纷繁复杂,可归结为如下几点,即独特精神气质的形成、稳定的人员构成、显著的社会效益、合理的专门的制度安排,以及逐步丰富的系统化了的研究手段等。通过对科学的社会建制形成条件的分析,能够使我们比较充分地理解科学技术成为独立的社会建制的意义。

第一,独特精神气质的形成。美国社会科学家默顿(Robert King Merton)用"科学的精神气质"指代一些带有感情色彩的、对科学家具有制约作用的价值观和规范,除了耳熟能详的普遍性、公有性、无私利性和有条理的怀疑主义之外,诚实、正直等个人情操也被纳入其中。默顿所说的科学的精神气质是对日益丰富和完善的科学规范的归纳和提炼,它虽然不直接是科学建制化的科学精神,但对于独特的系统化的科学精神的形成具有规范意义。从历史上看,从古希腊到文艺复兴时期,自然研究只是少数自然哲学家的业余爱好；在文艺复兴之后到牛顿时代之前，自然科学已成为部分学者的主要工作。在这两段时期内，“自然科学家”或者只是依靠个人的抽象思维和生活经验来解读自然，或者运用自创的观察和实验方法甚至数学知识来分析和阐述自然，但都有一个共同点，即不仅谋求自然现象在科学上得到合理的解释，而且在哲学上也要得到合理的解释，也就是说科学知识必须契合于一个更为普遍的知识体系。简言之，科学的自然研究本身并不是目的，而是实现另一个目的的手段。这一状况在牛顿时代得以改变，新自然科学家“丢掉了理性的全面的综合这条金锁链（不管它是亚里士多德的还是柏拉图的）”[①]，转而以从实验得来的科学经验逻辑地概括科学知识，进而形成科学理论体系。丹皮尔（W. C. Dampier）指出，“17 世纪中叶所有合格的科学家与差不多所有的哲学家，都从基督教的观点去观察世界”[②]，而牛顿时代的自然科学家有意识地摒弃了这种做法，开启了以科学本身为中心的研究，逐渐形成了不同以往的学术环境。普遍性、公有性、无私利性和有条理的怀疑主义等科学活动独有的规范，被看作是把科学研究当成直接目的的科学活动区别于和独立于其他活动的精神气质。

第二，稳定的人员构成。具备独特精神气质的科学与具备科学精神的科学家具有内在一致性，而且后者是科学建制的重要载体和推动者。在欧洲，以哥白尼、F.培根和伽利略等为首的近代科学先驱者对数学和实验的偏爱使实验科学这种独特的自然研究日渐远离了纯思辨的自然哲学。这些先驱者的科学精神穿越罗马教会的层层阻碍，感染和鼓励了越来越多志同道合的人。他们经常聚在一起讨论新问题，进行新研究，日渐形成了三个影响深远的机构，即意大利的西芒托学院、英国的皇家学会和法兰西的皇家科学院。

正如亚·沃尔夫（Abraham Wolf）所言，“科学社团在那时形成并不是

① 丹皮尔：《科学史》，李珩译，中国人民大学出版社 2010 年版，第 158 页。

② 丹皮尔：《科学史》，李珩译，中国人民大学出版社 2010 年版，第 162 页。

偶然的”[①]，它既是“顺应新时代的新需要而诞生的”[②]，又是“那个时代精神的重要标志”[③]。文艺复兴勾起了人们对知识的渴望，但世俗传统和宗教权威仍然禁锢着多数人的言行。少数勇敢者竭力冲破这种枷锁，他们或者甘冒生命危险航海探险更广阔的世界，或者旗帜鲜明地同经院哲学做斗争，并有意识地脱离或远离受教会控制的大学。在此背景下，科学社团收拢了这些“离群索居”者，给予他们庇护和保障。科学社团的诞生标志着一种新的社会组织的出现，它既不是“神学的婢女”，也不是“教会的灰姑娘”。在科学社团诞生后的一个多世纪之后，英国哲学家惠威尔（William Whewell）创造并使用了“科学家”（scientist）一词，用以精确指代与传统哲学家（philosopher）不同的新自然哲学家（natural philosopher）。后者起先指的是英国科学促进协会的会员，这些人都是“与科学有关的人”或“科学人”（men of science）。

第三，显著的社会效益。事实表明，人们对科学的兴趣能够促进科学社团的建立，但还不足以促使科学作为一种社会组织持存下去。资本逻辑及其链条上的利益，保证了科学通过实际效益而被现实社会所接受。比如，意大利西芒托学院的成员发明了双线摆，即利用两根线悬挂摆锤使其高度始终保持不变，提高了时间测量的准确度；用实验证明了伽利略关于抛射体的一个观点，即从同一高度平射出去的球与自由坠落的球同时到达地面；用几何学方法通过透镜改良了望远镜，证明了玻璃球对于增加单显微镜放大率的机理。英国皇家学会的社会效益可以通过其成员做过的以下实验间接地体现出来：枪炮反冲、抽气机工作原理、颜料生产的化合方法、空气密度的测量、金属丝致断负载的定量比较、水的压缩、重力与距地

① 亚·沃尔夫：《十六、十七世纪科学、技术和哲学史》，周昌忠等译，商务印书馆1997年版，第64页。

② 亚·沃尔夫：《十六、十七世纪科学、技术和哲学史》，周昌忠等译，商务印书馆1997年版，第65页。

③ 亚·沃尔夫：《十六、十七世纪科学、技术和哲学史》，周昌忠等译，商务印书馆1997年版，第64页。

心距离关系的测验、透明液体折射率的测量、动物和人体的解剖、血液的静脉注射、空气对于燃烧和呼吸的作用研究、自然标本的搜集等等。[1] 法兰西皇家科学院的成员同样涉猎数学、天文学、力学、化学、解剖学、生理学、植物学等科学领域,他们重做了意大利和英国同行们的部分实验,如水凝固的膨胀力测验,某些金属焙烧后的重量测量,热在真空中的传导,空气对植物生长的影响、对动物的输血实验,牛奶的凝结条件研究等。此外,院士们还推进了冰制取火镜、泵、无摩擦滑轮组、水动力摆钟、自动锯等工具和机械的研发或改进,建造了正规的天文台,首次结合刻度盘和望远镜测量天体,并开始有意识地研究大气折射问题。以上科学社团汇集和吸引了卡西尼、波义耳、胡克、惠更斯和霍布斯等众多学者,他们的成就通过有利于社会发展的诸多途径扩展开来并惠及大众。在这里,我们清楚地看到,自然科学在欧洲的系统发生和发展,不仅是因为它反对宗教神学,也不仅是因为它产生了一种不同于传统自然哲学的实证知识体系,而且是因为,这种实证的自然科学在深层次上符合欧洲新兴资产阶级对其自身根本利益的诉求。资本从一开始对科学的占有,才使得各个国家既有或潜在的统治阶层认可这样的社会机构,并通过财力、物力和人力积极支持它们的发展。

第四,专门的制度安排。上面说的独特的精神气质在一般意义上规范和约束着科学研究,使之与形而上学相区别。在历史上,这些用行为规范显现的精神气质,往往是通过那些产生了重大影响的科学社团制定的专门的科学制度实现的。科学社团专门的制度安排,不仅保证了研究活动的科学性,也保障了社团的体制化。比如,西芒托学院要求其成员不做无谓的思辨,而是采用精密的实验方法,立足于观察到的证据而做出推论,并通过相互批评的方式得出最终结论。[2] 皇家学会的成员不仅贯彻一项约定,即

① 亚·沃尔夫:《十六、十七世纪科学、技术和哲学史》,周昌忠等译,商务印书馆1997年版,第73～75页。

② 亚·沃尔夫:《十六、十七世纪科学、技术和哲学史》,周昌忠等译,商务印书馆1997年版,第69页。

"把神学和政治排除在他们的讨论范围之外"[①]，而且形成了一个惯例，即由小组或个人承担学术会议列出的研究项目或探索任务，并"及时向学会汇报研究成果"[②]。法兰西皇家科学院的成员围绕数学和物理学会举行每周两次的聚会。[③] 此外，以上科学社团通常都是以会议、个人著作、集体文集、私人书信等形式公布研究成果，这不可避免地导致了一些关于发明权的争执。在此背景下，越来越多的学科杂志相继问世，并成为学者们日益青睐的主要交流平台之一。

第五，逐步丰富的系统化了的研究工具。作为社会组织，科学社团的运作离不开物资储备的支持。撇开资金和场地，各种各样的科学仪器在科学活动中发挥着不可替代的作用，成为科学独立运作的必要条件。17 世纪最重要的科学仪器主要有望远镜、显微镜、气压计、温度计、摆钟、抽气机，以及一些航海仪器(如船用钟、测深仪、风速计)等。[④] 望远镜在天文学和光学上起着非常重要的作用。它一方面将人们的视野引向裸眼难以企及的太空，便利了人们对天体的观察；另一方面启发了人们对光的探究，加深了人们对光学原理的认知。单显微镜和复显微镜是显微镜这个家族的两大分支，虽然不同的学者用不同的方式制造了不同样式的显微镜，但就对显微技术的论述和推广而言，胡克的《显微术》无疑是这一段历史的焦点。显微镜是细胞和微生物的观测仪器，而细胞和微生物的发现给人类提供了一个崭新的世界。

围绕真空问题的争论，出现了众多科学仪器，常见的有气压计和抽气机。无论是汞气压计还是水气压计，都可用来测量山峰或地表大气的高

---

① 亚·沃尔夫：《十六、十七世纪科学、技术和哲学史》，周昌忠等译，商务印书馆1997 年版，第 71 页。

② 亚·沃尔夫：《十六、十七世纪科学、技术和哲学史》，周昌忠等译，商务印书馆1997 年版，第 73 页。

③ 亚·沃尔夫：《十六、十七世纪科学、技术和哲学史》，周昌忠等译，商务印书馆1997 年版，第 76 页。

④ 亚·沃尔夫：《十六、十七世纪科学、技术和哲学史》，周昌忠等译，商务印书馆1997 年版，第 85 页。

度，这加深了人们对真空和空气的理解，也开启了将气压和天气状况联系起来进行考察的先河，并为抽水机和抽气机的研发提供支持。通过抽气机，人们认识到空气存在重量，也认识到空气对燃烧、呼吸、弹药发射、水的沸腾、声音传播的影响。温度计也可称为验温器，伽利略等发明者最初是把空气封闭在玻璃管中作为测量物质，后又换作碳酸钾溶液、油、酒精，最后在华伦海特那里固定为汞。温度计使人们掌握了多种液体的冰点和沸点，以及许多固体金属的熔点。摆钟是继日晷、漏壶和沙漏之后用于精确计时的工具。惠更斯改进了这种计时器，并将摆钟的应用范围扩展到海上，即发明船用钟，“用以在海上指示标准时间，以便确定经度”[1]。惠更斯的《摆钟论》是这一时期关于摆钟的代表性著作。科学发展的过程也是各种科学仪器日益丰富的过程，后者既彰显了探索者追求科学知识的坚定决心，也标志着科学的发展进入一个新的阶段。

正如科学的社会建制与“科学家”群体的出现密切相关，技术的社会建制也离不开“工程师”这一社会角色的确立。自 16 世纪开始，欧洲便出现了专门从事测量和路桥建设的工程师。随着劳动分工的发展，“工程师”这一称呼慢慢应用到机械、采矿、冶金、化工、电气、管理等领域，用以指代那些专业人员或技术专家。[2] 工业革命的发展，以及欧洲国家对工程技术教育的重视，使得各类技术学院如雨后春笋般涌现，这不仅壮大了工程师队伍，而且促使技术活动成为社会中的一个相对独立的职业部门。此外，诸如独特精神气质的形成、显著的社会效益、合理的制度安排，以及逐步丰富的物资储备等科学的社会建制的复杂成因同样适用于技术的社会建制。无论是科学的社会建制，还是技术的社会建制，都不是一蹴而就的，在它们的形成和发展过程中，组织、决策、咨询、管理、传播、人才培养等机构以及相关规范，会逐步融入科学技术组织机构中去。

科学和技术反映了人类对待自然的态度与方式。现代科学来自于古

---

① 亚·沃尔夫：《十六、十七世纪科学、技术和哲学史》，周昌忠等译，商务印书馆 1997 年版，第 130 页。

② 郭贵春：《自然辩证法概论》，高等教育出版社 2013 年版，第 204 页。

希腊人把对象作为异己的力量来征服的思想，它借助人力迫使自然袒露出自己的奥秘。工业革命以来的科学对自然规律的掌握迈上了一个新的台阶，科学意识和科学方法已经深入人心。科学追求真理和高效用，而具有实践性、自主性、高效性、多样性的现代技术则是科学实现其追求的理想伙伴和手段。当这样的科学与技术相结合的时候，就成为跨文明的力量。追求科学和技术不是一个国家的临时行为，而是社会发展到一定阶段的客观事实。一旦科学和技术成为独立的社会建制，它们便会成为相对独立于上层建筑的、强大的社会发展力量，成为跨文明的客观的社会生产力，成为推动人类社会发展的最重要的革命的力量。

(四)启蒙运动持续发挥建设性的作用

如果将科学技术在英国、法国和德国的建制与诞生和以上三国的三种启蒙运动流派相比较，不难发现科学技术的社会建制与自17世纪以来的欧洲启蒙运动存在时间上的重叠，其原因在于以科学技术为代表的新“理性”，即科学理性，与启蒙运动所倡导的“理性”存在内在的一致性。科学理性，是科学技术成为社会发展的基本力量、社会理解的现代范式的重要原因。

启蒙运动(The Enlightenment)发生于17—18世纪，是欧洲继文艺复兴之后的又一次思想解放运动。启蒙运动的实质在于对“理性”的推崇，人们以“理性”作为武器，试图打破封建专制和宗教迷信，用“自由”取代“专制”，用“真理”取代“愚昧”。尽管对“理性”的理解不同，但从结果看来，由启蒙运动裹挟着的人们都或多或少乐观地相信，可以凭借人的自身因素，有目的地实现社会的进步，并维护自身的权利，就表现出了理性的追求。

政治改革派、新兴思想家和宗教怀疑者是启蒙运动的倡导者和急先锋。他们所使用的“理性”往往是从以下四个方面进行选取：(1)理性是人类的天性，是人生而具有的东西，是人区别于并优越于其他动物的关键；(2)理性是一种认识能力，是人运用概念、判断和推理等形式，了解、思考、分析、辨别事物和是非并获得可靠知识的能力；(3)理性是一种改造世界的力量，是人们控制自然界和人类社会所倚仗的东西；(4)理性是价值的尺度，是评判当下事物和未来理想社会的标准。例如，启蒙运动时期的一些法国思想家便是站在第四点来理解“理性”。恩格斯曾在论及法国的启蒙思想家时指出，他们确认理性是衡量一切的尺度，拒绝承认任何权威，主张将现有的国家制度、自然观、社会、宗教等都放在理性的法庭之上接受审判。[①] 启蒙运动弘扬理性，虽然有助于破除宗教神权、专制王权和贵族特权，宣扬自由、平等、民主思想，但从发展来看，也会导致两种后果：一是错误地将仅适用于自然领域的理性延展到宗教、文学、艺术、政治等社会领域，人从理性的主人变成了受理性支配的机器，这化解掉了人的尊严、个性、自由和价值；二是过度强调人们应严格遵照科学知识、运用科学方法、采用科学标准，必然使科学获得类似形而上学的本体论价值，成为构建世界的普遍原理，造成对科学的迷信和科学独裁。[②]

康德在批判英国经验论和法德理性论的理性观之后，提出了自己独具特色的见解。首先，他摒弃未经任何批判和反思的理性，将对理性本身的考察作为其哲学研究的起始，区分不同理性，限定各种理性的适用范围；其次，将理性拉下神坛，使之大众化，理性既不是高高在上的绝对知识，也不是高级形式的代名词，而是每个人都具有且应当积极发挥的理智（能力）；最后，处理了理论理性和实践理性、科学与信仰的关系。康德对哲学和科学的划界，为科学主义流派提供了有效的理论依据，也加深了人们对理性的理解。科学理性便是理性的一次华丽蜕变。科学理性极力推崇经过科学“加持”的理性，即作为人的可靠的认识能力、巨大的变革力量和中立的价值尺度。

科学理性概括的是科学特有的一种信念、立场、方法、能力和价值观。第一，科学理性相信由结合经验和逻辑而得来的科学知识是具体的、客观的、独立的。科学知识有其自身的规律和属性，与人的主观意愿无关，超越了科学共同体和具体科学家。第二，科学理性要求科学探索须以客观的、

① 马克思、恩格斯：《马克思恩格斯选集》第3卷，人民出版社1995年版，第355页。

② 曹志平、邓丹云：《论科学主义的本质》，《自然辩证法研究》2001年第4期。

中立的观察和实验为基础，以可检验的经验为依据，以合乎逻辑的形式证明、辩护科学知识。第三，科学理性渴求一种适用于任何时代的、统一的科学方法。这种终极方法以某种公式或形式出现，具有稳定性、整体性和普遍性的特征。它既能胜任科学与非科学的划界标准，又能担当科学合理性的基础。第四，科学理性表露出科学扩张的倾向。这是建立在对科学和科学方法的信心和信仰之上的。科学和科学方法有能力、有必要推广到一切文化领域。比如，现代的社会科学就是实证的以数学和实验为基本特征的科学方法在社会和人类行为领域的应用。第五，科学理性排斥自由，或者说排斥价值。作为理性的依照客观化方法所构建的知识体系，科学指向事实，追求真理；而自由指向价值，追求功利。因此，在一般的科学观念中，科学被看作是排斥价值，排斥自由的。[①]

总之，启蒙运动的蓬勃发展滋润着科学理性的成长，而科学理性既是科学主义的核心，又孕育出科学精神这一结晶，启蒙运动的发展必然成为技术基础主义的历史条件之一。

二、技术基础主义的标准

技术是对人类生活世界进行阐释的依据，或技术是对人类生活世界进行构建的核心，这是技术基础主义的核心观念。“古代技术和现代技术的区分”、“技术价值一元论”，以及“技术本质主义”，是其基本观点、基本主张，也是其表现形式。如何辨别一种理论是不是技术基础主义，这就涉及技术基础主义的判断标准问题。

技术基础主义的本质就是技术基础主义的标准。可以根据技术基础主义的核心观念，即是否将技术作为阐述和构建人类世界的依据和核心力量，来判断一种社会历史理论，一种社会发展哲学，一种科学技术观，看其是否属于技术基础主义。如果将技术基础主义的核心观念进行进一步分析，又可将其分为标准的、强的和弱的技术基础主义。“标准的技术基础主

---

① 曹志平、邓丹云：《论科学主义的本质》，《自然辩证法研究》2001 年第 4 期。

义”强调现代技术在现代社会中的基础地位，如“科学技术是第一生产力”“科学技术是推动社会发展的进步的革命的力量”等就属于标准的技术基础主义观点；“强的技术基础主义”强调现代技术在社会发展中的决定地位，如“强的技术决定论”、“极端的技术乐观主义”、“极端的技术悲观主义”、“技术统治论”（也称“技治主义”）、“技术万能论”、“技术自主论”等；而“弱的技术基础主义”仅强调技术是社会演变或发展的推动力量，如“技术乌托邦主义”“技术敌托邦主义”“技术的社会建构论”“弱的技术决定论”等。

我们也可以根据技术基础主义坚持的“古代技术和现代技术的区分”、“技术价值一元论”，以及“技术本质主义”等基本观点和基本主张，来判断某一种理论是否属于技术基础主义。如果一种理论坚持了上述三个基本观点中的一条、两条或者全部，那么，它就都属于技术基础主义。我们将同时强调古代技术和现代技术的区分、技术价值的一元化，以及技术本质同一化的，称为“严格的技术基础主义”；把强调上述三个基本观点中的一条或者两条的，称为“宽泛的技术基础主义”。马克思、杜威、海德格尔和埃吕尔的技术哲学符合“严格的技术基础主义”的标准，而雅斯贝斯、奥格本、加塞特、芒福德、约纳斯、斯蒂格勒、芬伯格的技术哲学则仅符合“宽泛的技术基础主义”的标准。

第三节　技术基础主义的哲学底蕴

技术基础主义是基于基础主义对技术和社会关系的哲学反思。一方面，它既可能表现为一种基础主义的技术观，也可能表现为一种基础主义的社会历史观，还有可能是一种形而上学哲学观；另一方面，从基础主义的视角反思技术和社会的关系，必然会和其他的关于社会历史的哲学思潮、观念和理论相交叉。因此，有必要考察技术基础主义与这些哲学派别代表性的观念和理论之间的关系。这种考察，同时也是对技术基础主义的哲学底蕴的揭示和阐述。通过比较，我们就会发现：技术基础主义在本质上是一种理性主义，科学主义是技术基础主义的前提，技术基础主义是社会技术化时代历史唯物主义技术观的一个核心观点，技术基础主义深化了社会历史观的论题。

一、技术基础主义是一种理性主义

技术基础主义本质上是一种理性主义。正确理解"理性主义"(rationalism)概念的关键在于对"理性"(rationality 或 reason)的界定。西方哲学中的"理性"一词与"逻各斯"(logos)和"努斯"(nous)两个希腊语词密切相关，它们指代着两种不同的人类精神品质。"逻各斯"精神旨在"追求普遍的规范性"，而"努斯"精神旨在"追求个体自主的能动性"。[①] 基于此，理性主义就是指对"逻各斯"精神和"努斯"精神的推崇，前者追求真理，后者追求自由。

近代的理性主义肇始于笛卡儿，他将"理性"视为人类所特有的一种分清是非、辨别真伪的能力。康德扩展并深化了笛卡儿对"理性"的解释，他一方面将"理性"视为不同于"感性"的较高级别的认识能力（即知性），另一方面也将"理性"视为人类的天性，这种天性要求人类承担并履行其道德责任，因此"理性"也呈现为一种实践能力。黑格尔同样把"理性"看作一种"有目的的行为"[②]，其本质在于追求自由。

在明确了理性最终指向的前提下，与"科学理性""技术理性""经济理性""政治理性""历史理性"等概念对应的理性主义便不难理解了。当然，也可以将众多理性主义区分为两大类："方法论的理性主义"和"价值论的理性主义"。"方法论的理性主义"以逻辑思想和经验现实为依据，通过估计、测量、精确计算，使行为合理化，并具有可预见性和可检验性。这种理性主义使人们认为，一方面认识无止境，另一方面由于实在和对实在的认

① 刘英：《自由的理性——论康德的理性主义》，《思想战线》2005 年第 3 期。

② 黑格尔：《精神现象学》(上卷)，贺麟、王玖兴译，商务印书馆 1979 年版，第 13 页。

识通常并不一致,因此认识往往是一种“主动的占有”。这种认识方式会自动屏蔽掉“交谈”“深思”“体会”“奥秘”,而直接指向“有形实在”。正如雅斯贝斯所言:“在技术世界人们称之为客观性的内在内容中,人们不再保留交谈的形式,而只是要求‘知’本身;人们不再深思意义,而是迅速地‘抓取’(现实物);人们不再(体会)感觉,而是(要获得)客体性;人们不再(追寻)起作用的力量的奥秘,而是(要把握)事实的清晰确定性。”[①]“价值论的理性主义”拒斥“简单循环会恒常发生”这一观念。[②]。这种理性主义使人们相信世界在朝着有组织、有目的、系统化的方向发展,人类对物质、空间和时间的掌控力越来越强,人类历史的进步是持续进行并毫无终止的。

技术基础主义是一种理性主义,根本的原因是技术具有合理性。技术的合理性,既表现在技术的本质规定,也表现在技术具有合乎方法论的理性主义和价值论的理性主义的特征。首先,技术具有合理性,即技术不仅合规律性,而且具有效用性。凡是技术必须具有现实的可行性,不合乎规律性的不是技术;但是如果仅有合规律性,并不能解释技术的发展。比如,黑白电视机被彩色电视机淘汰,就不能用合规律性来解释,因为它们都是合规律的。技术的更新换代还有一个标准,那就是技术要合乎效用原则,即技术总是追求相对大的效用,技术的发展就是效用高的技术取代效用相对低的技术的过程。[③] 技术的合规律性和高效用原则,充分表现出了技术的合理性。其次,技术在方法论和价值论上都具有理性主义的特征。技术效用的高低,是用指称效用的特征指标表示的。比如电视机,就有诸如灵敏度、选择性、自动频率控制范围、音频输出功率等 50 多个指标来表示电视机的电、光、声、色性能。此外,电视机还有抗干扰特征、温度稳定性、机械强度以及用无故障工作时间值表示的可靠性等,它们也都是用许多的技术指标来表示的。这就是说,技术在可检验性、测量及其指标的精确性等

① 转引自洪晓楠、孙巍:《科技时代的精神困境及其解除》,《社会科学战线》2013 年第 10 期。

② 雅斯贝斯:《时代的精神状况》,王德峰译,上海译文出版社 1997 年版,第 16 页。

③ 曹志平、徐梦秋:《论技术规范的形成》,《厦门大学学报》2008 年第 5 期。

工具性方面与方法论的理性主义是高度契合的。实质上，从技术对科学的关系来说，正是技术的工具合理性，才使理论性的科学在可检验性、测量及精确性方面表现出方法论的合理性。而且上面电视机的例子也说明，现代技术总是一个技术系统或技术体系，当代的技术哲学家越来越倾向于认为技术系统具有自主性，即一个技术系统具有自己的技术规范和价值追求，它能够逻辑地产生技术问题，表现和规范技术路线和技术方向。技术的自主性，是技术价值论的理性主义最显著的特征。

总之，技术是合乎理性的，这种合理性的根据就存在于技术的本质特征，而技术基础主义从最基本的方面表现技术的作用和意义，首先肯定的就是技术的理性主义。在此基础上，技术基础主义还追求关于技术的认识的统一性和明晰性，追求基于技术的个体的主体性和技术作用于社会的进步性。这些都是我们说技术基础主义是一种理性主义的原因。

二、科学主义是技术基础主义的前提

科学主义是近代自然科学、近代西方哲学以及近代欧洲文化共同孕育的结果。“科学主义”(scientism)一词出现于19世纪下半叶，在20世纪被广泛使用。从理论上来说，“康德对形而上学的性质在科学层面的概括已预示着科学主义的萌芽，而孔德对康德问题回答所产生的实证主义正式标志着科学主义的诞生”[①]。

科学主义是一个没有得到完全定义的充满着歧义的用语。它既可指代“一种科学精神或科学态度或科学信念”，也可指代“一种绝对认识论或绝对方法论或绝对价值论”，更可指代“一种关于科学本质的哲学思潮或运动”。[②] “主义”通常指的是某种特定的“理论”“主张”“信仰”“教条”“信念”“态度”“立场”“研究方法”“思潮”等；在“主义”之前如果冠以各种名词，往往会得到各样的概念，比如“科学主义”“人文主义”“理性主义”“达尔文主

① 曹志平、邓丹云：《论科学主义的本质》，《自然辩证法研究》2001年第4期。

② 魏屹东：《科学主义的实质及其表现形式》，《自然辩证法通讯》2007年第1期。

义”“现实主义”“虚无主义”“自由主义”“后现代主义”等。然而不管什么“主义”，它都具有或强或弱的排他性。譬如，极端的科学主义总体上排斥一切非科学主义，弱化的科学主义则可以与某些“主义”和平共处。

作为一种“理论”，科学主义认为自然科学是最有用、最严格、最权威的，是人类知识的核心成分，只有自然科学方法才能有效地获得知识，应当把科学精神和科学方法推广到一切学科领域；作为一种“信仰”，科学主义认为科学和科学方法是无所不能的，科学能够独自解释和解决几乎任何真实问题；作为一种“思潮”，科学主义被认为是唯科学主义、科学扩张主义或科学至上主义。

对科学主义的思想渊源的探讨有助于理解科学主义的本质，也有助于我们理解为什么科学主义是技术基础主义的前提。近代经验论和唯理论中的科学主义倾向，以及康德哲学对哲学和科学界限的划定，都有助于科学主义的萌生。可以从科学观、哲学观和社会价值观三个层面，或从“本体论的自然主义、认识论的基础主义、方法论的还原主义和价值论的扩张主义”[①]四个角度来概括科学主义产生的思想根源。

“本体论的自然主义”认为整个世界是由自然物构成的世界，不存在超自然的存在物，世界的产生和演化都有其自然的而非超自然的原因，由自然因素构成的世界有其可理解的、不以认识者为转移的规律。霍布斯的自然哲学通过否定传统形而上学，并诉诸物质和运动等范畴来解释自然、人类心灵和社会，便是典型的自然主义的观点，也是现代“物理主义”的雏形。自然主义在本体论层面上支持了科学主义的主张，因为在科学主义看来，科学的对象是自然的客观的有自己的规律的，自然界中的每一事物都是可以通过自然科学方法进行认知，并且能够得出经过严格检验的知识。

“认识论的基础主义”认为人类的全部知识构成一个统一的知识体系，它存在一个绝对的、根本的、毫无疑问的基础。尽管关于此“基础”究竟为何存在争论，但都承认它是整个知识体系的“阿基米德点”。培根曾制定一

① 魏屹东：《科学主义的实质及其表现形式》，《自然辩证法通讯》2007年第1期。

个"知识统一"或"知识复兴"计划，力图解构古典知识和中世纪知识这类"华丽建筑"，重建人类艺术、科学等所有知识。[①] 培根认为由人类哲学、自然和"上帝"组成的知识之树，存在一个共同的基础——"普遍科学"或"第一哲学"。[②] 这一主张打开了人类在科学上寻求世界统一性和确定性之门的缺口。新兴起的科学不再纠缠于无休止的概念争论，立足于经验原则使其解释力和预测力脱颖而出。人们相信已经为他们带来成功事实的科学知识是最可靠的、最具有价值的。

"方法论的还原主义"作为一种"主张"，试图把下面的假设变为现实："表面上不同的种类的事物能够用与它们同一的更为基本的存在物或特性类型来解释。"[③]在自然科学领域和非自然科学领域都可以找到还原主义的踪影，比如从心理学到生物学、从生物学到化学、从化学到物理学的还原，以及从人文社会科学到自然科学的还原。笛卡儿和培根都曾使用"知识之树"的隐喻来说明不同学科存在共同的基础，不同点在于，培根将"科学归纳法"视为基础，而笛卡儿则把"普遍数学"(mathesis universalis)视为基础。由于普遍数学仅涉及秩序和度量而不涉及研究主题，因此它可以普遍应用于关于秩序的自然科学。进一步而言，各种不同的自然科学共同体现了同一种方法在不同领域中的各式运用。

"价值论的扩张主义"建立在"方法论的还原主义"之上。笛卡儿的方法论助推了人们尝试把数学方法运用于自然科学之外的人类认识。"价值论的扩张主义"认为科学知识具有最高价值，自然科学的方法应该无条件地推广到其他非科学领域，这将导致"科学扩张主义"。在此背景下，常见的有"科学中的科学主义"(如科学决定论、生物决定论和信息决定论等)、"哲学中的科学主义"(如实证主义和逻辑实证主义等)，以及"社会中的科

---

① 曾欢:《科学主义在17世纪的萌生》,《自然辩证法研究》2007年第5期。

② 李猛:《经验之路:培根与笛卡儿论现代科学的方法与哲学基础》,《云南大学学报(社会科学版)》2016年第5期。

③ 魏屹东:《科学主义的实质及其表现形式》,《自然辩证法通讯》2007年第1期。

学主义”(如技术立国论和科教兴国战略等)。[1] 如果进一步要求用科学来替代而非补充诸如道德、艺术、宗教、政治、历史等传统人文学的知识领域,那么这种扩张的科学主义就会变成“唯科学主义”。

通过以上分析可以看出,科学主义的局限性表现在:“在科学层面,科学主义概括了科学的特征,将科学绝对化;在哲学层面,科学主义强调形而上学的无用性,而只注重对认识论和方法论的研究;在社会价值层面,科学主义则将科学神圣化,把科学看作高于人类的本体,作为评判事物的依据。”[2]科学主义的局限性,是其将自然科学和科学方法的进步推广到极致而产生的本体论、认识论和方法论上的排他性。科学主义的这种排他性所以能够产生影响,是因为自然科学显著的进步性、科学方法获得知识的有效性等事实的存在,以及对它们进行肯定性的哲学概括获得的观念的时代性。在一定意义上,科学主义也代表了一个时代的时代精神。

技术基础主义对技术的界定接受了科学主义对形而上学的立场,对技术价值的肯定延续了科学主义对科学价值的推崇,对用技术阐释和建构生活世界继承了科学主义的扩张倾向。在此意义上,我们说科学主义为技术基础主义的出现铺平了道路,是技术基础主义的前提。没有对科学价值、科学方法和科学精神的肯定和颂扬,不可能出现强调技术基础地位的技术基础主义。这也就是说,技术基础主义并不是接受了科学主义的全部主张,不能将技术基础主义归入科学主义。特别是,当人们认识到,合理的科学主义应当把其精髓限定为“对科学精神的提倡”,否则科学主义将不可避免地与科学精神发生冲突[3]的时候,就更是如此。把握和理解科学主义的合理内容,是我们将科学主义作为技术基础主义的前提时应当坚持的基本立场。

① 魏屹东:《科学主义的实质及其表现形式》,《自然辩证法通讯》2007 年第 1 期。
② 曹志平、邓丹云:《论科学主义的本质》,《自然辩证法研究》2001 年第 4 期。
③ 曹志平、邓丹云:《论科学主义的本质》,《自然辩证法研究》2001 年第 4 期。

三、技术基础主义是社会技术化时代历史唯物主义技术观的一个核心观点

从马克思主义哲学产生的历史背景和历史过程看，技术基础主义与历史唯物主义具有共同的社会现实，它们之间存在密切的理论联系。我们过去简单化地将马克思主义技术观看作是历史唯物主义的基本原则在技术问题上的应用。实质上，不论是在历史唯物主义基本原则的阐述时期，还是马克思对现代资本主义的政治经济的研究时期，马克思和恩格斯对技术的哲学理解形成的技术观，都构成了马克思主义哲学产生和发展的一个重要的理论支点。历史唯物主义技术观把技术看作人类改造世界的现实的物质力量，把技术演变看作一个以累积式发展为特征的进步过程，把以机器为代表的现代技术看作资本主义阶段的产物等，都表明了它与技术基础主义具有的理论关联。技术基础主义是社会的技术化时代历史唯物主义技术观的一个核心观点。

第一，技术是人类改造世界的现实的物质力量。在马克思那里，“技术”是“物质手段”“工具”“劳动资料”等的同义词。它是人类最基本的感性活动形式之一。“技术”既不是与人类社会相分离的抽象事物，也不是不受人类控制甚或反过来控制人类的一种自主力量。技术的本质与人的本质具有内在一致性。人是“一切社会关系的总和”[①]，技术则体现着现实的人与自然的关系、人与人的关系以及人与社会的关系。首先，技术展示了人与自然界或人与自然科学之间的历史联系。技术使人与自然界分离开来，使人成为人，又使人与自然界统一起来，构成人类生活的主要内容。其次，技术活动是人类全部活动的基础。一方面，人的最基本的感性活动是以技术活动的形式展现出来的；另一方面，由技术活动产生的感性认识是一切理性科学的基础和应用。再次，技术的产物和技术的历史都是人的本质力量的体现。通过技术而形成的自然界，才是人类生存所依赖的真正的自然界。最后，技术的进步标志着人的自由的逐步实现。技术的进步体现着人

① 马克思、恩格斯：《马克思恩格斯选集》第1卷，人民出版社2012年版，第135页。

们对必然性认识的加深，以及人们改造和利用自然能力的提高。

第二，技术是不断进步的。技术进步主要表现为技术形态不断更新、落后技术陆续淘汰、技术效率逐步提高。首先，从手工业生产的工具到工场手工业的工具和简单装置，再到现代大工业的机器，都表明技术家族日益壮大，技术形态日趋多样。其次，先进技术会快速地取代落后技术，例如钢笔尖的制作最初是由手工方法或工场手工业方法完成的，但机器方法出现不久便取代了它们。最后，由于机器技术能够保证生产的连续性、提高单位劳动时间的产量，因此在效率上远胜手工工具。蒸汽锤、剪裁机和钻床的效率不是普通的锤子、剪刀和钻头能够比拟的。在马克思看来，技术进步是以技术的累积式发展和技术革新的"链式"传导为主要特征的。技术的累积式发展表明的是，新的技术人工物总是在旧的技术人工物的基础上经过改造和整合缓慢积累起来的，并不存在什么全新的技术。与技术的累积式发展强调技术的纵向比较不同，技术革新的"链式"传导强调的是技术的横向影响。一个部门的技术变革会引起其他部门的"连锁反应"，例如机器纺纱会带动机器织布、染色和印花，棉纺业的技术革新会带动棉花种植技术的革新。

第三，以机器为代表的现代技术是资本主义阶段的产物。首先，机器与工具的区别体现在结构上的不同。对机器的结构分析是实现对工具和机器进行正确区分的前提。在马克思看来，所有机器都由发动机、传动机构、工具机或工作机这三个本质上不同的部分组成的。工具往往是分散的，且由单个人力来推动，而机器则是一些工具的组合，且由同一个机械来推动。机器内的工具部件在动力、规模、作用范围上都呈现出连贯性和统一性，并不是简单地堆砌。其次，机器与工具的区别还体现在是否以科学技术为基础。手工工具的诞生和改进通常是以经验为基础的，带有偶然性；而机器的研发往往需要依托相关的科学技术知识，只有在摸索到并掌握了一定的原理之后才有可能把机器创造出来。最后，机器与工具的区别需要放在资本主义生产方式背景之下才能得到鲜明体现。机器不仅表现出资本主义生产的标准化，而且还体现着资本的属性。生产的标准化是资本家力图缩短必要劳动时间，追求剩余价值和超额剩余价值所采取的方式。在资本家的工厂里，机器因由其他机械来推动和维持，因此可以不知疲倦地挑战着工人的生理和心理极限，疯狂攫取着工人的劳动价值。资本家每一次扩大再生产，都标志着其剥削范围的扩大和程度的加深。机器是资本家剥削的利器，是资本的生产方式。在工人阶级和资产阶级、资本与劳动的矛盾中，新机器的很大一部分用处都是在贬低工人的特长，剥夺工人的权利。这种情况在手工工具时代是难以发生的。

历史唯物主义技术观的以上观点与技术基础主义从技术作用于社会的最基本的方面理解技术、理解社会的发展所形成的观点，如技术对社会的发展具有核心作用、技术的进步性、技术对于人具有存在论意义、现代技术具有古代技术没有的本质规定性等观点表现出一致性。我们把马克思归入技术基础主义的行列，就是因为，以人类社会生产实践为本体论的社会发展的技术基础论，构成了社会的技术化时代历史唯物主义技术观的一个核心观点。当然这里是仅就技术观来说的。技术基础主义阐释和表达出了历史唯物主义的某些观点，但不能由此说：技术基础主义就是历史唯物主义。我们下面就会看到技术基础主义与历史唯物主义和历史唯心主义的关系。

四、技术基础主义深化了社会历史观的论题

技术基础主义坚持社会是发展的、有规律的，并且在这种发展中技术起着基础性作用，因而技术基础主义提出了一种社会历史观；在社会的技术化时代，技术基础主义为社会历史观提供了新的论题，是我们与时俱进地发展马克思主义的唯物史观必须考虑的内容。

社会历史观是关于社会历史发展的根本原因的哲学理论。把思想动机、国家意志，或者人的本性、理性、理念和绝对精神等，作为社会的本质和根本原因的，都是唯心主义社会历史观。马克思和恩格斯开创的唯物主义社会历史观（即历史唯物主义），确立了社会存在决定社会意识的根本原理，把物质生产实践作为推动人类社会发展的根本原因，并在社会存在与

社会意识、生产力与生产关系、经济基础与上层建筑等范畴的辩证关系中理解和解释人类的社会生活和社会发展。

唯物主义与唯心主义在社会历史观上的区别，不在于是否认为人类社会是进步的，也不在于是否认为人类社会的发展有恒定的基础因素的作用。"历史上进步的思想家，都承认社会历史的基本趋势是前进的向上的，反对历史循环论和历史倒退论。"①人类的本性、理性、道德观念、绝对精神等，都曾充当过唯心主义社会历史观的社会动力、根本原因或者进步标准。它们共同的特征是，用精神解释社会运动，用想象的联系代替现实的联系。马克思主义用社会存在解释社会意识，认为"物质生活的生产方式制约着整个社会生活、政治生活和精神生活的过程"②；生产力决定生产关系，由生产力与生产关系的统一构成的社会的生产方式，是衡量社会进步的尺度。而在决定社会发展根本原因的生产力中，生产工具是基本的制约和衡量生产力水平的核心要素。作为生产过程中用来直接对劳动对象进行加工的物件，生产工具就是技术。在《资本论》中，马克思通过分析劳动工具是如何由手工工具转变为机器，进而形成自动的机器系统，即"生产有机体"，阐释了机器大工业与它以之为基础发展起来的手工业、工场手工业在生产工具上的本质区别，以及由此引起的社会生产关系的变化。马克思说："在工厂手工业生产和机器生产之间一开始就出现了一个本质的区别。在工场手工业中，单个的或成组的工人，必须用自己的手工工具来完成每一个特殊的局部过程。……在机器生产中，这个主观的分工原则消失了。在这里，整个过程是客观地按照其本身的性质分解为各个组成阶段，每个局部过程如何完成和各个局部过程如何结合的问题，由力学、化学等等技术上的应用来实现。"③马克思阐释的与手工业和工场手工业的技术相区别的现代技术造就的现代生产工具及其生产方式，在现代社会中的主导地

① 《中国大百科全书·哲学》编辑委员会:《哲学百科全书》，中国大百科全书出版社 1995 年版，第 759 页。

② 马克思、恩格斯:《马克思恩格斯选集》第 2 卷，人民出版社 1995 年版，第 32 页。

③ 马克思:《资本论》第 1 卷，人民出版社 2004 年版，第 436～437 页。

位与作用越来越显著。技术不仅创造了新的生产工具和劳动对象，而且不断创造新的工业和产业部门；技术在推动社会生产自动化基础上，正在实现社会生产和生活的信息化；技术不仅不断丰富现实世界的社会生活，而且创造了虚拟空间和虚拟生存方式；等等。当代技术对社会发展的作用，远远不是马克思、恩格斯生活的"自动化机器就是最先进的生产工具"的时代能够比拟的。所以，我们说，在当代的社会技术化的时代，强调本质地区别于古代技术的现代技术在社会发展中的基础性作用的技术基础主义，为社会历史观提出了新的论题，它是历史唯物主义必须加以研究的反映了当代社会现实状况的理论问题。

技术基础主义为社会历史观提出的另一个问题是，依赖于对技术的哲学看法，技术基础主义也有可能在社会历史观上是唯心主义的。如果把技术看作是人与生俱来的人类本性、意志，或者某种自主的决定人类命运的绝对精神、绝对理念，那么这种技术基础主义的社会历史观就是客观唯心主义的。即使把技术当作是一种人类活动、过程，如果单纯强调技术的作用而走向社会的技术决定论，这种技术基础主义也可能和环境决定论一样，虽然强调了社会发展的生产力的客观因素，但最终在社会历史观上仍然会走向唯心主义。

第二章　技术基础主义的基本观点之一：古代技术和现代技术的区分

技术基础主义在总体上认为技术是对人类生活世界进行阐释的依据或对之进行构建的核心，在具体层面则体现为三个紧密联系而又相辅相成的主张或观点：古代技术和现代技术的本质区分，技术价值一元论和技术本质主义。正如我们将在下文中指出的那样，三者分别寻求技术在认识论、价值论和存在论上的单一性和统一性。

在技术哲学中，对古代技术和现代技术的区分非常引人注目，形成了众多的研究。加塞特在《走向历史哲学》和《关于技术的思考》中对“偶然性技术”“技师技术”“现代技术”做过区分；芒福德在《技术与文明》和《机器的神话》中对“始生代技术”“古生代技术”“新生代技术”做过区分；阿伦特在《人的条件》中对“工具”和“机器”做过区分；约纳斯在《走向技术哲学》（文章）、《责任的命令——寻找技术时代的伦理学》中对“先前的技术”（传统技术）和“现代技术”做过区分；等等。从技术哲学的角度看，作为技术基础主义的一个基本观点，人们对古代技术和现代技术的区分具有四个不同阶段：马克思对“工具”和“机器”的区分代表着第一阶段，即“客体上的区分”；杜威对“技术史”的区分代表着第二阶段，即“观念上的区分”；海德格尔对“技艺”和“现代技术”的区分代表着第三阶段，即“认识论-存在论上的区分”;埃吕尔对“技法”和“技术”的区分代表着第四阶段,即“现象学[①]上的区分”。下面我们就通过古代技术和现代技术的区分的这四个阶段,来看看古代技术与现代技术的区分是如何形成技术基础主义的一个基本观点的。

第一节　马克思在客体上对古代技术和现代技术的区分

马克思并没有关于“古代技术和现代技术的区分”的直接论述,但我们可以发现类似的论述,比如“工具”和“机器”的区分。在马克思那里,“工具”是手工业和工场手工业的技术,可以看作是古代技术的代表,而“机器”,特别是自动的机器系统,则是现代技术的主要形态。

在《资本论》中,马克思批评了有关工具和机器关系的两种观点:一种观点认为两者并无本质的差异,工具就是简单的机器,机器就是复杂的工具;另一种观点认为两者存在差异,它们的不同在于:工具的动力是人,而机器的动力是牲畜、水、风等不同于人力的自然力。马克思直接举例反驳了以上观点。他认为,按前一种观点,像杠杆、斜面、螺旋等也会被称为机器,但这样做并无丝毫用处;按后一种观点,牛拉犁是机器,而由人手推动的织机不过是工具,而且同一台织机,用手推动时是工具,用蒸汽推动时则是机器,这显然是荒唐的说法。

在马克思看来,工具和机器的区分需要借助于对机器的结构分析来显

① 米切姆认为埃吕尔关于现代技术特征的分析带有“通向一种人工物的现象学”的迹象(米切姆:《通过技术思考:工程与哲学之间的道路》,陈凡等译,辽宁人民出版社 2008 年版,第 245～246 页)。拉普也认为埃吕尔基于其对技术的分析构建了“内容广博的技术现象学”(拉普:《技术哲学导论》,刘武等译,辽宁科学技术出版社 1986 年版,第 137 页)。实际上,这里的“现象学”仅在很弱的意义上与一般而言的现象学相一致,它更偏向于指“性格学”或“特征学”(米切姆:《通过技术思考:工程与哲学之间的道路》,陈凡等译,辽宁人民出版社 2008 年版,第 75～77、246 页)。

现。他指出，所有机器都由发动机、传动机构、工具机或工作机这三个本质上不同的部分组成。作为整个机构之动力的发动机可以分为两类：自己产生动力（如蒸汽机、电磁机、卡路里机等）和由外部某种现成的自然力所推动（如水车、风磨等）。传动机构则由各种各样的附件组成：传轴、飞轮、蜗轮、齿轮、皮带、杆、绳索、联合装置等。传动机构的作用在于调节运动，如改变运动的形式（把垂直运动变为圆形运动），将动力分配或传送到工具机上。发动机和传动机构只是把动力传送给工具机，而工具机则是直接面向劳动对象，并以一定的目的使之发生改变。①

马克思表示，机器相异于工具之处体现在两点：第一，机器从一开始就是一些工具的组合，这些工具由同一个机械同时来推动；而工具则是分散的，通常一个工具由一个人来推动。简言之，机器的工具在规模和动力上均不同于工人的工具。第二，机器内的工具并不是简单地放置在一起，而是不管在动力、规模上还是在作用范围上都呈现出统一性，就像各式各样的锤都集中在一个蒸汽锤中一样。② 马克思所说的"机器"实质上是可以用"工具机"或"工作机"替换的。因为，在马克思看来，机器与工具的本质区别就在于工具机和工具的差别。③

"工具机"曾被马克思赋予很高的地位——"18 世纪工业革命的起点"。④ 作为工业革命起点的工具机，是指由单一的（无论是何种形式的）动力来推动的，同时使用多种工具或数个同种工具进行作业的机构。⑤ 马克思指出，工业革命毫无疑问并不开始于"动力"，而是开始于成为工作机（working-machine）的那部分机器，换言之，它并不是开始于比如转动纺车的"脚"被"水"或"蒸汽"所代替，而是开始于纺纱过程本身的改变和人的与加工、与对所加工的材料的直接作用相关的部分劳动被取代。马克思认

① 马克思、恩格斯：《马克思恩格斯全集》第 42 卷，人民出版社 2016 年版，第 382 页。

② 马克思、恩格斯：《马克思恩格斯全集》第 47 卷，人民出版社 1979 年版，第 451～452 页。

③ 王伯鲁：《马克思技术思想纲要》，科学出版社 2009 年版，第 94 页。

④ 马克思、恩格斯：《马克思恩格斯全集》第 43 卷，人民出版社 2016 年版，第 388 页。

⑤ 马克思、恩格斯：《马克思恩格斯全集》第 42 卷，人民出版社 2016 年版，第 385 页。

为，“同样没有疑问的是，一当问题不再涉及机器的历史发展，而是涉及在当前生产方式基础上的机器，工作机（如在缝纫机上）就是唯一有决定意义的，因为现在谁都知道，一旦这一过程实现了机械化，就可以根据机械的大小，用手、水或蒸汽机来转动机械”。[①] 在此基础上，马克思总结说：“17世纪末工场手工业时期发明的、一直存在到18世纪80年代初的那种蒸汽机，并没有引起工业革命。相反地，正是由于创造了工具机，才使蒸汽机的革命成为必要。”[②]

机器最初是手工业者（在手工工场内，亦称“工人”）的产物，它需要依靠个人的力量和技巧才能存在，也就是说，它发挥作用离不开手工业者“发达的肌肉、敏锐的视力和灵巧的手”[③]。随着两个技术条件（即完全受人控制同时又能充分供给动力的发动机和能生产精确几何形状部件的特殊工具机）的具备，用机器来生产机器得以可能。[④] 正如马克思所指出的那样，机器在经历了19世纪最初几十年的发展之后，实际上基本掌握了工具机的制造；而在接下来的几十年间，伴随着远洋航运事业的发展和大规模的铁路建设，机器完全掌握了包括发动机（原动机）在内的所有机构的制造。[⑤]

机器虽由（手工）工具演变而来，但这两种技术形态却并非“相安无事”。首先，机器逐渐取代（手工）工具，以机器为基础的工业生产逐步取代以（手工）工具为基础的手工业生产。其次，机器对两类人造成排挤：传统手工业者（包括手工工场内的工人）以及工厂内的工人。关于机器生产对手工业生产的取代，马克思指出：“在工场手工业中分成几种操作顺次进行的整个过程，现在由一台由各种工具结合而成的工作机来完成。”[⑥]马克思进一步解释道：“在‘精梳机’，尤其是‘李斯特式精梳机’……被采用以后，

① 马克思、恩格斯：《马克思恩格斯文集》第10卷，人民出版社2009年版，第199页。
② 马克思：《资本论节选本》，人民出版社2016年版，第398页。
③ 马克思、恩格斯：《马克思恩格斯全集》第44卷，人民出版社2001年版，第441页。
④ 王伯鲁：《马克思技术思想纲要》，科学出版社2009年版，第99页。
⑤ 马克思、恩格斯：《马克思恩格斯全集》第44卷，人民出版社2001年版，第441页。
⑥ 马克思、恩格斯：《马克思恩格斯全集》第44卷，人民出版社2001年版，第435页。

机械力才广泛应用到梳毛过程上……其结果无疑使大批工人失业。过去羊毛多半是在梳毛工人家里用手来梳。现在极为普遍的是在工厂内梳，除了少数几种仍需要手梳羊毛的特殊操作外，手工劳动被淘汰了。”[①]关于机器对人的排挤，马克思表示，机器的应用使得女工代替男工、非熟练工人代替熟练工人、童工代替成年工等成为可能；在使用机器越多的场所，越是有更多的手工工人被排挤出工厂(场)，不仅如此，机器本身的改进、完善等过程也会把一批一批的工人抛到街头上去。[②]

总之，以机器为基础的劳动分工或工业生产使工人的地位与作用发生了转变。工人在手工业和工场手工业中是利用工具，而在工厂中则是“服侍”机器。[③] 生产工具的这种转变带来了新型的社会生产关系。比如，在手工业技术时期，人们普遍爱惜自己的工具，甚至视若珍宝；而到了工业技术时期，对待机器的态度却明显分为两端：资本家对之肯定和称颂，而工人则对之深恶痛绝。

对资本家而言，机器首先是追逐剩余价值的利器，是适应资本的现代生产方式。这是因为，如马克思所言：“机器本身包含的劳动时间，少于它所代替的劳动能力所包含的劳动时间；进入商品[价值]的机器的价值，要小于(即等于较少的劳动时间)它所代替的劳动的价值。”[④]其次，机器强化了其统治地位。工厂主由于掌握着工人的就业手段，因此也就掌握着工人的生活资料，工人的生活便不得不依赖于他。[⑤] 再次，运用机器是应对工人反抗的有效手段。机器一方面是工人的极有力的竞争者，可以随时使工人“过剩”；另一方面它还被资本家有意识地宣传为一种可以利用的、和工人相敌对的力量。在镇压工人反抗资本家的周期性暴动或罢工时，机器成了资本家最强大的武器。马克思借用加斯克尔的话说：“蒸汽机一开始就

① 马克思、恩格斯：《马克思恩格斯文集》第8卷，人民出版社2009年版，第342页。
② 马克思、恩格斯：《马克思恩格斯文集》第1卷，人民出版社2009年版，第740页。
③ 马克思、恩格斯：《马克思恩格斯全集》第44卷，人民出版社2001年版，第485页。
④ 马克思、恩格斯：《马克思恩格斯文集》第8卷，人民出版社2009年版，第281页。
⑤ 马克思、恩格斯：《马克思恩格斯全集》第32卷，人民出版社1998年版，第152页。

是‘人力’的对头，它使资本家能够粉碎工人日益高涨的、可能使刚刚开始的工厂制度陷入危机的那些要求。”①

对工人而言，他们眼中的“机器”则是另一番情形：首先，机器直接导致了他们地位的下降。一方面，工人的技能转移到了机器上，由于机器的运行成本低于人力劳动，故资本家对机器的依赖得到加强，而对工人的依赖则趋于减弱。另一方面，工人现在是终身侍奉某一种机器，而不再是使用某一种工具；机器的大量采用已使工人从小就变成某一种机器的一部分，工人只能依赖机器，依赖工厂，依赖资本家。② 其次，机器除了导致工人与机器之间的竞争之外，还加剧了工人之间的竞争。③ 再次，机器延长了工人的工作时间，提高了他们的劳动强度。这一切都成为工业革命初期工人抗拒机器的原因。然而，即便颇具破坏力的“卢德运动”（Luddite Movement）也未能撼动资本家对机器的进一步制造和应用。正是在这种反复斗争过程中，机器以及以之为基础的工业技术成为人们生活的核心内容。

第二节　杜威在观念上对古代技术和现代技术的区分

拉里·希克曼认为，杜威的“技术史无疑就是技术哲学的历史”。④ 希克曼解释说：“杜威感兴趣的是技术史的哲学意义，是哲学家理解各种类型人工物的生产和含义的方式，用通常的话来说，杜威感兴趣的是哲学家对待各种类型的行为（doing）和制造（making）的方式。”⑤在我们看来，杜威

① 马克思、恩格斯：《马克思恩格斯文集》第5卷，人民出版社2009年版，第501页。

② 马克思、恩格斯：《马克思恩格斯全集》第44卷，人民出版社2001年版，第486页。

③ 王伯鲁：《马克思技术思想纲要》，科学出版社2009年版，第112页。

④ 拉里·希克曼：《杜威的实用主义技术》，韩连庆译，北京大学出版社2010年版，第112页。

⑤ 拉里·希克曼：《杜威的实用主义技术》，韩连庆译，北京大学出版社2010年版，第112页。

所理解的技术史其实是人们(尤以哲学家为代表)对待或看待技术的方式史或观念史。

根据希克曼的解读,杜威把技术史分为三个阶段:“猎人的阶段”、“希腊人”阶段与“16 和 17 世纪的科学革命”阶段。其中,“希腊人”阶段又分为三个亚阶段:“荷马(Homer)和赫西俄德(Hesiod)”阶段,“柏拉图和亚里士多德”阶段,以及“希腊思想在中世纪的继承者们”阶段。每一阶段均有各自的特征:在“猎人的阶段”,人们对技术没有对象意识,技术作为手段和作为目的是相互渗透、难以区分的;在“希腊人”阶段,作为手段的技术和作为目的的技术已然分离,且前者为后者所贬低、排挤;在第三阶段,如希克曼所言,“手段和目的通过相互替换,彼此相互贯通,从工具的角度看待对象和事件,它们成了阐发更多意义和含义的材料”[①]。我们将在下文中阐述由这些特征所体现的更为具体的内容。

关于“原始的或低水平的技术”[②],希克曼引述了杜威的“澳大利亚土著的技术”的例子。由于环境没有危险,土著们不需要太多的技术,例如种植、驯养等;即便使用技术(物),也只是一些简单的工具,而且它们只是随意使用——既不保存、储备,也不改进。如果由此得出结论说,技术是外在于他们的生活的,那就错了,因为技术与他们的生活是融为一体的。这是由于土著们在“感觉、运动、灵巧、战略和战斗等方面具有高度专业化的技能”,使得技术(物)显得不那么技术了,土著们不会把他使用的工具“对象化”,而是把它们看作同类。也就是说,技术不会作为手段或目的被对待或看待。杜威说:“这里没有居中的设备,不用为了远期目的而改变手段,不需要延缓欲望的满足,不用把兴趣和注意力转移到行动和对象的复杂系统中。需求、辛劳、技能和欲望的满足彼此之间密切相关。最终的目标和当下急需关注的东西是完全相同的;对过去的记忆和对未来的希望融合在当下问题的压力中;工具、设备和武器不是机械的和对象性的手段,而是当下

---

① 拉里·希克曼:《杜威的实用主义技术》,韩连庆译,北京大学出版社 2010 年版,第 113 页。

② 即处于“猎人的阶段”的技术。

活动的组成部分，是个人的技能和辛劳的有机组成部分。"[①]

在"荷马和赫西俄德"阶段，生活由命运，尤其为厄运所支配的感觉占据人们心间。技术虽有助于人们挣脱苦难，但远不能与命运相抗衡。对此，杜威描画道："神灵的确也曾赐与人类一些艺术来改善他们的苦难命运，但是这种恩赐又是不确定的。终结（目的）是在神灵和命运的一边，而命运甚至于还统治着神灵，它既不为敬献所贿赂，又尚未受到知识和艺术的威胁。"[②]

在"柏拉图和亚里士多德"阶段，商业冒险和艺术品的生产逐渐增多并取得了一些成果。在尝到由技术所带来的利益之后，希腊人对待技术的态度已不是悲观无望，而是极其乐观。柏拉图认为人们的苦难源于无知和偏见，对此，可以用适当的知识来补救。亚里士多德同样乐观地表示，人们有能力对抗命运："命运乃是人们所发明的一个幻影，用来掩饰他们自己的鲁莽。命运不容易对抗思维，而且从绝大部分讲来，一个受过教诲和有远见的灵魂将会达到它的目标。"[③]当然，柏拉图和亚里士多德所说的"知识"不能代替杜威所说的"技术"，但反过来则可以。因为，杜威的"技术"既包含了"知识"，也包含了"技艺"。

在希腊人那里，技术已被对象化为手段和目的，而它们分别是艺术家（工匠）和政治家（思想家）的对象。工匠所从事的工作被视为"琐碎的"和充满"不确定性"的：他们要应付各种各样的材料和状况。政治家则旁观这些技术工作以及相应的技术产品，他们寻求整体的、不变的东西，并认为正是这样的东西才具有真正的意义。因此，技术产品和技术活动（工匠的工作）均遭到了贬低。然而，我们站在杜威的立场上可以说，政治家（思想家）其实是把"具体的技术变成了抽象的形而上学，可能发生变化的生产变成

① John Dewey, *Philosophy and Civilization*, Minton Balch & Co., 1931, p.178.

② 杜威：《经验与自然》，傅统先译，商务印书馆 2014 年版，第 128 页。

③ 杜威：《经验与自然》，傅统先译，商务印书馆 2014 年版，第 129 页。

了不会发生变化的理论”[①]。他们从事的无非是另一种技术工作——哲学。

杜威指出，在中世纪阶段(从罗马帝国后期到文艺复兴时期)，“哲学从一种高尚的艺术变成了一个进入超然境界的通道”。[②] 在此时期，知识仍被视为高于行动和制造，“研究语言的文法和修辞学、文学解释和说服的艺术就比铁匠和木匠的手艺要高尚一些。工艺所涉及的仅仅是当作手段的一些事物，而文艺所涉及的则是当作目的的一些事物，是具有最后的和内在的价值的一些事物”。[③] 这一时期人们对待技术的态度实质上与希腊人的态度如出一辙。

在“科学革命”阶段，人们对工具的关注和使用促进了现代科学的兴起。作为手段的技术与作为目的的技术逐渐融贯。希克曼指出：“对现代科学来说，理论变成了实践的工具，而实践是产生新效应的手段。理论不再与最终的确定性有关，与此相反，作为一种有效的假设，理论与试验和没有解决的问题有关。知道就是准备去行动，而行动是为了产生更深一步的新意义。”[④]人们透过“科学”看到的是这样一个对象世界：其“时间-空间”秩序是恒常不变的；事物之间允许替代；可控制的、可测量的以及可明确表述的；服从定律和关系的。[⑤] 在此世界中，科学充当的是一种生产性探究的工具，它的工作程序就是“运用一种类似的操作技术来从事于操作和提炼”。[⑥]

---

① 拉里·希克曼：《杜威的实用主义技术》，韩连庆译，北京大学出版社2010年版，第128页。

② 杜威：《经验与自然》，傅统先译，商务印书馆2014年版，第129页。

③ 杜威：《确定性的寻求：关于知行关系的研究》，傅统先译，上海人民出版社2005年版，第55页。

④ 拉里·希克曼：《杜威的实用主义技术》，韩连庆译，北京大学出版社2010年版，第133～134页。

⑤ 拉里·希克曼：《杜威的实用主义技术》，韩连庆译，北京大学出版社2010年版，第138页。

⑥ 杜威：《经验与自然》，傅统先译，商务印书馆2014年版，第135页。

在希克曼看来，“猎人的阶段”又可看作是技术的“准备阶段”。这样一来，由“赫西俄德时期，柏拉图-亚里士多德时期和中世纪”组成的“希腊人”阶段与从伽利略时期开始的科学革命阶段就分别代表了古代技术阶段和现代技术阶段。在现代技术阶段，杜威主张，应把实验科学的方法应用到自然科学之外的领域中去。这样做的结果是，技术将应用于所有的人类活动，将成为人们的主要生活方式。

第三节　海德格尔对古代技术和现代技术在认识论-存在论上的区分

围绕技术与真理的关系，海德格尔明确提出了古代技术和现代技术[①]的区分。海德格尔将技术看作是真理展现的一种方式。在《技术的追问》一文中，海德格尔指出：“技术乃是一种解蔽[②]方式。如果我们注意到这一点，那就会有一个完全不同的适合于技术之本质的领域向我们开启出来。那就是解蔽领域，亦即真-理（Wahr-heit）之领域。”[③]海德格尔补充说：“从早期直到柏拉图时代，techne 一词就与 episteme[认知、知识]一词交织在一起。这两个词乃是表示最广义的认知（Erkennen）的名称。它们指的是对某物的精通，对某物的理解。…… techne 是一种 Aletheia（解蔽）方式。”[④][⑤]在海德格尔看来，古代技术和现代技术的一致性仅表现在它们都

① 在海德格尔这里，“古代技术”指的是传统的技能型技术，可译作 technique 或 techne；现代技术指的是知识型技术，可译作 technology。见米切姆：《通过技术思考：工程与哲学之间的道路》，陈凡等译，辽宁人民出版社 2008 年版，第 66 页。

② Aletheia，也译作“展现”。

③ 海德格尔：《演讲与论文集》，孙周兴译，生活・读书・新知三联书店 2005 年版，第 10～11 页。

④ 海德格尔：《演讲与论文集》，孙周兴译，生活・读书・新知三联书店 2005 年版，第 11 页。

⑤ 外文部分的原文是希腊语，这里有变动。

是解蔽，两者的不同则在于：作为解蔽的古代技术“把自身展开于 poiesis 意义上的产出”[1]，而作为解蔽的现代技术“乃是一种促逼[2]，此种促逼向自然提出蛮横要求，要求自然提供本身能够被开采和贮藏的能量”[3]，并“具有促逼意义上的摆置之特征”[4]。摆置（stellen）的聚集，即“集置”或“座架”（Ge-stell），可以用来表示现代技术的本质。海德格尔说：“通过促逼着的摆置，人们所谓的现实便被解蔽为持有。”[5]

另外，“这种摆置摆弄人”，使处在“解蔽之命运”支配之下的人类面临两种不同的可能性：一是“一味地去追逐、推动那种在订造中被解蔽的东西，并且从那里采取一切尺度”；二是“更早地、更多地并且总是更原初地参与到无蔽领域之本质及其无蔽状态那里，以便把所需要的与解蔽的归属状态当作解蔽的本质来加以经验”[6]。换言之，前一种可能性是现代技术式的解蔽，后一种是类古代技术式的解蔽。对于前者无须赘述。“‘类古代技术’式的解蔽”的意思是说：这种解蔽是“一种更原初地被允诺的解蔽”，能在现代技术的危险中“把救渡带向最初的闪现”；它“在技术时代里更多地遮蔽自身，而不是显示自身”，冠有与技术（或技艺）同样的名称——techne。[7] 它就是“艺术”，“是一种有所带来和有所带出的解蔽”，并因此从属于 poiesis（产出、创作）。在此意义上，我们可以说，海德格尔所谓的两

---

① 海德格尔：《演讲与论文集》，孙周兴译，生活·读书·新知三联书店 2005 年版，第 12 页。

② Herausfordern，也译作“强求”。

③ 海德格尔：《演讲与论文集》，孙周兴译，生活·读书·新知三联书店 2005 年版，第 12～13 页。

④ 海德格尔：《演讲与论文集》，孙周兴译，生活·读书·新知三联书店 2005 年版，第 14 页。

⑤ 海德格尔：《演讲与论文集》，孙周兴译，生活·读书·新知三联书店 2005 年版，第 16 页。

⑥ 海德格尔：《演讲与论文集》，孙周兴译，生活·读书·新知三联书店 2005 年版，第 25～26 页。

⑦ 海德格尔：《演讲与论文集》，孙周兴译，生活·读书·新知三联书店 2005 年版，第 35 页。

种可能性的对比，暗示了现代技术和古代技术的对比。而且，这一对比不仅是本体论上的，而且也是认识论上的。原因如下：

首先，从某种意义上说，古代技术和现代技术是两种不同的认知框架。[①] 通过古代技术，人们看到的事物是"天、地、神、人的聚集地"。譬如，壶匠之"壶"。海德格尔说："壶之壶性在倾注之馈品中成其本质。"[②]这种馈品可以是一种饮料，比如水或酒。他解释道："在泉水中，天空与大地联姻。在酒水中也有这种联姻。酒由葡萄的果实酿成。果实由大地的滋养与天空的阳光所玉成。在水之赠品中，在酒之赠品中，总是栖留着天空与大地。"[③]除此之外，水或酒还是"终有一死的人的饮料"[④]，或奉献给不朽诸神的祭品。譬如，一座被"筑造[⑤]的桥"。海德格尔说道："桥把大地聚集为河流四周的风景……桥已经为天气极其无常本质做好了准备……同时也为终有一死的人提供了道路，使他们得以往来于两岸。"[⑥]除此之外，"桥"还象征着终有一死者通向诸神的道路。总之，不论是"壶"，还是"桥"，通过它而向人们展现的都是"四重整体"。通过现代技术，人们看到的事物只是单纯的事物。"壶"仅是一个起着容纳作用的器皿，"桥"也只是起着沟通两

① 米切姆持有类似的观点。在《技术哲学》一文中，米切姆说："从某种意义上说，座架可以理解为心灵的一种非人格的认知框架。"（吴国盛编：《技术哲学经典读本》，上海交通大学出版社 2008 年版，第 34 页。）在《通过技术思考》一书中，米切姆又说："马丁·海德格尔将现代技术视为一种特殊的真理，或说现代技术作为座架展现了这个世界。"（米切姆：《通过技术思考：工程与哲学之间的道路》，陈凡等译，辽宁人民出版社 2008 年版，第 281 页。）

② 海德格尔：《演讲与论文集》，孙周兴译，生活·读书·新知三联书店 2005 年版，第 179 页。

③ 海德格尔：《演讲与论文集》，孙周兴译，生活·读书·新知三联书店 2005 年版，第 180 页。

④ 海德格尔：《演讲与论文集》，孙周兴译，生活·读书·新知三联书店 2005 年版，第 180 页。

⑤ 海德格尔说："这种物的生产就是筑造。筑造的本质在于：它应合于这种物的特性。……筑造建立位置，位置为四重整体设置一个场地。"（海德格尔：《演讲与论文集》，孙周兴译，生活·读书·新知三联书店 2005 年版，第 167 页。）

⑥ 海德格尔：《演讲与论文集》，孙周兴译，生活·读书·新知三联书店 2005 年版，第 160 页。

岸之功能的东西。

其次，古代技术和现代技术的区分还象征着“真理”尺度的变化。在海德格尔那里，“真理”指的是“本真状态”，即“无蔽”。追求“真理”的活动就是“解蔽”。如前文所说，古代技术和现代技术都是在“解蔽”。然而，由古代技术所得到的“真理”是“天、地、人、神的会集”。而由现代技术得到的“真理”仅是“正确性”。[①] 这种“正确性”是以满足“技术需要”为准绳的，换言之，是否适应现代技术是衡量“真理”的标准。绍伊博尔德（Günter Seubold）在《海德格尔分析新时代的技术》一书中对此有过类似的分析。我们可以借助他的分析和事例来把上述观点阐述得更为清楚一些。

绍伊博尔德认为海德格尔谈到了“两种自然知识：一种是技术科学的，一种是天然地思维着和居住着的人的”[②]。可分别称作“科技知识”（或“技术知识”[③]和“天然知识”。两种知识的区别表现在：“天然知识”“对动植物、它们的生长以及生长方式能按其存在着那样加以接受”[④]，而“科技知识”则还要过问上述过程的“为什么、理由和原因”。[⑤] 对于“一棵开花的树”，“天然知识”会借助我们的感官来记录其形态、色彩和周围环境等；而“科技知识”则要求更进一步地借助仪器、理论等来阐明，例如，它如何进行光合作用，为什么它的花是红色的，等等。绍伊博尔德总结说：“在技术世界看来，只有后一种知识是真正的知识，而前一种，如果情况确实如此，那

---

① 冈特·绍伊博尔德：《海德格尔分析新时代的技术》，宋祖良译，中国社会科学出版社1993年版，第101页。

② 冈特·绍伊博尔德：《海德格尔分析新时代的技术》，宋祖良译，中国社会科学出版社1993年版，第237页。

③ 冈特·绍伊博尔德：《海德格尔分析新时代的技术》，宋祖良译，中国社会科学出版社1993年版，第240页。

④ 冈特·绍伊博尔德：《海德格尔分析新时代的技术》，宋祖良译，中国社会科学出版社1993年版，第234页。

⑤ 冈特·绍伊博尔德：《海德格尔分析新时代的技术》，宋祖良译，中国社会科学出版社1993年版，第234～235页。

么技术世界只允许它作为幼稚的、在知识之前的知识。"[①]接踵而来的后果是,"这种科技知识并不与其他种类的知识平分秋色,而是作为决定性的知识得到贯彻"。[②]

我们还可以通过米切姆的表达而使绍伊博尔德的某些结论变得更加精练。米切姆在《通过技术思考》中谈及"作为知识的技术类型"时说道:古代技术"主要依靠感官技能、技术格言和描述性法则作为指导",而现代技术"不仅利用了这些资源,还加上了技术规则和技术理论。一些人可能还坚持认为,技术规则和技术理论的显现会削弱技能和格言的重要性"。[③]这种"削弱"或者与绍伊博尔德的意思相一致的"垄断",在"真理"或"真实"那里得到最为集中地展现。我们仍用海德格尔的话来阐述并例证这一点。海德格尔说:"我们只在似乎科学上未防备的时刻承认我们当然面对一棵开花的树,以便接着在下一个时刻同样理所当然地承诺上述意见当然只是幼稚的意见,因为它表明了在科学以前的对对象的见解,这样的做法是不够的。因为随着这种承诺,我们已经承认了某种东西,对它的影响我们几乎还没有注意,即上述的诸科学实践上判断出在开花的树那里什么东西可以被看作现实,什么东西却不可以。"[④]

---

① 冈特·绍伊博尔德:《海德格尔分析新时代的技术》,宋祖良译,中国社会科学出版社 1993 年版,第 237 页。

② 冈特·绍伊博尔德:《海德格尔分析新时代的技术》,宋祖良译,中国社会科学出版社 1993 年版,第 236 页。

③ 米切姆:《通过技术思考:工程与哲学之间的道路》,陈凡等译,辽宁人民出版社 2008 年版,第 280～281 页。

④ 冈特·绍伊博尔德:《海德格尔分析新时代的技术》,宋祖良译,中国社会科学出版社 1993 年版,第 237～238 页。

第四节　埃吕尔对古代技术和现代技术在现象学上的区分

与海德格尔类似，埃吕尔也做了区分古代技术和现代技术的工作，尽管所用术语不尽相同。埃吕尔区分了“技法”(techniques)和“技术”(technology)，或者“技术操作”(technical operations)和“技术现象”(technical phenomenon)。“技法”或“技术操作”指的是“为达到某一特定目的，根据某种方法进行的”任何人类活动，有时也可称作“技能”(skills)。“技能”常常是实践活动自发的结果；如果有意识地对之进行控制，那么便诞生了“技术”或“技术现象”。一言以蔽之，技术把“先前没有把握的、不自觉的、自发的东西带入了清晰的、理性的、概念合理的王国”[①]。

埃吕尔认为现代的“技术”具有以下主要特征：

(1)合理性。埃吕尔指出，无论技术是什么，它总是表现为一个合乎理性的过程。诸如生产准则、劳动分工、系统化和标准制度等就是“技术合理性最好的例证”。埃吕尔进一步指出：“合理性包含两个阶段，首先是技术操作中逻辑推理的运用，这就排除了自发性和个人的创造性；其次是运用还原的方法将其还原为逻辑层面，所有的技术干预都是将事实、能力、现象、方法和器械等还原为逻辑图像。”[②]

(2)人工性。“技术”是人为的，并与“自然”是相对或敌对的。一方面，“技术”与“自然”有着“完全不同的动因、命令与规则”；另一方面，正如埃吕尔所言，“技术毁坏、破坏并且奴化自然，而且不允许恢复自然的本来面目，

① Jacques Ellul, *The Technological Society*, trans. John Wilkinson, Alfred A. knopf, 1964, pp.19-20.

② Jacques Ellul, *The Technological Society*, trans. John Wilkinson, Alfred A. knopf, 1964, pp.78-79.

更不用说允许自然与技术的共生关系"[1]。

(3)自动化。埃吕尔认为,关于技术的选择是自动进行的。这体现在两个方面:其一,在技术活动之内,即"在技术圈里,方法、机械装置、组织和准则的选择是自动进行的"[2];其二,"技术活动自动排除每一项非技术活动或使之转变成技术活动"[3]。

(4)自增性。人虽参与技术的增长,但其参与并不具有决定意义。在此意义上,技术的增长是自动的,并表现为技术进步的自增性、技术应用领域的自增性以及技术难题的自增性。

(5)一元性。技术的一元性指的是技术现象的整体性和同一性。埃吕尔尤其反对将技术与技术的使用分开的做法。埃吕尔说:"技术与其使用之间没有区别。人们所面临的是一个封闭的选择,要么根据技术规则去使用技术,要么不去使用技术,不可能不根据技术规则去使用技术。"[4]埃吕尔还说:"希望去除技术的'坏的'一面,同时保留其'好的'一面,这只是一种幻想,是一种完美的诠释。人们坚持这种信念只是意味着人们还没有抓到技术的本质。"[5]

(6)普遍化。技术的普遍性呈现为"地域上的普遍性和性质上的普遍性"这两种形式。[6] 现代技术已经成为跨地区、跨民族、跨文明的文明力量。

---

① Jacques Ellul, *The Technological Society*, trans. John Wilkinson, Alfred A. knopf, 1964, p.79.

② Jacques Ellul, *The Technological Society*, trans. John Wilkinson, Alfred A. knopf, 1964, p.82.

③ Jacques Ellul, *The Technological Society*, trans. John Wilkinson, Alfred A. knopf, 1964, p.83.

④ Jacques Ellul, *The Technological Society*, trans. John Wilkinson, Alfred A. knopf, 1964, p.98.

⑤ Jacques Ellul, *The Technological Society*, trans. John Wilkinson, Alfred A. knopf, 1964, p.111.

⑥ Jacques Ellul, *The Technological Society*, trans. John Wilkinson, Alfred A. knopf, 1964, p.116.

(7)自主性。自主性可以看作是以上特征的综合。就其表现而言:首先,技术相对经济和政治而言是自主的。埃吕尔说:“人们已经发现,并非经济或政治进步为技术进步提供了条件,技术进步独立于社会条件之外……技术是决定社会的、政治的和经济的变革条件,是它们的最主要的动力。”[①]其次,技术相对于道德是自主的。埃吕尔认为,不仅“就传统道德而言,技术是一种独立的力量”[②],而且“技术的力量和自主性的确证已使得技术成为道德的评判者和新道德的创造者,技术发挥了创造新文明的作用”[③]。

显然,较之于“古代技术”或“技法”,埃吕尔更加关注“现代技术”或“技术”。然而,不可否认的是,埃吕尔对现代技术的分析和界定,辩证地来看,同样是对古代技术的分析和界定。需要强调的是,在埃吕尔这里,我们发现了在一定程度上类似于海德格尔关于现代技术的结论。这表现在两个方面:一方面,我们看到了类似“座架”的表述。埃吕尔说道:“我们正在目睹事情的完全颠倒,在人类文明进程中,技术也曾经毫不例外地从属于文明,而且仅仅是大量非技术活动中的一个组成部分,但是,现代技术已经掌控了整个文明。”[④]埃吕尔还说:“技术文明意味着社会的文明由技术构成(只有属于技术的元素才构成文明的一部分),为了技术而存在(文明中的每一件事情都服务于技术目的),就是技术本身(因为它排除了一切非技术的因素,或将其还原为技术形式)。”[⑤]另一方面,现代技术同样是一种认知框架。埃吕尔认为:“尽管我们还没有意识到这一点,技术环境仍然在决定

---

① Jacques Ellul, *The Technological Society*, trans. John Wilkinson, Alfred A. knopf, 1964, pp.133-134.

② Jacques Ellul, *The Technological Society*, trans. John Wilkinson, Alfred A. knopf, 1964, p.134.

③ Jacques Ellul, *The Technological Society*, trans. John Wilkinson, Alfred A. knopf, 1964, p.134.

④ Jacques Ellul, *The Technological Society*, trans. John Wilkinson, Alfred A. knopf, 1964, p.128.

⑤ Jacques Ellul, *The Technological Society*, trans. John Wilkinson, Alfred A. knopf, 1964, pp.127-128.

着我们的行为方式和思想观念。”[①]例如，对于孩子的培养而言，孩子们“不必知道任何自然的因素，但必须知道工厂和怎样横过马路”，必须“技术地准备从事技术的职业”[②]。还有，现代技术“强迫我们把任何问题都看成技术的问题”[③]，埃吕尔引用了论文《妇女在我们社会中的地位：一个技术问题》的标题作为例证。它表明了以技术的方式思考问题的习惯已经促使一般问题变成了真正的技术问题。与这种认知框架相对应的是这样一种结果：人以两种相互分裂的生存方式生活着。埃吕尔说：“一方面，人很熟悉自己掌握的技术和专业。……另一方面，对于世界以及政治、经济问题的认识，他与别人处于同一水平……基本上没有这方面的知识。”[④]

---

① Jacques Ellul, *The Technological System*, trans. Joachim Neugroschel, Continuum, 1980, p.311. 埃吕尔在同等意义上使用“技术”“技术环境”“技术系统”等概念。

② Jacques Ellul, *The Technological System*, trans. Joachim Neugroschel, Continuum, 1980, p.39.

③ Jacques Ellul, *The Technological System*, trans. Joachim Neugroschel, Continuum, 1980, p.39.

④ Jacques Ellul, *The Technological System*, trans. Joachim Neugroschel, Continuum, 1980, p.313.

第三章　技术基础主义的基本观点之二：技术价值一元论

“古代技术和现代技术的区分”是人们在认识论层面对技术的描述和分类，“技术价值一元论”则是人们在价值论领域对于技术意义的看法。它们都属于对技术本质的认识。“技术价值一元论”是指这样一种观点：它表面上承认技术价值的多样性或多元化，而在根本上却力图克服之，换言之，它寻求技术价值的单一化或一元化。

技术的价值问题，作为技术哲学的核心问题之一，主要涉及技术与价值之间的关系。而技术与价值的关系，不仅包含对技术结果的“好”与“坏”的评价，还包含对技术本身是否包含价值的认识问题；在理论基础和渊源方面，技术价值论不仅可以追溯到“科学”与“价值”的关系问题，还包含着对休谟提出的“事实”与“价值”的关系的回答。基于这种复杂性，由不同学者对技术的价值问题的回答，便形成了诸如技术乐观主义、技术悲观主义、技术中性论和技术价值（负载）论等多种多样的技术价值观或者说是关于技术的价值论。

第一节　技术的价值论

技术的价值论(axiology of technology)主要回答以下问题:技术是否具有价值?如果技术具有价值,那么,技术的价值是其内在价值还是外在价值?价值又是怎样的?

技术具有价值,这已是人们的共识,也是人类社会发展的事实。然而,在技术具有何种价值的问题上,人们的这个“共识”就发生了分化:技术乐观主义注重技术的正面价值,而技术悲观主义却注重技术的负面价值。如果再进一步追问技术的这种价值是如何实现的,则又将技术哲学家分成了两个派别:技术工具论主张技术是中立性的,技术本身不具有价值,技术的价值依赖于外在方面;技术价值负载论(technological value theory)则主张,技术不是中立的,技术具有内在价值,或者说,技术本身负载价值,技术的发展就是技术本身具有的价值的实现。雅斯贝斯、卡西尔、L.怀特、H.萨克塞、G.梅塞纳等人是典型的技术中立论者或技术工具论者[①],海德格尔、马尔库塞、埃吕尔、温纳、芬伯格等人则是技术负载价值观念的支持者。技术中立论或者工具论是技术乐观主义的主要理论依据,因为它认为,技术的负面价值可以通过其他社会价值的选择而克服。与之相反,一定程度上源于技术负载价值论的技术悲观主义则认为,技术的负面价值源于技术自身,它不是能够通过其他方面的改变而被克服的。

技术的价值无非就是指人们所评价的技术的作用或意义。由于这个问题涉及对技术本质的认识(即技术是不是价值中立的),涉及人们只能是生存在技术构造的社会生活中来评价技术,也涉及哲学观、宗教信仰、社会需要、传统文化等社会历史因素的影响和制约,因而表现出复杂性。但不论是技术乐观主义还是技术悲观主义,在技术价值的认识上,都具有一种

① 吴致远:《有关技术中性论的三个问题》,《自然辩证法通讯》2013年第6期。

逻辑上的一致性，即事实上它们都认为技术的价值具有多元性，但又都力图寻求技术价值的单一性。对技术价值的多元性认识与单一性归化的努力同时存在，这种认识逻辑，对于历史上的技术价值论的发展具有普遍性。

我们可以在柏拉图的《裴德若篇》中找到早期的证据。在其中，苏格拉底讲述了一个故事："图提晋见了塔穆斯，把他的各种发明献给他看，向他建议要把它们推广到全埃及。那国王便问他每一种发明的用处，听到他的说明，觉得是好的就加以褒扬，觉得坏的就加以贬斥。……轮到文字，图提说：'大王，这件发明可以使埃及人受更多的教育，有更好的记忆力，它是医治教育和记忆力的良药！'国王回答说：'多才多艺的图提，能发明一种技术的是一个人，能权衡应用那种技术利弊的是另一个人。现在你是文字的父亲，由于笃爱儿子的缘故，把文字的功用恰恰说反了！你这个发明结果会使学会文字的人们善忘，因为他们就不再努力记忆了。他们就信任书文，只凭外在的符号再认，并非凭内在的脑力回忆。所以你所发明的这剂药，只能医再认，不能医记忆。至于教育，你所拿给你的学生们的东西只是真实界的形似，而不是真实界的本身。因为借文字的帮助，他们可无须教练就可以吞下许多知识，好像无所不知，而实际上却一无所知。还不仅此，他们会讨人厌，因为自以为聪明而实在是不聪明。'"①从图提和塔穆斯的对话中，我们可以看出文字（在某种意义上作为技术之物）具有至少两种不同的价值——发明者眼中的价值和使用者眼中的价值，或者说积极作用和消极作用。两人的争论，不是只出现在故事里，其结果也发生在现实中。文字的谨慎使用及其使用的有限扩展直接表明了其中一种评判的优势地位。

我们将视线移向启蒙运动时期。启蒙运动推崇理性、科学、艺术和进步，彰显人类的成就。正是在此背景中，人们评价支配他们生活的技术。占主流的是对技术的乐观评价，而卢梭（Jean-Jacques Rousseau）却在其著作中以夸张的语言表达了自己的悲观主义态度和情绪。卢梭的核心思想是："自然是美好的，出自自然的人是生来自由平等的，因此应该以自然的

① 柏拉图：《柏拉图文艺对话集》，朱光潜译，商务印书馆 2013 年版，第 156-157 页。

美好来代替'文明'的罪恶。"[①]所谓"自然",指的既不是抽象化的自然,也不是原初的自然,而是平民阶层理想中的社会生活[②];所谓"科学"和"艺术"大体上分别指的是"思维的技艺"和"写作的技艺"[③]。在乐观主义看作是文明象征的科学与艺术,被卢梭确认是伤风败俗的,并且卢梭从历史的经验和对科学、艺术本身的分析进行了论证。

在卢梭看来,人们有两种需要,即身体需要和精神需要。前者构成社会的基础,政府和法律通过提供安全和福祉使之坚固与充实,并表现出专制的特征;后者是对社会的装饰,科学与文艺就像鲜花一般点缀在人们的枷锁之上,看似不那么专制却更有力量[④]。卢梭说:"需要奠定了宝座;而科学与艺术则使得它们巩固起来。"[⑤]卢梭认为,由科学与艺术所体现的文明,并没有使人们从包裹着他们的束缚中挣脱出来,而是使他们喜欢自己被奴役的状态,成为快乐的奴隶:在它们的遮掩下,浮夸替代了朴实,迂腐取代了自然,华丽取代了优雅,装饰取代了健壮,造作取代了粗犷,虚伪取代了真诚,邪恶取代了善良;人们的精神风格被塑造得极具一致性,人们使用同一副表面刻有"礼仪"的面具,在此之下的却是仇恨、背叛、恐惧、冷酷、戒备、猜忌、怀疑等多层面孔。卢梭总结说,科学和艺术使人们的灵魂趋于"完善",但这种完善却是实实在在的、证据确凿的腐败,并且它还以"风尚与节操的命运"受制于科学和艺术为代价;科学和艺术与德行犹如跷跷板的两端,当前者升起时,后者就降落。这种情况并不仅限于某一时代和某一地点,它是普遍的[⑥]。

卢梭曾用正反两方面的历史经验论证自己的观点。在卢梭看来,哲学和美术毁了繁盛的古埃及,使之一败再败、一毁再毁,先后于公元前525年

---

① 卢梭:《论科学与艺术》,何兆武译,商务印书馆1963年版,译者序言,第ⅱ页。

② 卢梭:《论科学与艺术》,何兆武译,商务印书馆1963年版,译者序言,第ⅲ～ⅳ页。

③ 卢梭:《论科学与艺术》,何兆武译,商务印书馆1963年版,第7页。

④ 卢梭:《论科学与艺术》,何兆武译,商务印书馆1963年版,第7～8页。

⑤ 卢梭:《论科学与艺术》,何兆武译,商务印书馆1963年版,第8页。

⑥ 卢梭:《论科学与艺术》,何兆武译,商务印书馆1963年版,第11页。

被古波斯、公元前332年被古希腊、公元前30年被古罗马、公元643年被阿拉伯、公元1517年被土耳其征服[1]。曾经称霸一时的古希腊同样成为科学和艺术"进步"的牺牲品,人们的心灵遭受荼毒,持久的"博学""淫逸""奢侈"伴随着持久的"被奴役"。继古希腊之后,罗马帝国也在饱尝"高尚趣味"后没落下去,可谓名副其实地娱乐至死。卢梭甚至还提到了当时的中国,得"锦绣"文章者得禄位。在卢梭看来,如果科学与艺术真能使人睿智、勇敢、强大的话,文明的人们也不至于普遍遭受压迫,为非作歹的人也将寥寥无几[2]。而与此相反的情况却不同。卢梭认为,处于"蒙昧"和"贫穷"时期的斯巴达就是因缺少科学和艺术而造就的正面案例。当雅典人高谈阔论着罪恶、德行、至善之际,斯巴达人却奉持着"幸福的无知"和贤明的法律;当雅典人推崇富丽堂皇的房屋、精雕细琢的大理石、栩栩如生的画作、优美华丽的词藻之时,斯巴达人却追忆他们英雄的事迹,并把科学和艺术、科学家和艺术家一同赶出城去[3]。

卢梭对科学和艺术本身的考察可以概括如下。第一,科学和艺术起源于人类的"罪恶"或邪念:迷信孵化出天文学,贪婪孵化出几何学,"虚荣的好奇心"孵化出物理学,骄傲孵化出道德,扯谎、仇恨、谄媚和野心孵化出辩论术,等等。第二,科学和艺术的存在是对"邪恶"根基的彰显:艺术折射出奢侈,法理学折射出不公正,历史学折射出阴谋家、战争、暴君,哲学折射出不务正业[4]。第三,科学研究和艺术创作中充满危险和歧途:有利的局面远少于危险的局面;真理的标志是模糊的,标准是不确定的;"错误可能有无穷的结合方式,而真理却只能有一种存在的方式"[5];即便人们侥幸发现了真理,但也不能保证能够善用它[6];等等。第四,科学和艺术会导致糟糕

① 卢梭:《论科学与艺术》,何兆武译,商务印书馆1963年版,第12页译注。

② 卢梭:《论科学与艺术》,何兆武译,商务印书馆1963年版,第12～13页。

③ 卢梭:《论科学与艺术》,何兆武译,商务印书馆1963年版,第14～16页。

④ 卢梭:《论科学与艺术》,何兆武译,商务印书馆1963年版,第21页。

⑤ 卢梭:《论科学与艺术》,何兆武译,商务印书馆1963年版,第21页。

⑥ 卢梭:《论科学与艺术》,何兆武译,商务印书馆1963年版,第21～22页。

的是“使我们的生活区别于动物祖先的生活的所有成就和规范的总和”[①]，其价值在于帮助人类规避自然的侵害，以及调节人类成员之间的关系。两处定义在语词上的差异并不妨碍它们在内容上的一致性，而且依据此种界定，科学和技术必然被包含在文明之内。(2)文明与人类的痛苦密切相关。弗洛伊德认为，人类的痛苦有三个根源，即人类身体的柔弱性注定了的衰老与消亡、异己和强大的自然破坏力量，以及有效规则的不足及其导致的人们无法正确处理家庭关系、国家关系和社会关系[②]。在弗洛伊德看来，前两者和第三个之间存在较大差异。文明的确通过避免某些痛苦给人类带来幸福，但也通过制造新的痛苦伤害着人类。(3)对文明的不满使人们敌视文明。敌视文明的观点认为，人类的痛苦很大程度上来自于被人们称之为文明的东西，放弃文明、回归原始是获得幸福的前提条件[③]。在弗洛伊德看来，人们对具体文明深刻而持久的不满，以及由一些特定历史事件诱发的对文明的谴责是这一态度的基础。弗洛伊德认为至少存在三个方面的诱因[④]：一是基督教与“异教”的争斗、对尘世的藐视；二是大航海发现的仍处于原始社会状态的人群因文明的缺失而具有的“幸福生活”；三是科学和技术的“进步”。因为它们“并没有增加人们希望从生活中获得的令人快乐的满足”[⑤]。(4)科学和技术并不是人类幸福的充分条件。在弗洛伊德看来，由科学和技术并没有增加人们的幸福感并不能推出科学和技术对人类幸福是无益的，只能说它们“不是人类获得幸福的唯一先决条件”，“也

① 弗洛伊德：《一种幻想的未来　文明及其不满》，严志军、张沫译，河北教育出版社2003年版，第80页。

② 弗洛伊德：《一种幻想的未来　文明及其不满》，严志军、张沫译，河北教育出版社2003年版，第69页、第77页。

③ 弗洛伊德：《一种幻想的未来　文明及其不满》，严志军、张沫译，河北教育出版社2003年版，第77页。

④ 弗洛伊德：《一种幻想的未来　文明及其不满》，严志军、张沫译，河北教育出版社2003年版，第78页。

⑤ 弗洛伊德：《一种幻想的未来　文明及其不满》，严志军、张沫译，河北教育出版社2003年版，第78页。

不是文化奋斗的唯一目标”[①]。弗洛伊德列举了很多例子来表明人们的矛盾心理：铁路帮助人们征服了空间距离，但也带来了许许多多的别离；电话可以让人们随意接听远方亲朋的问候，但也减少了直接感触他们音容笑貌的机会；医学降低了妇女生产的风险和婴儿的死亡率，但也在很大程度上限制了人们繁育的行为；等等[②]。(5)文明是一场斗争，是爱欲(eros)和死亡本能(instinct of death)之间的斗争[③]。科学和技术不过是这两种相反力量的战场，生存本能使人们通过科学和技术有所建树，而破坏性本能则利用它们来毁灭成就。进一步而言，科学和技术这一战场越具有“先进性”，即人类对自然的控制力越强大和完善，那人类可能享受的幸福与可能遭受的痛苦也就越大。不过，幸福和痛苦的几率似乎也是一样的，文明的发展和人类的未来都充满着不确定性。正如弗洛伊德所说：“谁能预见胜败如何，结果如何呢？”[④]

技术悲观主义通过现象学和存在主义，获得了本体论上的深刻性。海德格尔无疑是这种使技术悲观主义本体论化的代表人物。海德格尔观点的深刻性和合理性，至少表现为：首先，他将现代技术看作是一种“世界性构造”，通俗地讲，就是将世界技术化；其次，技术与人的价值相分离，技术在很大程度上决定人的价值；再次，技术趋于自主。海德格尔的观点可以很好地解释现代技术的发展状况，这是乐观主义者的观点暂时不具备的优势。尤其是到了埃吕尔那里，技术悲观主义这种优势就更加明显了。原因在于，埃吕尔的技术哲学丰富了海德格尔的技术存在论。比如，埃吕尔将现代社会看作是一个技术社会，作为整体的技术具有自主性，技术进步具

---

① 弗洛伊德：《一种幻想的未来 文明及其不满》，严志军、张沫译，河北教育出版社2003年版，第78～79页。

② 弗洛伊德：《一种幻想的未来 文明及其不满》，严志军、张沫译，河北教育出版社2003年版，第79页。

③ 弗洛伊德：《一种幻想的未来 文明及其不满》，严志军、张沫译，河北教育出版社2003年版，第107页。

④ 弗洛伊德：《一种幻想的未来 文明及其不满》，严志军、张沫译，河北教育出版社2003年版，第128页。

有模糊性等等观点，既延续了技术现象学的研究路线，又具有专门的技术哲学的视域。

可以说，马克思和杜威的观点代表了技术乐观主义的高级阶段，而海德格尔和埃吕尔的观点则代表了技术悲观主义的高级阶段。然而，这一地位的获得都是依赖同样的努力：将狭义的“技术”扩展为广义的“技术”，并将后者视作解释或建构生活世界的依据或核心。由此出发，下一步便自然涉及技术与人的最初关联及其意义。也正是在此处，马克思、杜威与海德格尔、埃吕尔分道扬镳了。马克思和杜威都认为技术是为人所必需的，在此基础上，马克思提出了关于技术的“器官延长说”，而杜威认为技术是人类寻求安全的一个重要和可靠的工具。他们都认为技术就其自身而言是一种积极的力量。海德格尔和埃吕尔虽然并未否认技术是为人所必需的，但却认为：就“人”而言，技术并不是最重要的。海德格尔将“最重要的”这顶帽子给了“思”，对“存在”之思；埃吕尔则把它给了“信仰”和“自由”[①]。正如我们所看到的，将这些基本的观点或立场一以贯之的结果必然是这样的：技术在本质上，或者就其自身而言，要么是进步的要么是“异化”的。这样，我们就通过技术的价值论的构建逻辑，引导出了技术价值一元论的两个直观的表现形式，即技术进步论和技术异化论。

在我们看来，马克思和杜威的技术进步观均为后来的技术进步论奠定了基调——无论就技术本身而言，还是就技术与社会的关系而言，技术都具有进步性。美国社会学家奥格本，则借鉴了历史唯物主义，进一步用技术的进步，解释社会和文化的变迁和发展。当代的技术进化论，用生物学的“进化”概念类别技术，来解释技术的发展演变；而技术的社会塑造论则从社会对技术的作用和意义方面，阐释了一种技术发展模式。这些研究都说明，技术的价值论，不仅仅表现在技术对社会历史发展的一面，还表现在社会对技术发展的一面。而与技术进步论对应的是技术异化论。由于对

① 米切姆：《通过技术思考：工程与哲学之间的道路》，陈凡等译，辽宁人民出版社2008年版，第78～79页。

海德格尔等人的技术存在论思想的研究阐释得比较多，我们在下面也着重阐释了存在主义大师雅斯贝斯的技术哲学思想。

第二节 马克思的技术进步观与技术决定论问题

所有关于技术进步的观念的研究，都不能回避历史唯物主义和马克思的技术哲学思想。不论是早期的《1844年经济学哲学手稿》，还是阐释历史唯物主义基本原则的《德意志意识形态》等著作，还是研究现代社会经济运动规律的《资本论》及其“手稿”，马克思都将技术、技术进步、技术对社会生产力的发展和生产方式的转变的作用，作为他进行哲学的分析批判，实现哲学革命，进行理论体系建构的核心思想和理论支点。马克思的技术进步观不仅为后来的技术进步观研究奠定了基调，而且为技术哲学——不论是从技术来研究社会发展，还是从社会研究技术发展——确立了一种研究范式。甚至对马克思是不是技术决定论者的争论，也是当代的技术哲学研究回避不了的一个问题。

一、马克思的技术进步观

马克思的技术进步观是在技术与物质资料的生产、技术与劳动工具、技术与机器、技术与生产力，以及技术与科学、知识等理论关系的阐释中确立的。虽然马克思也在广泛的意义上，从人类改造自然的知识、方法、技能等方面，从技术是科学的应用的角度，理解技术和技术的进步，但马克思对技术和技术进步阐述的创造性和理论地位主要在于狭义的技术方面，即在于马克思从生产工具、生产工艺、制造技能和方法等的创造、革新和改进的角度，对技术与生产、生产力和社会革命等关系的阐释。

在历史唯物主义中，技术的本体论地位是由技术与人类历史的第一个前提，即物质资料的生产的关系确定的。马克思和恩格斯在《德意志意识形态》中说：“我们首先应当确定一切人类生存的第一个前提，也就是一切历史的第一个前提，这个前提是：人们为了能够‘创造历史’，必须能够生活，但是为了生活，首先就需要吃喝住穿以及其他东西。因此第一个历史活动就是生产满足这些需要的资料，即生产物质生活本身。”[①]人的生产和其他动物的生存的本质不同，在于人的生产是运用工具改造自然、创造财富，并在这种创造性活动和过程中形成和变革社会组织形式。这样，在历史唯物主义中，技术作为生产工具，就成为了人类历史的第一个前提，技术进入了人及其历史的定义。此外，历史唯物主义理解的生产，除了物质资料的生产这种“狭义的生产”含义外，还有包括物质资料生产、精神生产和人自身的生产的“广义生产”的含义。很显然，在马克思看来，物质资料的生产作为历史的第一个前提，无疑决定着其他两种生产；“物质资料的生产方式决定着精神生产的性质和内容，制约着人自身生产的社会组织形式的结构和性质”[②]。因此，技术进步不仅表现在技术推动物质资料的生产和生产方式的进步上，也表现在技术推动精神生产的性质和内容的变化，以及人的生产及其社会组织形式的进步等方面。

由技术代表的生产工具是社会生产的“硬核”。马克思曾把生产工具比喻为生产的“骨骼系统”和“肌肉系统”。一定的生产工具常常成为一定的生产关系的指示器。正像马克思曾说过的，手推磨产生的是封建主为首的社会，蒸汽磨产生的是工业资本家为首的社会。从马克思的相关论述看，技术的变迁大致经历了三个阶段：农业技术、手工业技术和工业技术。

作为人类历史上最早形成的生产部门之一的农业，主要是利用生物的生理机能或通过强化和控制生物的生长过程，以取得物质产品的产业门类[③]。广义的农业，包括种植业、林业、畜牧业和渔业等。农业是由人工技术与自然的有机过程结合而成的一种特殊生产方式[④]，其实质在于人们对

① 马克思、恩格斯：《马克思恩格斯选集》第1卷，人民出版社1995年版，第78～79页。

② 《中国大百科全书·哲学》编辑委员会：《哲学百科全书》，中国大百科全书出版社1995年版，第782页。

③ 王伯鲁：《马克思技术思想纲要》，科学出版社2009年版，第119页。

④ 马克思、恩格斯：《马克思恩格斯全集》第31卷，人民出版社1998年版，第124页。

生物生长的或直接或间接的技术干预。马克思指出，在产业史上起着最有决定性作用的是“社会地控制自然力，从而节约地利用自然力，用人力兴建大规模的工程占有或驯服自然力”[①]。诸如埃及、伦巴第和荷兰等地的治水工程，或印度、波斯等地的用于灌溉的人工渠道等，都是这方面的例子。

手工业技术是在农业技术的基础上发展而来的。虽然手工业技术起源较早，但只有当它的作用对象由少量的天然物品变为大量的农业产品、生产工具等时，才得到充分发展。当然，对象的改变只是必要条件之一。除此之外，私有制的确立使劳动者对他使用的劳动资料具有私有权，由此，手工业者得以自由运用工具，从而使得手工业技术获得长足发展。然而，手工业技术有其自身的局限：其效率总是与手工业者的个人经验、手艺熟练程度和家族传承等因素密切相关，这就限制了它的传播和传承。马克思感慨道：“一旦从经验中取得适合的形式，工具就固定不变了；工具往往世代相传达千年之久的事实，就证明了这一点。很能说明问题的是，各种特殊的手艺直到18世纪还称为mysteries（mystères）[秘诀]，只有经验丰富的内行才能洞悉其中的奥妙。这层帷幕在人们面前掩盖起他们自己的社会生产过程，使各种自然形成的分门别类的生产部门彼此成为哑谜，甚至对每个部门内行都成为哑谜。”[②]

工业技术，简单说来，是对原材料和农业产品进行加工和再加工的社会产业部门。由此便可推断出，工业技术必定是在手工业技术的“母体”中孕育和成长的[③]。例如，机器技术就是对手工业者的模仿及对手工工具的改造。对此，马克思说：“如果我们现在考察一下机器制造业所采用的机器中构成它的真正工作器官的部分，那么，手工工具就再现出来了，不过规模十分庞大。”[④]马克思还列举了很多实例。比如，钻床的工作机是一个庞大的钻头，只不过这个钻头是由蒸汽机推动的；作为普通脚踏旋床之巨型翻

① 马克思、恩格斯：《马克思恩格斯选集》第2卷，人民出版社2012年版，第239页。

② 马克思、恩格斯：《马克思恩格斯全集》第42卷，人民出版社2016年版，第503页。

③ 王伯鲁：《马克思技术思想纲要》，科学出版社2009年版，第133～134页。

④ 马克思、恩格斯：《马克思恩格斯全集》第43卷，人民出版社2016年版，第401页。

版的是机械旋床；刨床则如同一个铁木匠；造船厂用于切割胶合板的工具是一把大得惊人的剃刀；剪裁机像是一把巨大的剪刀；剪铁如布，靠普通的锤头工作的蒸汽锤异常沉重；等等。另外，马克思也指出了工业技术优于手工业技术之处：生产的连续性，即原材料加工阶段的连续性，自动化和运转迅速。例如，在钢笔尖的制造中，钢坯的切割、穿孔和开缝等在机器的一次运转中就可以全部完成[①]。

在马克思看来，技术是不断进步的，技术进步以累积式发展为首要特征。乔治·巴萨拉认为马克思持有这样的观点："发明是一种建立在许多微小改进基础之上的技术累积的社会过程。"[②]我们也可以从马克思的著作中找到大量类似的表达。比如，马克思说："如果我们研究一下那些取代了以前的工具的机器，无论取代的是手工业生产的工具，还是工场手工业的工具，那么，我们就会看到，机器中改变材料形状的那个特殊部分，在很多情况下都是由以前的工具构成，即由锭子、针、锤、锯、刨、剪刀、刮刀、梳子等等构成。"[③]马克思也曾以"磨"为例，说道："在磨的历史上，我们看到，从罗马时期由亚洲转入第一批水磨时起（奥古斯都时代以前不久），直到18世纪末美国大量建造第一批蒸汽磨为止，经历了极其缓慢的发展过程，这里的进步只是由于世世代代的经验的大量积累。"[④]

技术进步一方面表现为"新型技术形态日趋多样，原有技术形态不断更新以及技术效率逐步提高"[⑤]，另一方面也表现为落后技术的不断淘汰。这在新型劳动部门中表现得尤为明显。对此，马克思解释道，手工业生产和工场手工业是不停地向机器大工业过渡的。例如针、信封和钢笔尖等的制作，仅在很短的时期内是用手工方法和工场手工业方法进行的，此后很快就采用机器方法了[⑥]。总的来说，技术发展的这种"积累-淘汰"机制是建

---

① 马克思、恩格斯：《马克思恩格斯全集》第47卷，人民出版社1979年版，第443页。
② 巴萨拉：《技术发展简史》，周光发译，复旦大学出版社2000年版，第23页。
③ 马克思、恩格斯：《马克思恩格斯文集》第8卷，人民出版社2009年版，第331页。
④ 马克思、恩格斯：《马克思恩格斯全集》第47卷，人民出版社1979年版，第419页。
⑤ 王伯鲁：《马克思技术思想纲要》，科学出版社2009年版，第148页。
⑥ 马克思、恩格斯：《马克思恩格斯全集》第47卷，人民出版社1979年版，第447页。

立在新、旧技术围绕效率进行竞争之基础上的。效用是资本逻辑中的技术的一般标准，在利益最大化观念的影响之下，低效用的技术总会被高效用的技术所取代。

技术革新的“链式”传导[①]亦是技术进步的主要特征。单就工业技术而言，一个部门的技术变革总会引起其他部门技术的变革。在下游部门，机器纺纱使得纱的数量急剧增大，这就要求有机器织布，而这又必然带动染色业、印花业和漂白业等的快速革新。同样，在上游部门，棉纺业的革新引起了轧棉机的发明，而这一发明又促使对棉花的大规模种植[②]。可以看出，技术变革所引起的“连锁反应”不会限于某个产业部门。例如，工业的技术变革会导致农业的技术变革，换言之，工业技术的发展会促使或迫使农业技术发展。

马克思对技术变迁的探讨，不仅涉及技术发展的阶段以及特征，而且还包括技术发展（进步）的原因和动力。主要体现为以下几个方面：社会需求与生产供给之间的矛盾，资本家追逐剩余价值，资本家（工厂主）抵抗工人反抗，技术体系内部的耦合作用，市场竞争，科研的推动以及社会文化环境等。对马克思有关“技术进步”的更广义的理解涉及他对劳动异化、技术与社会关系的论述。

二、马克思的技术决定论问题

马克思是技术决定论者吗？这是涉及马克思的技术进步观的一个重要问题。所谓技术决定论，一般指如下观点：技术方面的变革是使社会实践、制度以及思想观念等方面发生变革的原因。关于马克思是不是技术决定论者，赞成的，反对的，和折中的，构成了三种观点。温纳、威廉姆·肖等是赞同者，W.米勒、G.罗波尔等是反对者，而P.阿德勒、芬伯格等是折中者。

① 王伯鲁：《马克思技术思想纲要》，科学出版社2009年版，第144页。

② 马克思、恩格斯：《马克思恩格斯全集》第43卷，人民出版社2016年版，第399页。

温纳在1977年的《自主性技术》中为“马克思是技术决定论者”辩护。温纳说：“马克思把在所有历史中都起作用的最重要的独立变量分离了出来”，并“一再声明生产力在人类历史中起着决定性的作用”[①]。温纳还认为，在马克思技术思想中有两个重要的决定论主题：一是“人类自由”，二是“技术构建人类需求的方式”。马克思关于它们的阐释都与“生产力”密切交织在一起。温纳总结说，马克思的思想“作为一门哲学或社会分析模式，而非科学”，“构成关于技术决定论的合理概念”[②]。

威廉姆·肖在1978年的《马克思的历史理论》的“导论”中也认为，对于马克思的社会历史理论，他倾向于技术决定论的解释。在以“马克思的技术决定论”为标题的一章中，威廉姆·肖将“技术决定论”与“生产力决定论”等同使用。威廉姆·肖说：“我认为，马克思或许把生产力在物质生产中的第一性地位看作是一望而知的、显而易见的真理。如果我们考察到他们[③]选择的——在他的一般观念范围内——是生产力决定论，这一点就可能更易于理解。”[④]在别处，威廉姆·肖又说：“既然生产力是历史进程的基础，可见马克思是在对这一历史进程的基础进行‘技术决定论’的解释。”[⑤]

反对者的主要观点可以归结如下：(1)马克思虽坚持“生产力”的首要性，但由于“生产力”不等同于“技术”，故马克思不是技术决定论者。(2)诸如“生产力单向决定社会”和“生产力自主发展”等论断，不符合马克思本人的观点和思想。(3)马克思即便持有技术决定论思想，也是自相矛盾的。

折中者的观点比较统一。他们认为马克思“既是又不是”技术决定论者。用芬伯格的话来说：“马克思关于技术的著作中有很多含糊的地方，两

① Langdon Winner, *Autonomous Technology: Technics-out-of-Control as a Theme in Political Thought*, The MIT Press, 1977, pp.77-79.

② Langdon Winner, *Autonomous Technology: Technics-out-of-Control as a Theme in Political Thought*, The MIT Press, 1977, p.82.

③ 指马克思和恩格斯。

④ 威廉姆·肖：《马克思的历史理论》，阮仁惠等译，重庆出版社1989年版，第58页。

⑤ 威廉姆·肖：《马克思的历史理论》，阮仁惠等译，重庆出版社1989年版，第78页。

种立场[1]都可以在他那里找到理论支持。”[2]对此，B.班波尔道出了“症结”：“缺乏澄清‘技术决定论’的意义可能导致这种意见不一的多数情况。这种讨论中的参与者似乎讨论更多的问题不是什么是马克思主义，而是什么是技术决定论。”[3]

上面我们关于马克思是不是技术决定论者这个问题研究的陈述，清楚地表明了在对马克思的技术进步观的解读中透露出的一致性，即不管是赞成的、反对的或者是折中的观点，都清楚地将“生产力”作为论证的出发点或关键因素，并就生产力与技术的关系、技术与社会发展的原因展开分析。

我们的观点是，马克思的技术进步观和技术哲学思想是以“生产力”和“生产工具”概念为核心展开的，马克思持有的是“弱”技术决定论思想。首先，马克思在“技术(生存工具)——物质资料的生产——社会生产——生产力——生产关系”的社会存在论链条中，把前一项理解为后面一项的决定性条件。在技术到生产再到生产关系的作用方向和作用结果的理解上，马克思确实存在决定论的进步思想。其次，在马克思看来，不论是决定物质资料的生产的狭义的技术，还是表征包括科学的应用在内的人类改造自然的知识总和的广义的技术，技术的变革和进步都遵循客观规律。尽管马克思没有把技术当作一种有自己本质的实体，但这种服从客观规律的技术进步观具有决定论的特征和色彩。最后，为什么说马克思持有的是“弱”的技术决定论呢？包括生产工具的技术是决定社会生产力的核心的客观力量，马克思既在狭义上使用“生产力”概念，如指称工具、设备、机器等，也在广义上使用“生产力”概念，如表示一个社会所有物质工具、物质条件和人类改造自然的知识的总和，以及供以上工具所需的能源，如蒸汽、水、煤炭、

---

① 指技术决定论和(关于技术的)社会决定论。

② 安德鲁·芬伯格:《技术批判理论》，韩连庆、曹观法译，北京大学出版社 2005 年版，第 53 页。

③ B.Bimber, *Three Faces of Technological Determinism*, in Merritt R.Smith and L. Marx (eds.), *Does Technology Drive History?: the dilemma of technological determinism*, Massachusetts Institute of Technology, 1994, p.81.

动物和人力等，我们可以说技术就是生产力，但反过来的说法就不能成立，即我们不能说生产力就是技术[①]。在马克思理解的由劳动者、劳动资料和劳动对象三个要素构成的生产力概念中，劳动者居于主要方面，他是改造自然的一切客观物质力量和知识的承载者，后面的这个“知识”还包括不能归入技术范畴的自然科学和人文、社会科学知识体系，正是在这个意义上，我们说，在历史唯物主义中不存在有独立本质的作为实体的技术。况且，马克思的历史唯物主义是在社会存在与社会意识的辩证法、生产力与生产关系的辩证法、经济基础与上层建筑的辩证法中理解社会存在、生产力和经济基础的决定作用的。我们前面也曾提出，把技术作为决定社会发展的唯一因素，最终会陷入客观唯心主义，就如同一些存在主义的技术哲学表现出的。上面的折中观点指出的，承认马克思是技术决定论者会导致理解的矛盾，实质上就是坚持了把生产力等同于技术，进而强调技术是社会发展变革的唯一原因这种“强”技术决定论的结果。

下面我们将对马克思的技术决定论思想是以“生产力”为核心概念展开的“弱”技术决定论进行论证。总体上是认为，生产力具有“逻辑先在性”和“基础性”，生产力构建着“人的需求”，以及生产力决定“人的自由”。

(1)“生产力”的“逻辑先在性”

在马克思看来，“生产力”是“被传输的”和“被继承的”。就狭义上的“生产力”而言，包括诸如土地的肥沃程度、水量的丰沛程度、矿山的丰富程度等自然条件，以及大规模的生产、资本的集聚、劳动的联合、分工、机器、改良的方法、化学的应用、交通运输工具等社会条件，都是它的具体要素或方面。这些要素具有相同的特征，那就是它们都是作为先人的发现、发明和日常劳作的产物累积起来而被接受的。分而言之，作为自然条件的“生

① 造成理解困难的原因是：其一，马克思身处第一次工业革命之际、机器大工业繁荣发展时期，在此时期技术哲学尚处于萌芽状态，如“技术哲学”“技术”等概念还未被提出或广泛使用，人们还不能在独立于生产的意义上研究技术体系的运动规律；其二，就技术的历史唯物主义理解来说，马克思更倾向于从“生产力”这个历史唯物主义的核心概念和“物质资料的生产”这个人类历史的第一个前提的存在论视角理解技术，而不是把技术作为一个知识体系进行认识论研究。

产力”多是先人发现、小部分是劳作的结果，而作为社会条件的“生产力”都是先人发明和日常劳作的结果。总之，相对于先辈人，它们作为遗产是被继承的；相对于后辈人，它们作为先在的事物是被传输的。

进一步而言，作为被传输的、被继承的“生产力”在不同的历史时期是不同的。不同的并不是“生产力”相对于“生产关系”的“先在性”发生变化，而是位于“生产力”本身之中具有“先在性”的部分发生了变化。就物质生产而言，在不同历史时期，物质生产相对于社会形态始终是第一位的；变化的是，在社会发展初期，生活资料的富裕程度，如土壤的肥力、渔产的多寡等占据首要地位，而在社会的较高发展阶段，劳动资料的富裕程度，如适宜航行的河道、煤炭、森林、铁矿等位居首位。总之，用马克思的话说：“人们不能自由选择自己的生产力——这是他们的全部历史的基础，因为任何生产力都是一种既得的力量，以往的活动的产物。”①

(2)“生产力”的“基础性”

马克思用一段话概括了“生产力”相对于“生产关系”的基础地位：“随着新生产力的获得，人们改变自己的生产方式，随着生产方式即谋生的方式的改变，人们也就会改变自己的一切社会关系。手推磨产生的是封建主的社会，蒸汽磨产生的是工业资本家的社会。”②

温纳曾对此提出质疑。以“生产力”与“劳动分工”的关系为例，温纳推论：在马克思那里，“劳动分工”和“私有制”其实是同义语，表达的是同一件事，稍异之处在于：一个是就活动而言，另一个是就活动的产品而言。因为“私有制”属于“生产关系”，那么“劳动分工”自然也属于“生产关系”。于是，如果承认“生产力决定生产关系”，那么便要承认“生产力决定劳动分工”。而后者又表现为两个方面：“生产力”的发展会促进“劳动分工”的发展；“劳动分工”发展的程度标志着“生产力”发展的程度。然而，问题在于：“生产力”和“劳动分工”之间存在的是否只是一种单向的决定关系？答案

① 马克思、恩格斯：《马克思恩格斯全集》第27卷，人民出版社1972年版，第477页。

② 马克思、恩格斯：《马克思恩格斯选集》第1卷，人民出版社2012年版，第222页。

是否定的。

在温纳看来，马克思也认为有一种循环过程：当技术的集中程度提高时，“分工”也随之发展，反之亦然。每个重大的技术发明总是引发更大程度的“劳动分工”，而每次“劳动分工”的加剧反过来也同样引起新的技术发明。因此，在一般意义上，当我们说“可资利用的‘生产力’导致了社会组织、所有制和阶级结构的形成”，这是不准确的表达。更准确的表达还应补充道：这些社会结构、所有制和阶级结构反过来也是既适合于眼下的‘生产力’又为其所必需的。总之，温纳的意思是说，“生产力”和“劳动分工”是相互影响、互为基础的[①]。

对温纳的反驳并不困难。因为“劳动方式（生产方式）”是“联接生产力和生产关系的中间环节”，故“既具有生产力的部分内涵，又具有生产关系的部分内涵”[②]，而“劳动分工”又是“劳动方式”的一种形式，因此“劳动分工”既是“生产力”，又是“生产关系”。于是，作为“生产关系”的“劳动分工”自然受制于“生产力”的发展，而作为“生产力”的“劳动分工”的变革本身就意味着“生产力”的变革。

（3）生产力构建着“人的需求”

马克思认为需求是人类的本性[③]，人类总体上具有一套未成型的强烈欲望，这是其基本特性的一部分。需求的发展和满足是人类一切活动的基础和核心。正如马克思所言：“任何人如果不同时为了自己的某种需要和为了这种需要的器官而做事，他就什么也不能做。”[④]马克思也认为“生产力”决定“需求”，并说：“需要是同满足需要的手段一同发展的，并且是依靠这些手段发展的。”[⑤]而作为“手段”的“生产力”无非是“生产什么”“怎样生

① Langdon Winner, *Autonomous Technology: Technics-out-of-Control as a Theme in Political Thought*, The MIT Press, 1977, pp.79-81.

② 王伯鲁：《马克思技术思想纲要》，科学出版社 2009 年版，第 230 页。

③ 原文是“需要即他们的本性”。《马克思恩格斯全集》第 3 卷，人民出版社 1960 版，第 514 页。

④ 马克思、恩格斯：《马克思恩格斯选集》第 2 卷，人民出版社 1995 年版，第 78 页。

⑤ 马克思、恩格斯：《马克思恩格斯选集》第 2 卷，人民出版社 1995 年版，第 218 页。

产”以及“用什么劳动资料生产”。

对人类社会的发展具有重大意义的“劳动分工”就是因为“需要”而产生的。“劳动分工”(又称“分工”)分为“自然分工”和“非自然分工”。“自然分工”是分工的最初形式,主要存在于奴隶制初期及之前的历史阶段。它是按性别、年龄、体力、地域环境等自然条件而进行的分工,并与人的吃、喝、睡、安全等基本需求密切相关。男人打猎,女人采集,老人照顾小孩等就是这种分工的表现。换言之,“自然分工”处于人自身和外部自然条件的直接约束之下。因此,在一定意义上可以说,有什么样的基本需求就有什么样的“自然分工”,反之亦然。

“非自然分工”则是人们一定程度上摆脱了其自身和外部自然条件的直接束缚的表现。“非自然分工”又区分为“非自由分工”和“自由分工”。“非自由分工”以固定的专业划分为特点。与无意识的、偶然的自然分工不同,畜牧业、农业、手工业和商业等分工是有意识的、较少偶然性的分工。人们的基本需求对“非自由分工”并无多少影响,相反,“非自由分工”愈来愈影响、甚至决定了人们的基本需求。汽车起先是作为奢侈品出现的,标准化及分工等因素的出现使它成了人们的必需品。另外,工厂需要工人,手工业需要手工艺人,商业需要商人,而这些工人、手工艺人、商人等更多是应“劳动分工”之需的“产物”。究其原因,一方面是由于分工的系统性——不同分工部门是相互依赖的,这种依赖性远远超出了它们最初对人们的基本需求的依赖;另一方面,“非自由分工”具有固定性,即将它们的系统联合固化起来,形成某种“硬性的”、类似于“生产力”的东西。“非自由分工”日益显现的弊端,如“人的异化”等,终将会被“自由分工”扬弃。但在“自由分工”到来之前,“非自由分工”不仅极大地促进着社会财富的增加,还仍继续构建着人们的需求。

(4)生产力决定“人的自由”

技术决定论最终的落脚点总是“人的自由”。马克思用它指称的是社会性个体的“自由个性”。在马克思看来,“生产力”决定着“人的自由”。这体现在三个方面:

首先,"生产力"限定了"人的自由"的含义。"人的自由"并不是主观精神领域内的事情,即不是人的"理性精神的自由",而是"社会性个体"的"自我本质力量的确证,即自由自觉的活动"[①]或"自由劳动"。人的自由,不是说说而已的"喊口号",它是物质生产或实践领域内的事情。因此,马克思才说:"实际上,事情是这样的:人们每次都不是在他们关于人的理想所决定和所容许的范围之内,而是在现有的生产力所决定和所容许的范围之内取得自由的。"[②]

其次,"生产力"的发展是"人的自由"实现的根本途径。马克思认为,由于人的生物属性,人的生存构成了其自由的前提条件。只有以一定的物质资源作为基础和条件,"人的自由"才有可能实现。而物质资源的多寡又是由"生产力"决定的,因此唯有"生产力"的发展才能从根本上促进"人的自由"的实现。用马克思的话说:"只有在现实的世界中并使用现实的手段才能实现真正的解放;没有蒸汽机和珍妮走锭精纺机就不能消灭奴隶制;没有改良的农业就不能消灭农奴制;当人们还不能使自己的吃喝住穿在质和量方面得到充分保证的时候,人们就根本不能获得解放。"[③]

最后,"生产力"发展的水平标志着"人的自由"的程度。马克思曾将人类的发展状况划分为三个阶段,即人对人的依赖性、以物的依赖性为基础的人的独立性,以及人的全面发展和自由个性。决定人类发展阶段的是生产力,促进人类全面发展的也是生产力。技术异化以及现代技术导致的工人阶级的劳动异化,也是人类从人的依赖关系走入以物的依赖性为基础的独立性,进而实现全面自由发展的必由之路。

---

① 李志强:《存在论哲学的两个向度:马克思与海德格尔自由观比较研究》,《哲学研究》2012 年第 6 期。

② 马克思、恩格斯:《马克思恩格斯全集》第 3 卷,人民出版社 1960 年版,第 507 页。

③ 马克思、恩格斯:《马克思恩格斯选集》第 1 卷,人民出版社 2012 年版,第 154 页。

第三节　杜威与奥格本:社会因技术而进步

我们把杜威和奥格本放在一起,阐释他们的技术价值观和技术进步论,在于他们和马克思一样,都是从技术与社会的角度理解技术和技术进步的,而不像后面阐释的技术进化论,强调和阐释技术自身作为一个系统甚至实体是如何进化的。

一、杜威的技术进步观

在杜威看来,进步的观念起源于弗朗西斯·培根——在培根那里,技术被视作"进步观念的产物和来源"[①]。"进步"(progress)与其说是"表明了一种连续性的累积变化",不如说是"表明了朝向一种更值得期待的事物状态的改进或变化"[②]。希克曼在解读杜威的技术进步观时说道:"17世纪现代技术的兴起为改进会持续下去的期望提供了现实的基础,它为减少疾病、贫穷和独裁提供了前景。但是,它同时播下了不切实际的乌托邦梦想和千禧年规划(millennial schemes)的种子。"[③]这可反映出杜威技术进步观的一般梗概。

杜威高度赞扬了技术(杜威的"技术"概念包含了"科学"等工具)对人类社会的贡献。1972年在《公共及其问题》中,杜威说:"哥伦布只是在地理上发现了一个新世界。现实中的新世界是在过去的一百年里建立的。蒸汽和电力改变了人类的交往方式,它们的贡献比此前所有影响人类关系

---

① 拉里·希克曼:《杜威的实用主义技术》,韩连庆译,北京大学出版社2010年版,第228页。

② 拉里·希克曼:《杜威的实用主义技术》,韩连庆译,北京大学出版社2010年版,第228页。

③ 拉里·希克曼:《杜威的实用主义技术》,韩连庆译,北京大学出版社2010年版,第228～229页。

的力量还要大。”[①]杜威还在1946年的《人的问题》中言道：“可以毫不夸张地说，科学，通过其在发明和技术上的应用，是近代社会中产生社会变化和形成人生关系的最伟大的力量。可以毫不夸张地说，它引起了150年来人类共同生活情况的大变革；并且从机器时代进入电力时代以后，科学还可能引起更大的社会变化。”[②]

杜威认为技术是进步的，但不认为技术进步是“自然的”或“自发的”[③]。在技术进步观中，杜威反对两种观点：第一个是由“斯宾塞哲学的进化论的分支”持有的观点——认为文明是自然的一部分，而自然的进程是朝向预先确定了的“极乐世界”(Elysium)，因此技术进步亦是必然的和“批发式的”(whole-sale)，其客观进程本身并不受人类的影响。杜威明确反对这种技术具有自然的客观进程的进步观。杜威说：技术“进步不是自主的；它取决于人的意图和目标，依赖对进步的产物负责任。这不是一种批发的问题，而是一项零售工作，是为部门订货和在部门中的执行。”[④]进一步而言，技术进步有赖于人类理智的运用以及积极进取的态度。第二个观点是由托马斯·赫胥黎提出的，即认为“宇宙的进程”独立于“伦理的进程”，因此，技术处于自然之外。杜威拒斥了赫胥黎的“宇宙-伦理”二元论的观点，认为人类包括其技术都是自然的一部分。人类利用技术为自身服务，不过是利用自然环境的一部分来改变另一部分。杜威举例说，园丁“根据自己的喜好，有目的地栽种新的植物……给土壤施肥，修筑围墙，改变光照和空气湿度，把花园变成一件艺术品——工艺品。……园丁自己栽种的蔬菜水果可能根本不适应这个特定的环境；但是，它们并不外在于作为整体的人类环境”[⑤]。

---

① John Dewey, *The Public and Its problems*, Henry Holt and Co., 1972, p.323.

② 杜威：《人的问题》，傅统先、邱椿译，上海人民出版社2006年版，第40页。

③ 拉里·希克曼：《杜威的实用主义技术》，韩连庆译，北京大学出版社2010年版，第229页。

④ John Dewey, *Progress*, International Journal of Ethnics, 1916(3), pp.311-322.

⑤ John Dewey, *Evolution and Ethics*, The Monist, 1898(3), pp.321-341.

如何看待那些所谓由技术带来的罪恶构成对技术进步观点的挑战?对此,杜威坚持将责任归之于人,认为责任的培养需要依赖教育。杜威说:“有些人指责我们使用蒸汽、电力和机器所带来的罪恶。有一个恶魔或救世主来承担人类的责任总是很方便。事实上,问题来自于与技术因素的运作有关的观念和这类观念的缺失。”[①]举例来说,像德军用飞艇空袭英国,美国入侵墨西哥等事件,在杜威看来就是人类缺乏努力、计划、责任,即缺乏更多技术的表现[②]。杜威认为,技术进步是人类的“责任”,而不是谁的馈赠,因此人类要承担起技术进步的责任,而责任的培养需要依赖教育;通过由教育而获得的训练有素的理智和坚强的性格,人们可以摆脱不合时宜的习俗、惯例和习惯的限制,从而确保技术的持续进步。

关于杜威的实用主义技术进步观,希克曼对它进行了比较系统的诠释。希克曼对杜威的如下解读,有利于我们对杜威的实证主义技术进步观的概括和提炼。(1)“在杜威对公共生活的技术基础的所有论述中,他都拒斥了后来雅克·埃吕尔所采取的转向。杜威从来没有把技术实体化,技术对杜威来说,也从来不是使任何一种意识形态(不管是乌托邦还是敌托邦)成立的理由。他既没有把技术当作拯救人类的手段,也没有把技术当作最终毁灭的根源。”[③](2)“对杜威来说,技术明显等同生产性探究的工具和方法,这些工具和方法甚至都能用来解决通常认为最难以处理的问题。”[④](3)“当人类发展所必需的物质商品缺乏时,这不是一种技术的失败,而是一种想象力的匮乏、勤勉的匮乏或者勇气的匮乏。”[⑤](4)“如果技术是不负

---

① John Dewey, *The Public and Its problems*, Henry Holt and Co., 1972, p.323.

② 拉里·希克曼:《杜威的实用主义技术》,韩连庆译,北京大学出版社 2010 年版,第 229 页。

③ 拉里·希克曼:《杜威的实用主义技术》,韩连庆译,北京大学出版社 2010 年版,第 228 页。

④ 拉里·希克曼:《杜威的实用主义技术》,韩连庆译,北京大学出版社 2010 年版,第 262 页。

⑤ 拉里·希克曼:《杜威的实用主义技术》,韩连庆译,北京大学出版社 2010 年版,第 261 页。

责任的，那不是因为作为一种方法的技术失败了，而是因为探究和验证被误导了，用于非技术的目的，或者被终止了。”[①]（5）“如果我们负责任地行动，如果我们支持可靠的技术形式，那么未来将会像预期的那样成功。”[②]

二、奥格本对社会历史的技术解释

奥格本（William Fielding Ogburn）是美国社会学家，博学多才，有学生称他为“最后一个想了解一切的伟大的社会科学家”[③]，其研究涉及社会变迁、社会趋势、技术生活、人口、家庭、婚姻、社会科学、城市、方法、立法和选举等领域，主要著作有《社会变迁：关于文化和本性》（1922年）、《社会科学及其相互关系》（1927年，合著）、《社会学》（1940年，合著）、《文化和社会变迁论文集》（1964年，美国著名社会学家邓肯编）等。其中，《社会变迁》一书是奥格本的代表作。奥格本对社会变迁的技术解释，主要观点是：社会变迁的实质是文化的变迁，技术是一种社会力量，以技术发明为基础的物质文化的发展是社会变迁的主要原因，物质文化的发展方式是选择性积累，文化对于技术发明具有滞后性和基础性的支撑作用。

1.技术是一种社会力量，物质文化是社会文化变迁的主要原因

奥格本认为，社会变迁集中体现为文化变迁，他旗帜鲜明地反对科学主义和实证主义的社会历史解释模式。比如，奥格本曾从人类的生物本质和文化状况两个方面，反驳了斯宾塞（Herbert Spencer）受达尔文进化论影响提出的社会变迁的生物学解释。在奥格本看来，就人的生物性而言，相比于社会形态和文化上的巨大变化，自第四纪冰期以来人类的生物本质变

① 拉里·希克曼：《杜威的实用主义技术》，韩连庆译，北京大学出版社2010年版，第260页。

② 拉里·希克曼：《杜威的实用主义技术》，韩连庆译，北京大学出版社2010年版，第261页。

③ 奥格本：《社会变迁——关于文化和先天的本质》，王晓毅、陈育国译，浙江人民出版社1989年版，译者序，第2页。

化极小，将生物因素看作是社会变迁的主要原因是站不住脚的[1]。奥格本认为，社会的本质在于社会的文化，社会发展实质上就是社会文化的变迁。奥格本理解的“文化”，指的是与人的先天本质相对应的所有东西，既包含物质文化，也包括诸如信仰、道德、知识、法律、风俗等制度和观念文化；而文化的“变迁”是指具有下列四个因素，即发明、积累、传播和调适的过程：发明指称着新的文化形式的出现，积累是对有效用的文化形式的持存，传播是文化形式传入其他空间或领域，调适指的是文化中的其余部分随变迁动因而变化的过程[2]。技术发明导致了新的物质文化的产生，制度和精神等适应文化在随着物质文化传播、适应、调整的过程中会出现失调和滞后现象。

奥格本也反对忽视技术和物质条件的关于社会历史的历史主义解释。这种解释常常关注的是英雄人物和伟人，关注的是影响历史事件的动机、思想和精神，而忽视了技术和技术发明作为历史事件的物质条件的意义。比如，白人定居美洲是个大事件，而规模适中的船只、有效的罗盘往往被淹没于历史学家给与哥伦布甚至西班牙伊萨贝拉女王的赞誉之中。即使没有忘记物质条件是如何使海洋远航成为可能的历史学家，在解释具体事件时也没有把它视作核心要件。所以，关于 19 世纪英国的海上霸权，历史学家会称赞纳尔逊爵士（英国的海军英雄），会提到外交政策，会赞赏维多利亚女王，但如枪炮、蒸汽机、装甲船等一系列发明则被放置在远离叙事中心的地方，而正是后者使 19 世纪英国的海洋航行成为一种霸权行为[3]。在奥格本看来，历史解释将事件的主人公、英雄、成功的领导、伟人看作总是和成就相关，而与其使用或掌握的发明、先进的机械技术“无关”，其实这种

① 奥格本：《社会变迁——关于文化和先天的本质》，王晓毅、陈育国译，浙江人民出版社 1989 年版，译者序，第 2～3 页。

② 奥格本：《社会变迁——关于文化和先天的本质》，王晓毅、陈育国译，浙江人民出版社 1989 年版，译者序，第 3 页。

③ 奥格本：《社会变迁——关于文化和先天的本质》，王晓毅、陈育国译，浙江人民出版社 1989 年版，第 241～242 页。

"无关"更像是有意遮掩，因为"发明这种机械的隐蔽的力量往往使作者陷于困惑"[①]。

在奥格本看来，物质文化的变迁是现代社会变迁的主要动力[②]。从原始社会到农业社会，从农业社会到工业社会，从工业社会到信息社会，时间由几十万年缩短到几千年再到几百年，物质文化变迁的速度越来越快。在《发明、人口与历史》等论著中，奥格本明确提出：技术是一种社会力量，发明影响整个社会历史。

首先，技术和发明是一种社会力量。奥格本理解的"发明"具有两个特征：一是意义宽广，即技术发明、应用科学的发现、社会创新都在发明之列，抗生素的发现、细菌理论的提出、牛的人工饲养、论文、新型社会组织等都属于发明。相比较而言，奥格本偏重物质文化领域的发明创造。二是长期的积累性。不管是发明的产生，还是发明产生影响，都需要长时间的酝酿或累积。从黑火药的发明到被创造性地使用便经历了漫长的时光。譬如突发性、急剧性、戏剧性等适用于个人行为的特征一般都与发明无缘[③]。关于技术和发明对于人类社会的作用，奥格本提出："如果说历史的过程是由社会力量决定的，技术如何成为社会力量?"[④]历史是对人类活动的记录，人类的行为就是历史演变的力量，没有人类的行为就没有人类的历史。"社会力量"一词指的就是人类或群体的行为。"技术力量"或"发明的力量"则是指技术或发明通过刺激人类或群体使之产生各种行为。力量蕴藏于人类机体之内，发明或技术是刺激物，它要求人类进行适当的活动、做出一定的改变来适应之或做出相应的反应。例如，城市建设就是人们对蒸汽

① 奥格本：《社会变迁——关于文化和先天的本质》，王晓毅、陈育国译，浙江人民出版社1989年版，第242页。

② 奥格本：《社会变迁——关于文化和先天的本质》，王晓毅、陈育国译，浙江人民出版社1989年版，译者序，第4页。

③ 奥格本：《社会变迁——关于文化和先天的本质》，王晓毅、陈育国译，浙江人民出版社1989年版，第244页。

④ 奥格本：《社会变迁——关于文化和先天的本质》，王晓毅、陈育国译，浙江人民出版社1989年版，第245页。

机车和铁路的反应[①]。

其次,“发明影响人口数量,并进而影响整个历史”[②]。在奥格本那里,“人口”即为“不同规模的单位”。人口单位具有历史性,它有时是社区,有时是国家,还可以是军队。奥格本认为人口变迁对历史的影响不在于直接引发某些具体事件,而在于改变整个历史进程,其原因在于:历史并非具体事件的记载,而是指“对社会运动和文明发展的解释”[③]。举例来说,人口因素不能阐明一个国家的总统为何出席某个国际会议,但可以解释这个国家的崛起。发明或技术究竟如何影响人口数量并进而影响历史运动的呢?通过历史案例,奥格本分析了几个主要的因为人口数量、人口分布和流动格局等而影响了世界历史进程的技术发明。比如,避孕技术,早在19世纪初已盛行于法国,结果一战前法国的人口出生率远远低于邻国的日耳曼人,由于避孕技术的采用,西北欧和美国的人口至今降多增少,与此相反,东欧、南欧、亚洲一些国家因这一技术的缺乏,其人口降少增多。人口格局一旦形成,其势必影响处于激烈竞争的各个国家的历史,乃至人类的历史[④]。再如食品方面的发明,轮作方式、肥料、贮藏方式等的出现,使得法国的人口一度超过了意大利,也因此让法国在中世纪后期的霸权地位得以维系。近代英国的人口增长也得益于粮食生产上的众多发明[⑤]。奥格本认为,工业革命的制造工具、交通运输工具,使增长的欧洲人口很容易地从乡村到城市、从一个国家到另一个国家流动,流动人口导致的人口分布和

---

① 奥格本:《社会变迁——关于文化和先天的本质》,王晓毅、陈育国译,浙江人民出版社1989年版,第245页。

② 奥格本:《社会变迁——关于文化和先天的本质》,王晓毅、陈育国译,浙江人民出版社1989年版,第241页。

③ 奥格本:《社会变迁——关于文化和先天的本质》,王晓毅、陈育国译,浙江人民出版社1989年版,第246页。

④ 奥格本:《社会变迁——关于文化和先天的本质》,王晓毅、陈育国译,浙江人民出版社1989年版,第246～247页。

⑤ 奥格本:《社会变迁——关于文化和先天的本质》,王晓毅、陈育国译,浙江人民出版社1989年版,第247页。

劳动力转移，促进了欧洲资本主义的发展。像这样的影响和改变社会历史的技术发明还有很多，如医药、武器等等。“发明影响人口、人口影响历史”，被奥格本看作是社会历史的一个基本规律。

2.物质文化的选择性积累

物质文化的积累性是物质文化发展的重要表现。物质文化的积累性可以通过工具的历史延续性进行形象的说明：石器被骨器所扬弃，骨器被青铜器所扬弃，青铜器被铁器所扬弃等等。奥格本把像工具的这种知识的积累性称为“社会遗传”[①]，并认为物质文化的积累表现为两个方面：一是“文化形式的持久性”，二是“新形式的增加”。后者指的是新的发明，前者指的是制作文化对象[②]的知识的持存性。奥格本认为，具体的文化对象可能失传、被破坏或消耗殆尽，但依据关于它的知识又可重新制造出来[③]。然而，并非所有的物质文化都有幸流传下来，效用决定着物质文化的“生命期限”。比如，燧石工具被其他工具取代，狩猎文化向畜牧文化的转变，驯马的技术因机动车的普遍使用而被尘封起来等等，都是由该技术的效用决定的。这一点也决定了特定形式文化的失传，必然是因为新的具有更好效用的文化形式被发明出来。因此，奥格本提出，物质文化的积累是一种创造性的选择性积累[④]。

同时，奥格本也强调，物质文化的积累性会产生多样性和分化现象。一是诸如风俗、宗教、艺术、法律这类文化的积累性较弱，在新旧形式之间往往发生的是替代过程；二是社会需求是多样的，社会发展是不平衡的。这两点决定了低效用的物质文化并非必然都会失传。比如，汽车并没有完

① 奥格本：《社会变迁——关于文化和先天的本质》，王晓毅、陈育国译，浙江人民出版社1989年版，第37页。

② 此“文化对象”指的是具体的物质文化，例如“犁”这一工具。

③ 奥格本：《社会变迁——关于文化和先天的本质》，王晓毅、陈育国译，浙江人民出版社1989年版，第37页。

④ 奥格本：《社会变迁——关于文化和先天的本质》，王晓毅、陈育国译，浙江人民出版社1989年版，第38页。

全取代马匹，铁路也不能取代运河，工业生产更不可放弃农业生产[①]。物质文化的多样性和分化，导致了现代社会的复杂性。

3.发明对文化的依赖性

积累的前提是发明，但发明究竟是如何产生的呢？奥格本提出“发明依赖现存的文化状况”[②]的观点。技术发明总是生活在一定国家、一定时代，被一定的文化塑造的人的创造性实践。被总称为文化的包括了物质条件、社会生产力、社会经济结构、宗教信仰、哲学观念、法律制度等等社会存在，都成为了技术发明不得不接受的客观的基础性前提。在发明与文化的关系上，奥格本受到历史唯物主义的影响，既强调发明对于社会文化的推动作用，也强调文化对于发明的基础性、条件性意义和文化变迁滞后的反作用。关于冶铁的知识的存在使得铁质工具的打制成为可能，关于轮子的文化使得机器驱动的轮子的出现成为可能，与印刷相关的文化使得现代印刷术的出现成为可能。特定时期、地域的发明往往是基于其文化基础的。这种“基于”程度有多大，是否可以用“决定于”来表示呢？奥格本的回答是肯定的。许多人在大致相同的时间分别以自己的方式发明或发现了同一事物，这很好地说明了文化对发明的决定作用。莱布尼茨和牛顿发明了微分学，达尔文和华莱士发现了自然选择规律即生物进化规律，这都是由其文化基础决定的。奥格本援引了克鲁伯的论文《超有机体》(发表于1917年《美国人类学家》第19卷)中的大量案例：电话的发明、氧气的发现、预言海王星的存在、星云假说的提出、汽船的发明、电报的发明、双轨铁路的发现、铝的分解、麻醉剂的发明、登录南极等等。除此之外，奥格本本人还列出了一份类似的案例表单，多达148种[③]。奥格本指出，人们惯常把发明

---

① 奥格本:《社会变迁——关于文化和先天的本质》，王晓毅、陈育国译，浙江人民出版社1989年版，第39页。

② 奥格本:《社会变迁——关于文化和先天的本质》，王晓毅、陈育国译，浙江人民出版社1989年版，第41页。

③ 奥格本:《社会变迁——关于文化和先天的本质》，王晓毅、陈育国译，浙江人民出版社1989年版，第45～59页。

归因于偶然性因素或“机会”这种未知的因素，其实质是人们“无法充分地描述一个发明所必需的全部文化要求”[①]。

奥格本也指出了文化对发明的决定作用的复杂性。一是，同样的发明不一定具有同样的文化历史。文字出现于不同的社会历史中便是这样。二是，新的发明有时是对旧有发明的重新整合。相比于电报的发明而言，电、电池、电线、电铃、字母表等都是其文化先导。三是文化变迁中会出现文化滞后现象。在1957年的《文化滞后理论》一文中，奥格本详细阐释了他的文化滞后理论，并明确这个理论的基础是历史唯物主义。奥格本认为，物质文化的积累为发明提供了深厚基础，发明的增加促使社会变迁加速，而总称为“适应文化”的“制度文化”和“精神文化”却会使文化出现滞后现象。奥格本列述了导致文化滞后的六个方面的原因：“适应文化缺少发明”“适应文化的机能障碍”“社会的异质性”“适应文化与物质文化的关联度”“适应文化与文化其他部分的联系”以及“群体价值”等[②]。为了消除文化滞后带来的负面作用，奥格本提出了“社会调适理论”[③]，涉及文化的不同部分之间的调适和人与文化之间的调适。对于奥格本的社会调适理论，我们在此就不详细阐述了。

4.对历史进行技术的解释

在社会历史的解释原则上，奥格本明显借鉴了历史唯物主义。奥格本既反对从生物这种自然属性理解人类历史的实证的科学观，也反对历史主义忽视技术和物质条件的英雄史观，他认为应该用非个人的客观的社会力量来解释社会变迁。在奥格本看来，既然人类历史表明，技术发明在历史事件中的作用非常关键，它们作为历史事件的物质条件使历史事件得以发生，那就应该以技术作为基本原则和核心因素来解释社会历史。

---

① 奥格本：《社会变迁——关于文化和先天的本质》，王晓毅、陈育国译，浙江人民出版社1989年版，第42页。

② 奥格本：《社会变迁——关于文化和先天的本质》，王晓毅、陈育国译，浙江人民出版社1989年版，第133～136页。

③ 奥格本：《社会变迁——关于文化和先天的本质》，王晓毅、陈育国译，浙江人民出版社1989年版，第106～107页。

奥格本赞赏一些经济学家用客观的"经济力量"对历史进行经济学解释的尝试。在奥格本看来，有两种社会的经济史观，一种建立在个人私利之上，另一种建立在资本主义经济制度之上。前者认为人的自私自利的行为导致了社会的阶级格局发生变化。奥格本以他的同时代人比尔德(Charles Austin Beard)[①]的观点为例，解释说美国宪法的制定其实就是阶级利益博弈的结果：宪法的制定者不是出于高尚的目的而是出于维护本阶级的利益来制定宪法，在其中，给人民一定的自由只不过是促使本阶级繁荣的妥协而已。后一种社会经济史观认为，经济因素的力量不是来源于自私的动机，而是来自资本主义。资本主义是各种经济力量，诸如银行、公司、信贷公司、工会、交易所、利息率、劳动分工、工资制度等的总和。正是这些因素形成的经济力量，使得19—20世纪欧美各种社会活动得以铺展开来。奥格本赞赏后面这种用客观的经济力量解释社会历史变迁的努力，但他认为，这种经济的社会解释至少有两点不足：第一点是，对于经济组织与政治上层建筑、社会组织的关联，持第二种经济史观的经济史学家出于种种原因往往认识不足[②]；更重要的是第二点，用经济力量解释社会历史，虽然是从社会的客观力量出发，但从社会力量的来源说，这种解释缺乏全面性和深刻性。从全面性来说，奥格本认为，如果将发明的影响作为对经济力量的补充来解释历史的话，效果会好得多。这就是"对历史进行技术的解释"的初衷。美国大平原地区的历史被当作典型案例。大平原地区降雨稀少、多草少树，不适宜农业生产，所以早期的"征服"者多是牧牛人。在风车、"带刺铁丝网"和"六响枪"被发明之后，真正的征服才算开始[③]。从深刻性来说，奥格本认为，虽然与技术、发明一样，经济同样是一种非个人

① 比尔德(Charles Austin Beard，1874—1948)，美国著名宪法学家和历史学家，享有"二十世纪复杂社会中松了绑的伏尔泰"之誉，代表作有《美国宪法的经济解释》(1913年)、《政治的经济基础》(1922年)、《美国文明的兴起》(1927年)、《美国的精神》(1942年)等。

② 奥格本：《社会变迁——关于文化和先天的本质》，王晓毅、陈育国译，浙江人民出版社1989年版，第242～243页。

③ 奥格本：《社会变迁——关于文化和先天的本质》，王晓毅、陈育国译，浙江人民出版社1989年版，第243～244页。

性的客观力量，但技术、发明是经济的原因，“技术的变迁”是“经济力量”的根源[①]。因此，在奥格本看来，社会历史变迁的解释，必须深入到经济力量背后的原因，社会的技术解释填补的就是对经济力量来源的说明，它的基本逻辑是：技术变迁导致经济组织的改变，经济组织的改变导致社会制度和社会体制的变化，而社会制度的变化最终导致人们的价值观的转变[②]。

总之，奥格本提出了社会因技术发明而变迁的理论，倡导“对历史进行技术的解释”或“历史的技术解释”。“社会变迁”就是社会在一种技术发明打破旧均衡状态后，调节以寻求新的均衡状态的过程，但由于调节并不是即时的，所以常常导致“文化滞后”。奥格本的“文化滞后理论”给自己招来了许多的批判。比如，芒福德反驳说：“一方面，如果机器的发展方向将导致人类的堕落或崩溃的话，与机器发展方向相反的改变也可能与与之相同的改变同等重要。另一方面，这种解释把机器看作独立的客体，而且把机器的发展方向和速度作为标准，人类生活的其他领域必须与之相适应。实际上，生物体及其环境的相互作用总是双向的。”[③]芒福德认为，人类的一切艺术、技术和制度等，其权威性都来自于人类生活的本性。人类的每一种生活方式都不是对环境的适应，而是对环境的创造。芒福德表示：“如果我们创造的是机器，我们就必须顶礼膜拜，如果我们创造的是一幅画或一首诗，我们就可以认为不真实而放弃，这是哪一种荒唐逻辑？”[④]芒福德的看法是，对于机器体系的所有产品，我们并不必须、也不应该不加区别和选择地被动接受。奥格本的“文化滞后理论”是以技术发明的进步性和对社会文化的推动作用为理论基础的，并且物质文化的活跃与制度文化和精神文化等适应文化的相对滞后有客观的历史事实的支持，人们对它的批判在

① 此为由奥格本陈述的马克思的观点。

② W.F.Ogburn, *On Culture and Social Change Selected Papers*, The University of Chicago Press, 1964, p.134.

③ 芒福德：《技术与文明》，陈允明等译，中国建筑工业出版社 2009 年版，第 276～277 页。

④ 芒福德：《技术与文明》，陈允明等译，中国建筑工业出版社 2009 年版，第 278 页。

于关于技术进步的价值观的不同。

第四节　当代技术进化论

马克思开创了将达尔文的进化论运用于技术领域之先例[1]，杜威的实证主义技术观也对技术进步观念产生了广泛而积极的意义，奥格本的社会的技术解释直接受到了历史唯物主义的影响。与马克思、杜威和奥格本等人从技术推动社会、文化发展来阐述技术的进步不同，技术进化论者一般把技术从社会和文化中抽取出来作为独立的体系进行研究，把握技术体系的发展逻辑。多种多样的技术进化论的出现，表现和勾勒出了技术进步观的发展。与技术进化论的诸理论相比，技术的社会塑造理论更加明确地强调社会因素对技术系统发展的意义。

一、技术进化论

"技术进化论"(the evolution of technology)是指主张将生物学中的"进化论"概念应用于技术领域，以解释"技术的演变"现象的理论。在塞维斯(E. R. Service)看来，从词源学上说，汉语"进化"对应的英文"evolution"一词，来源于拉丁语的"evolutis"，"在现代日常用法中，它是'一种展开'，'一种发展'"[2]。"Evolution"的德语对应词是"Evolution"，阴性名词，意为"进化，演变"。法语的对应词是"évolution"，阴性名词，意为"队形变换，转化，演变，发展"。总体而言，"evolution"有两种含义：一是生物学意义上的，指的是发生在许多代的渐变过程，在这期间不同种类的动物、植物或昆虫慢慢地改变它们的一些物理特征；二是一般意义上的，指的是在一定时期内在某一特殊情况或事物方面的渐进(逐渐发展)过程。前一种含义一

① 巴萨拉:《技术发展简史》，周光发译，复旦大学出版社 2000 年版，第 224 页。

② 塞维斯:《文化进化论》，黄宝玮等译，华夏出版社 1991 年版，第 11 页。

般翻译为“进化”“演变”或“演化”，后一种翻译为“演进”或“发展”。

在生物学上，生物进化（evolution）包括生物体的进步（advance 或 progress）及退步（retrogression）两种现象。在技术上，就有关技术进化的英文著作而言，“progress”和“evolution”都有在其中出现，但“the progress of technology”仅指技术进步，而“the evolution of technology”则既可指技术的演变，又可指技术的演进、进步。

考虑到以下事实，即不同时期内确实存在具体的同一技术进步与退步这两种现象，即使是同一时期也可能表现为停滞的现象，当代的技术哲学在把技术从社会的作用中独立出来看作是相对独立的系统进行研究时，往往选择采用“技术进化”来表达技术的进程。例如，巴萨拉在其著作的标题使用“The Evolution of Technology”，而没有用“progress”。我们在本书所说的“演变”“进程”或“进化”，一般与“evolution”的含义保持一致。虽然“技术进化”与“技术进步”不同，但前者却是由后者孕育的结果。换言之，“技术进步”实质上是“技术进化”的核心部分。

就理论的出发点或核心概念而言，可以将众多的技术进化论归为五类：第一类以“生物-机械类比”为依据，属于这一阵营的有勃特勒、皮特-里弗斯、吉尔菲兰、奥格本和厄舍尔等人，代表作有《机器间的达尔文》《文化的演化及其他》和《机器发明史》等。第二类以“人造物的延续性和多样性”为依据，代表作是巴萨拉的《技术发展简史》。第三类以“技术体系”为出发点，代表作是斯蒂格勒的《技术与时间》。第四类以“技术范式”为出发点，代表人物是道希等人，代表作是《技术进步与经济理论》《技术规范和技术轨道》等。第五类以“技术创新”为出发点，代表人物是齐曼等人，代表作是《技术创新进化论》等。

1.勃特勒等人的技术进化论

勃特勒、皮特-里弗斯、吉尔菲兰、奥格本、厄舍尔等人的技术进化论是类比思维的一种运用，结果就是“生物-机械类比”。有趣的是，这种类比是双向的：既可以用机器设施来比喻生命过程，又可以用生命过程来比喻机器设施[1]。当然,这里的技术进化论指的是后一种方向上的比喻。不过,需要指出的是这一比喻仅限于机器的演化或者(更宽泛一点地说是)技术的演化。

巴萨拉在《技术发展简史》一书中谈到勃特勒等人的技术进化论时指出,这些人的技术进化思想或者"以达尔文主义为幌子来达到文学嘲讽或社会讽刺的目的(勃特勒)";或者是在"整理原始武器时引入达尔文主义"(皮特-里弗斯);或者"只限于某个特定技术领域"来"选择说明性例子"(吉尔菲兰);或者"只追求高度理论化的方式,而忽略人造物变化的技术细节(奥格本)";或者"强调发明的心理方面的因素","提醒我们创新的出现应放到更宽阔的背景中去考察"(厄舍尔)[2]。

以"生物-机械类比"为依据的技术进化理论,通过类比思维能很好地说明技术(人造物)之间的延续性。不过,这类技术进化理论也"分享"了生物进化论遇到的难题,即:"技术进化是否有目标或目的?"对此问题的不同回答都将使勃特勒等人的技术进化论偏离其原先的出发点。

2.巴萨拉的技术进化论

巴萨拉将自己的技术进化论称为"一种现代的技术进化理论",一种"有别于任何先前已有的类比理论"。之所以如此,巴萨拉认为,一是他的技术进化论植根于多样性、延续性、创新和选择这四个宽泛的概念之中,从而阐明了"进化类比的完整含意";二是他的技术进化论"从头到尾都以不同技术、文化和历史阶段中选择出来的人造物的详细实例研究作基础"[3]。

巴萨拉的技术进化论修改了"技术进步"的概念。巴萨拉的修改体现在两个"必须"上:"第一,技术进步必须在严格限定的技术、时间、文化的界限内,并视其对一个很详细地界定了的狭隘目标服务的好坏来判定;第二,技术的发展进步必须从社会经济和文化进步中剥离开来。"[4]这种对技术

① 巴萨拉:《技术发展简史》,周光发译,复旦大学出版社 2000 年版,第 16 页。
② 巴萨拉:《技术发展简史》,周光发译,复旦大学出版社 2000 年版,第 26 页。
③ 巴萨拉:《技术发展简史》,周光发译,复旦大学出版社 2000 年版,第 26～27 页。
④ 巴萨拉:《技术发展简史》,周光发译,复旦大学出版社 2000 年版,第 234 页。

进步的重新界定，具体要做到两点：一是证明技术进步的证据要在限定了的技术范围或具体文化界限之内来搜集，且不能跨越太长的时间；二是拒绝以下倾向，即“把人类或生物的必备物的改善提高，当成一切技术变革都必须努力完成的终极目标”①。

巴萨拉的技术进化论是以“人造物的延续性和多样性”为依据，它继承了勃特勒等人的技术进化论的优点——强调技术（人造物）的延续性，也在一定程度上克服它的缺点——部分是由于巴萨拉否定生物进化具有目的性，部分是由于它对技术进步概念的限定。然而，这种限定所导致的结果是，巴萨拉假设“在技术发展与人类处境的整体改善之间存在着松散联系”②，而这种“松散联系”并没有得到普遍认同。

3.斯蒂格勒的技术进化论

以“技术体系”为依据的技术进化论并不是斯蒂格勒的独创，而是他对以西蒙栋、吉尔和勒鲁瓦-古兰等人类学、民族学、史前史学家为代表的技术进化理论进行综合的结果。斯蒂格勒基本赞同吉尔有关“技术体系”的界定——在吉尔那里，“技术体系”指的是“在一个时期内相对稳定的一整套相互依赖的关系”③。在斯蒂格勒看来，“技术体系”分为三个方面：(1)技术的整体和部分构成一定的结构，这种结构是一个能产生反馈效应的静态组合；(2)各种不同层次的组合结果产生静态的和动态的相互依赖的关系；(3)这些关系遵循一定的运行规律和变换程序④。“技术体系”虽有层次之别，但却朝着复杂化和各组合部分之间联合的方向进化。

以上述技术体系概念为核心的技术进化论与“时间”密切相关。正如

---

① 巴萨拉：《技术发展简史》，周光发译，复旦大学出版社2000年版，第235页。

② 巴萨拉：《技术发展简史》，周光发译，复旦大学出版社2000年版，第235页。

③ 斯蒂格勒：《技术与时间：爱比米修斯的过失》，裴程译，译林出版社1999年版，第32页。

④ 斯蒂格勒：《技术与时间：爱比米修斯的过失》，裴程译，译林出版社1999年版，第36页。

斯蒂格勒所言:“与其说技术在时间中,不如说它构造时间。”[1]按照斯蒂格勒的观点,这种技术进化论与时间的相关表现为两方面,即技术进化论就是“把技术放在时间中来考察”,一个“技术体系”便意味着“一个时间统一体”[2]。时间表明了进化的方向。因此,这两个方面的联系指向“技术进化”的两种含义[3]:(1)在一定的历史时期,围绕着一个由某种特定技术的具体化而产生的平衡点,进而达到相对稳定的状态;(2)技术体系“非地域化的普遍性”,亦即海德格尔所说的“座架”现象。

斯蒂格勒概括的以“技术体系”为依据的技术进化理论,从技术体系的概念出发来思考技术进化(继承吉尔),将技术体系视为有机组织并受技术趋势(人的意向和物质规律)的支配(继承勒鲁瓦-古兰),并认为它不断取向自然化(继承西蒙栋)。这一理论的合理性,很可能体现在它强调技术体系与“其他体系”(经济体系、社会体系等)的密切联系。不过,斯蒂格勒却没有对这种联系给予重点关注,他更加注重技术体系进化的动力机制。

4.道希等人的技术进化论

道希(Giovanni Dosi)、弗里曼、比克(W. Bijker)、平齐(T. Pinch)、星野芳郎等人的技术进化论是围绕技术范式而展开的。所谓“技术范式”(technological paradigm),指的是根据一定的物质技术、经验知识以及自然科学原理解决一定技术问题的模式和模型[4]。每一种技术范式都根据其特定的技术、经济等层面上的标准来确定其自身的“进步”概念,这些标准包括速度、效率、可靠性、抗干扰性、耐久性、环境污染程度等等。不过,以上标准并不是像中立的逻辑标准一样发挥作用,而是通过人类的整体性的活动,与技术的发展一起来实现目的。

---

① 斯蒂格勒:《技术与时间:爱比米修斯的过失》,裴程译,译林出版社 1999 年版,第 33 页。

② 斯蒂格勒:《技术与时间:爱比米修斯的过失》,裴程译,译林出版社 1999 年版,第 33、36 页。

③ 斯蒂格勒:《技术与时间:爱比米修斯的过失》,裴程译,译林出版社 1999 年版,第 36～37 页。

④ 许良:《技术哲学》,复旦大学出版社 2004 年版,第 193 页。

很显然,"技术范式"概念是类比库恩的科学范式概念建立,并在库恩的范式论和科学革命理论的影响下进行阐述的。库恩的科学范式是集形而上学观念、信仰、经验、观察、理论、模型、实验设备等于一体的"混合体",其核心是模型和历史性。在库恩的范式论中,范式是革命的,科学进步只存在于常规科学阶段,科学进步的标准也不是逻辑的中性的普适标准,而是包含在具体范式中与范式的其他内容融为一体的"解难题"。上面论述的技术范式,具有科学范式这样的特征。

在以技术范式为核心概念的技术进化论理论中,"技术轨道"(technological trajectory)是指在特定的技术规范之下的"常规"解题活动[①]。和库恩的"解难题"科学活动一样,"技术轨道"标志着技术的进步,每一个技术轨道都包含着共同体承认的一些可比较的技术进步的标准。

库恩认为范式是不可通约的,因而科学范式之间不具有通常理解的进步性。但事实上,谁也无法否认,相当于牛顿理论,量子力学和相对论具有进步性。因此,库恩用与政治革命、社会革命相似意义的"科学革命"来表示科学发展的这种间断性突变。在技术范式的研究中,星野芳郎将技术范式的转变看作是与"技术体系"内的进步相对的,使技术能够超越技术体系的"技术的原理性发展"。在星野芳郎看来,人们通常谈论的技术进步都是在可比较的同一技术体系内进行的,而按照一定的技术原理形成的技术体系有其自身的极限,这一极限依靠技术的渐进发展是难以超越的。为了超越现有的技术体系及其发展极限,技术必须从一个原理转变为另一个原理。这种转变过程即是技术的原理性发展,也就是技术范式的更替。星野芳郎将它看作是比技术体系内的发展更重要的技术进步。

以"技术范式"为核心的技术进化理论,因为强调技术体系的整体性、历史性,强调技术进步衡量标准对技术范式的依赖性,认为技术进化是社会、经济和组织结构等因素共同作用的整体性结果,改变了人们以往对技术进步及其标准理解的简单化倾向,比较符合技术发展的历史和现实。但

① 许良:《技术哲学》,复旦大学出版社 2004 年版,第 194 页。

这种技术进化论面临的首要困难，便是对技术范式这个核心概念的界定，以及对将技术范式和科学范式进行类比的合理性进行论证。

5.齐曼等人的技术进化论

我们这里涉及的是齐曼、莫克尔、弗莱克等人的技术进化论。齐曼(John Ziman)认为，“在完全显而易见的意义上，技术创新必定是一种进化过程”①。齐曼的这种“联想性的隐喻”，建立在技术系统与生物系统之间的类似性上。在齐曼看来，类似性表现在以下三个方面②，即某些生物过程和技术创新过程之间结构上的相似性，互利共生关系的普遍性，以及现象性类似，即技术史中存在无数明显类似于生物现象的事件。不过，齐曼并不仅仅是想表明“技术进化”是一个“联想性的隐喻”，他还意欲将这种隐喻转变成一个符合规范的模型。然而，在建立这样一个模型时，只关注以上的类似性还远远不够。技术系统与生物系统之间的“非类似性”也必须纳入考虑的范围。一方面，“新的人工制品几乎总是有意设计的产物，而并非随机产生的”；另一方面，“不存在严格意义上的生物分子基因的技术对应物”③。

技术创新模型并不易于实现，因为它“必须涵盖文化变易的几乎所有方面”。技术与其内含的文化是不可分离的。为了简便行事，可以“将关注的焦点放在有形文化客体(例如刀剑、教堂、涡轮喷气发动机和制药产品)的进化上”。但是，这种解释——技术实体是“进化”的——终究“必须扩展至与之相互作用的社会实体上”④。

约翰·齐曼等人的以“技术创新”为依据的技术进化论，将技术创新视

① (英)约翰·齐曼：《技术创新进化论》，孙喜杰、曾国屏译，上海科技教育出版社2002年版，中文版序，第ⅱ页。

② (英)约翰·齐曼：《技术创新进化论》，孙喜杰、曾国屏译，上海科技教育出版社2002年版，第4～5页。

③ (英)约翰·齐曼：《技术创新进化论》，孙喜杰、曾国屏译，上海科技教育出版社2002年版，第6页。

④ (英)约翰·齐曼：《技术创新进化论》，孙喜杰、曾国屏译，上海科技教育出版社2002年版，第9页。

作一种进化过程，这是对技术进化论的扩展和深化。另外，它将技术进化放到文化的背景中去考察，这是值得肯定的。不过，虽然它较为详尽地分析了技术系统和生物系统的类似性和非类似性，但是由于它的出发点仍是"生物-机械类比"，最终还是绕不过"进化的目标(目的)"这一问题。

需要指出的是，国内对"技术创新"的哲学研究涵盖了道希、平齐、齐曼等人的技术进化理论，并取得了一系列的成果。也有研究在更高的层次上，将技术创新的哲学研究视为融合工程的技术哲学与人文的技术哲学这两种传统的进路之一。另外，宽泛地说，由阿奇舒勒(G.S.Altshuller)等人于 20 世纪 40 年代提出的 TRIZ 理论也是一种技术进化论①。然而，其作为方法论的特征过于显著，因此在此处没有过多论及。

二、技术的社会塑造论

"技术的社会塑造理论"(the social shaping of technology)也称"技术的社会形成论"，它认为技术的具体形态总是离不开具体的社会文化环境，技术的发展既有其内在规律可循，又是在一定的社会文化背景下展开的，技术的塑造和运行本身就是一种社会行为。

"技术的社会塑造理论"主要有三个分支：技术系统论、社会建构论和"行动者网络"理论②。与之对应的理论方法分别是系统分析方法、社会建构主义方法和行动者网络分析方法③。

技术系统论的倡导者是休斯(Thomas P. Hughes)，他研究的重点是电力网络这类大型技术系统的生长过程。技术系统(technological system)是一个复合体，主要包含三个部分：(1)技术人工物，如涡轮发电

① 可参看阿奇舒勒：《实现技术创新的 TRIZ 诀窍：40 个创新原理》，林岳等译，黑龙江科学技术出版社 2008 年版；萨拉马托夫：《怎样成为发明家：50 小时学创造》，王子羲译，北京理工大学出版社 2006 年版；杨清亮：《发明是这样诞生的：TRIZ 理论全接触》，机械工业出版社 2006 年版；等等。

② 郑晓松：《社会塑形技术的三种路径》，《哲学分析》2017 年第 5 期。

③ 肖峰：《技术的社会形成论(SST)及其与科学知识社会学(SSK)的关系》，《自然辩证法通讯》2001 年第 5 期。

机、变压器、电力塔、高压输电线、家用电器等；(2)组织和机构，如制造工厂、公用事业公司、高校、研究所、银行等；(3)规章制度，如电力企业安全管理制度、电力竞争政策、电力监管立法等。在休斯看来，学科之间的区分对于技术系统的开发者而言是无意义的，他们不在乎其工作被贴上科学的标签还是技术的标签，而只关注成功与否。技术的演进就是技术系统的进化，一般会经历“发明、开发、创新、增长、竞争和固化”等阶段，不同的人在不同的阶段扮演不同的角色，如企业家和发明家是发明、开发和创新阶段的主角，管理者和决策者是增长和竞争阶段的主角，咨询工程师和金融专家是固化阶段的主角。技术系统的社会文化属性决定了具体技术的独特风格。技术的塑造者既包括技术发明者、工程师和科学家，也包括气候条件、地理环境、人口因素、历史传承、社会经济制度、价值观念、风俗习惯等自然因素和社会因素。系统分析方法秉持的立场是技术与社会、经济、政治、文化等构成的是一个“无缝之网”，只有把由技术因素、自然因素和社会因素共同构成的复杂系统作为技术哲学研究的焦点，才能真正理解技术变化过程。

“行动者网络”(actor-network theory)理论的领军人物是拉图尔(Bruno Latour)和卡隆(Michel Callon)，他们旨在通过这一理论来系统阐述社会因素对技术的塑造过程。“行动者”(actor，也译作“操作子”“参与者”)指的是实施某种行为的事物，可以为人，也可以为物，还可表现为价值观念、规范、组织等。所有行动者，其共同点在于它们都与科学技术活动相关联并能够改变或影响事物的状态，其不同点在于各自所带有或体现出的价值导向、习惯、兴趣、风俗、行为特质等。这些不同之处凝聚成行动者的“异质性”(heterogeneity)。拉图尔将“行动者”“转译”(translation)和“网络”(network)视为行动者网络理论的核心概念。因为行动者的异质性，所以只有通过转译才能便于行动者彼此之间进行沟通。转译的价值体现在三个方面：一是转译并非单纯地转运，它能够使行动者在立足于自身异质性的同时翻译或修改其他行动者的信息；二是行动者的身份确认需要转译的过程来实现，不同行动者的彼此转译使所有行动者构建成为一个行动者网络;三是为了保证行动者的自由联结,转译打破了不同行动者之间原有的上下级或从属关系,使所有行动者都处于平等关系之下。行动者网络理论力图消解技术与主体、自然与社会、技术与社会之间的严格区分,强调关系性、整体性思维对于理解技术的重要性[①]。行动者网络理论在方法上强调:"(1)牵涉到解决技术问题的因素是多质多样的;(2)这些因素是相互关联和相互作用的,其作用的方式是复杂的;(3)解决技术问题的方式是在冲突中形成的。"[②]

社会建构论(the social construction of technology)的核心成员是比克(W. E. Bijker)和平奇(T. J. Pinch),他们的主张与技术系统论类似,认为技术是由社会的、历史的、经济的、心理的、文化的、政治的力量共同建构的。任何一种技术人工物或技术设计的诞生都不是单纯的技术问题,而是受制于特定的社会环境。技术的社会建构过程就是在各种利益驱使下的利益群体进行谈判的过程。谈判者结合自身的经济利益、兴趣、可用资源、价值观、专业技能、权力格局等对潜在的技术进行考量。社会建构主义方法依托于五个原则:待确定原则、灵活性原则、协商原则、结束机制和对称原则。"待确定"(under-determination)原则要求不能单纯用科研方式或纯粹思辨来解决已有技术问题,社会群体的选择在根本上决定着技术发明和设计。由于社会群体利益自身的不确定性和不稳定性,因此技术始终处于"待确定"状态,而从未完全定型。灵活性(flexibility)原则要求潜在的技术人工物允许不同的社会群体对它持有不同的解释。不同的解释代表着不同的技术设计思路,某种技术形态的胜出就意味着其背后社会群体的解释框架的胜出。这并不是说同类技术中只有一种是最好的,而是反对把特定技术看作必然的、唯一的东西。协商原则要求在技术设计过程中要充分考虑到相关社会群体的利益诉求,积极采纳参与者的合理建议。结束机制是对灵活性原则和协商原则的限制,技术争论不能无限期地持续下去。

① 郑晓松:《社会塑形技术的三种路径》,《哲学分析》2017年第5期。

② 肖峰:《技术的社会形成论(SST)及其与科学知识社会学(SSK)的关系》,《自然辩证法通讯》2001年第5期。

通过重新定义问题或进行修辞学解释可以中止技术争论，其关键不在于技术本身，而在于社会群体的态度，即社会群体是否认可新的技术设计并认为技术问题已经得到解决。对称原则可以看作补充性原则，它要求对胜出的技术和淘汰的技术给予对称分析，即以一种中立的立场和同样的标准向不同的社会群体解释原因①。

总的说来，不论是技术进步观，还是技术进化论，都在客观上从事着同一件工作：在阐述技术的演化过程时，得出关于技术价值的统一而又乐观的解释。与技术进化论不同，技术异化论通过对技术演化过程的考察，得出了关于技术价值的统一而又悲观的解释。

第五节　技术异化论

不论人们对技术进步、技术与社会发展的关系的理论作何种追溯，马克思都是人们不得不认真研究的伟大思想家。马克思不仅在历史唯物主义一般原则的高度确立了技术与生产力、生产关系的原理，而且在《资本论》对现代社会经济的研究中，具体阐述了技术是如何被资本利用，技术是如何推动社会生产力和生产关系的发展。马克思的技术进步观不仅为技术进步确立了基本的基调，而且他的社会进步的辩证法包含着的“异化观”以及“异化劳动”或“劳动异化”理论，可看作是“技术异化论”的原初形式。马克思之后的社会学家和哲学家扩充了“异化”概念。扩充的结果之一就是将“异化”“自由”和“技术”三者紧密联系在一起，形成了一种新的技术异化观。

① 肖峰：《技术的社会形成论(SST)及其与科学知识社会学(SSK)的关系》，《自然辩证法通讯》2001年第5期；郑晓松：《社会塑形技术的三种路径》，《哲学分析》2017年第5期。

一、技术异化

“异化”，拉丁语“aliénatio”，英语“alienation”，法语“aliénation”，德语“Entfremdung”(异化)和“entäusserung”(外化)。较早的关于“异化”一词的解释出现于《拉丁语辞海》中。它或是指权利或财产的转让或出卖(法学领域)，或是指个人同他人、同国家和“上帝”相分离或疏远(社会学领域)，或是指精神错乱和精神病(医学和心理学领域)①。

现代的“异化”观念始于18世纪中期。文艺复兴、人道主义的观念或人的理想等是其产生的前提。卢梭首先论述了文明之于人的消极作用，费希特把“异化”提升到哲学层面，黑格尔则在绝对精神的演化中第一次明确而系统地论述了异化问题。亚·沙夫曾指出，黑格尔的异化理论一方面包含了由他的先辈们表明的三种意义，即精神物化，人与人、人与“上帝”离异，把某物放弃或转让给别人；另一方面强调了异化的客观性②。

马克思的“异化”概念来源于黑格尔，因而它与黑格尔的“异化”概念存在诸多思想联系。首先，马克思也认为异化是一种客观的过程。其次，在弗洛姆看来，马克思和黑格尔都认为，“异化概念植基于存在和本质的区别之上，植基于这样一个事实之上：人的存在与他的本质疏远，人在事实上不是他潜在的那个样子”③。再次，马克思和黑格尔都认为异化是可以克服的。不过，在对“克服异化”的理解以及克服异化的方式上，马克思和黑格尔出现了历史的唯物主义与客观唯心主义的分歧：黑格尔认为“精神(意识)在更高层次上成为一个整体，返回自身”就是异化的克服，而马克思则认为“异化的克服意味着人类在更高层次、更合理的社会形态中成为一个整体，人成为人自身”④。

具体而言，马克思所说的“异化”主要是指“异化劳动”，或“劳动异化”。

---

① 陆梅林、程代熙：《异化问题(下)》，文化艺术出版社1986年版，第540页。

② 陆梅林、程代熙：《异化问题(下)》，文化艺术出版社1986年版，第549页。

③ 陆梅林、程代熙：《异化问题(下)》，文化艺术出版社1986年版，第553页。

④ 乔瑞金：《马克思技术哲学纲要》，人民出版社2002年版，第277页。

在《1844年经济学-哲学手稿》中，马克思用它来概括"劳动者"在私有制条件下同他的"劳动"以及"劳动产品"的关系，从而提出劳动异化理论。该理论认为，作为人的类本质的劳动，是一种自由而又有意识的活动，但私有制使之发生了异化。劳动异化具体体现为四个方面：(1)劳动者同自己的劳动产品相异化；(2)劳动者同自己的劳动活动相异化；(3)人同自己的类本质相异化；(4)人同人相异化[①]。克服异化就是消除异化的根源即私有制，但私有制绝不会自动消失。克服异化需要依靠人们对异化的认识，更需要人们的实际行动。正如马克思所说："要消灭私有财产的思想，有共产主义思想就完全够了。而要消灭现实的私有财产，则必须有现实的共产主义行动。"[②]

由于在马克思那里"劳动"与"技术"的含义存在一致性，因此可以说马克思的"劳动异化理论"可以看作是"技术异化论"的最初形式。在此基础上，马克思之后的一些学者，如E.弗洛姆、马尔库塞、哈贝马斯、卢卡奇、萨特、雅斯贝斯、海德格尔、梅尔文·西曼、罗伯特·布劳纳、埃吕尔等，都在不同方面对"技术异化论"有所贡献。这种"贡献"主要体现在两个方面：

(1)扩展了"异化"概念的内涵。在马克思那里，"异化"概念还主要是指"疏远""外化"和"物化"(德语 Verdinglichung)。而在西曼那里，"异化"已表现出五个维度：无权力、无意义、无规范、孤独和自我疏离[③]。弗洛姆更是对"异化"做了广义的解释："人作为与客体相分离的主体被动地、接受地体验世界和他自身。"[④]在此意义上，"异化"表现出多种新的形式："语言""货币"以及(现代社会中的)"闲暇"，等等。以"闲暇"为例，弗洛姆指出，如今的闲暇已不再是闲暇，因为它已经是一种刻意的安排，做什么与不做什么已被精打细算过：什么时候看球赛，什么时候看电视节目，什么时候

---

① 奥尔曼：《异化：马克思论资本主义社会中人的概念》，王贵贤译，北京师范大学出版社2011年版，第168页。

② 马克思、恩格斯：《马克思恩格斯全集》第42卷，人民出版社1979年版，第139页。

③ Melvin Seeman, *On the Meaning of Alienation*, American Sociological Review, 1959(6), pp.783-791.

④ 陆梅林、程代熙：《异化问题(下)》，文化艺术出版社1986年版，第24页。

旅游等等，不过所有这些并不由自己做主，闲暇的内容不是由我们参与制定的，娱乐业变成了实实在在的工业，消费者被引诱着去“买开心”就像他被人引诱着去买衣服和鞋子一样。当闲暇、娱乐和工业、市场画上等号的时候，“开心”“闲暇”的价值已不是从人的意义上去衡量的东西，而是由它在市场上能否成功决定着。

(2)将“异化”与“自由”对立起来，并与“技术”相联系。这种联系的发生与20世纪50年代浪漫主义对技术的批判有关，那时的人们“认为技术使人脱离了自然及其感情生活”①。海德格尔更是深刻地指出，技术的本质是“座架”，它作为存在展现的方式并不受人们的控制；技术严重威胁着人的自由，即人的“本真”状态或“自身性”。以这种技术实体主义为基础，海德格尔的技术异化思想已不同于马克思的技术异化观。

纵观技术的价值论理论，技术基础主义从“技术进步论”到“技术异化论”存在一条连续的理论线索。马克思的技术(劳动)异化是技术进步和社会发展的辩证形式，“技术的工具论”和“技术乐观主义”是马克思技术进步观的两个特征；以海德格尔为代表的“技术异化论”，以“技术实体主义”为基础，以“技术悲观主义”为结果。埃吕尔等人在理论上延续了海德格尔的实体主义技术异化观。在这两种不同的技术异化观之间，还有以“技术工具论”为基础，结果却是“技术悲观主义”的技术异化的中间理论。雅斯贝斯的“技术异化论”就是这方面的代表。前面我们曾说过，“技术中立论”或者“技术工具论”是“技术乐观主义”的主要理论依据，而“技术悲观主义”则往往源于“技术负载价值论”或者“技术实体主义”，但“技术乐观主义”与“技术工具论”之间的一致性不是始终都存在。所以，在阐述海德格尔的“技术异化论”的本体论以前，我们先看看雅斯贝斯的“工具论的技术异化论”。

① 米切姆：《技术哲学》，吴国盛编：《技术哲学经典读本》，上海交通大学出版社2008年版，第37页。

二、工具论的技术异化论

我们把雅斯贝斯的技术异化论看作是工具论的技术异化论的代表。提到雅斯贝斯(Karl Jaspeers),人们通常将他与存在主义联系在一起,而较少关注他的技术哲学思想。实际上,雅斯贝斯甚至先于海德格尔提出了一些关于技术的颇有见地的哲学思想。在雅斯贝斯的时代意识的转变、技术构成人类生存的新环境、技术成为人们生活的决定因素、技术成为统治人的生命的力量、以个体自我克服技术化等等观点的论述中,包含着雅斯贝斯的技术工具论和技术悲观主义的技术异化思想。我们将之看作是技术异化研究从"技术工具论"向"技术实体主义"转变,从"技术乐观主义"转向"技术悲观主义"的代表性观点。

1.世界技术化

雅斯贝斯经常在相近的意义上使用"技术""机器""发明""生产"等概念。在雅斯贝斯看来,现代技术标志着作为人类新的生存环境的技术世界的到来。一方面,借助技术人类有效支配自然这一过程已经开启,整个世界俨然一座庞大的工厂,为人们的生活提供着能量和物质;另一方面,借助技术人类已挣脱自然,并创造出自然界不曾自然出产的事物[①]。物质和能量被连续利用,交通和通信工具的改进,法律的系统化,新的有效制度的建立,企业的组织化,劳动生产率有计划地提高,优生学和卫生学控制着人口的数量和质量,经济变得合目的性,预测、控制商业活动能力的提升等等,构成了作为人类生存环境的技术世界。

技术化使世界发生了根本改变。在雅斯贝斯看来,古代人往往认为他们所处的世界是恒久不变的过渡地带,它处于早已远去的黄金时代和尚未到来的世界之间。在古代人的生活中,这是一个普遍联系的世界,是一个由"上帝""人""天""地"等共同组建起来的"安全的港湾"。一方面,人们并不想改变这一世界,而仅是努力适应周围环境;另一方面,即便有所改变,

① 雅斯贝斯:《时代的精神状况》,王德峰译,上海译文出版社 1997 年版,第 19 页。

人们的活动也仅限于改变或改善自己相对于周围环境的地位，而非改变环境本身[①]。在古代社会，这个世界虽然不完美，但它是真实的，也能安抚人们的心灵。而现代科学和技术的发展，使人类生活的基础发生了动摇，摧毁了人们过去自以为真实、确定的安全的"家园"。其一，人们知道自己能够了解事物的实际情况，而过往的同类则"是在现实宛如被蒙上面纱的条件下生活"[②]；其二，由于人们知道"最终确定的"世界是不存在的，因此他们将希望寄托于人间，他们对自身的努力和"尘世完善的可能性"都抱有乐观的信念。雅斯贝斯描述的，对于19世纪而言，一般大众的时代意识在总体上是模糊不清的，他们满足于当时的文化和进步，而仅有部分独立思考能力的人，如基尔凯廓尔、尼采、歌德等才对未来惴惴不安，说的就是现代化过程中人们对世界技术化的乐观心态。雅斯贝斯还举出歌德的预言阐释世界的改变："人类将变得更加聪明，更加机灵，但是并不变得更好、更幸福和更强壮有力。我预见会有这样一天，上帝不再喜爱他的造物，他将不得不再一次毁掉这个世界，让一切从头开始。"[③]

世界的技术化是如何达成的？雅斯贝斯提出了他的"三个原则"，即"坚定的理性主义""个体自我的主体性"和"世界是在时间中的有形实在"的信念[④]。理性主义以逻辑思想和经验现实为依据，通过估计、测量、精确计算，使行为合理化，并具有可预见性和可检验性。"个体自我的主体性"(subjectivity of selfhood)与理性主义如影随形，它从不同领域、在不同时期中演变为西方人眼中的"个体性"(individuality)。"理性主义"和"个体自我的主体性"可以看作是"世界是在时间中的有形实在"这一信念的双重根源。雅斯贝斯认为，东方人的"出世"观念，即"非存在才是那向我们呈现为存在的东西的本质实在"，刚好与西方人的信念构成鲜明对比，后者认为

① 雅斯贝斯：《时代的精神状况》，王德峰译，上海译文出版社1997年版，第1页。

② 雅斯贝斯：《时代的精神状况》，王德峰译，上海译文出版社1997年版，第2页。

③ 转引自雅斯贝斯：《时代的精神状况》，王德峰译，上海译文出版社1997年版，第9页。

④ 雅斯贝斯：《时代的精神状况》，王德峰译，上海译文出版社1997年版，第14页。

对有形存在的确信离不开有形存在而发生。这“三个原则”的持续使用，不仅使世界技术化得以形成，而且使得西方人从众多史前人群中脱颖而出。在雅斯贝斯看来，19 世纪的欧洲人已经自觉使用这三个原则，使有组织、有目的、系统化的合作代替了偶然、孤立的发现，对时间、空间和物质的技术控制大踏步地向前迈进①。世界的技术化，首先是从欧洲开始的，然后成为世界潮流。

世界技术化导致了人类的时代意识的转变。现代社会之前那种作为不证自明的认识和生活的统一的状况不复存在，人们生活的基础已经发生动摇，他们处于一个由技术决定的变化着的世界之中。雅斯贝斯认为，今天的人类所共有的东西已经不再是人性（即普遍存在的伙伴关系），取而代之的是通行世界的时髦话语、在世界范围内传播的交往工具以及广泛普及的某些娱乐活动。理所当然的是，人类的生活，其实就是通过依托技术进步的合理化生产来满足大众需求的过程。

2.“群众”表征的技术化生活

雅斯贝斯对技术价值的理解，总体上是个工具论者。雅斯贝斯曾说过，技术本身既非善亦非恶，技术既能用于善也能用于恶；他也既强调技术带来的积极作用，也强调技术的消极影响，认为它们是相伴相生的。但从雅斯贝斯整体的技术思想看，他又是一个技术悲观主义者。雅斯贝斯设想了“真正的人”和“真正的生活”，世界的技术化使人类生活的根本改变，使实际的人与实际生活与真正的人及真正的生活相比，处于“不满意”“不完善”“不快乐”“无信仰”“非人性”的境地。在雅斯贝斯的技术观念中，对“群众”及其技术化生活的描述处于非常重要的地位。

雅斯贝斯所说的“群众”一词，指的既不是在某种相同的压力下、处于某一特定状况中、未经分化的聚合体（“群伙”），也不是因共同接受某种观点而在精神上认同的统一体（“公众”），而是指结合在某种生活秩序的机器

① 雅斯贝斯：《时代的精神状况》，王德峰译，上海译文出版社 1997 年版，第 14～15 页。

之中、多数人的意志起决定作用的人群聚合体[①]。从总体上看,群众的种类繁多,体力劳动者、雇员、医生、教师、律师等都是联合起来的“群众”;联合体中的多数人的性质、意志和行动决定着全体成员的性质、意志和行动,是群众的基本特征,雅斯贝斯称它为“技术性的群众秩序”。

技术性的群众秩序是技术性的生活秩序和“群众”两者的结合体,其中群众的特性理应决定着社会供应这个巨大机器,要求它与劳动力的数量、消费者的需求等相适应,然而,作为理论上的统治者的“群众”实际上却不具备这种统治职能。这是因为:第一,在机器化时代,工人的生产和分配犹如一架运转的巨大机器,每个工人只是其中的一个轮齿;单个工人与机器零件几近相同,原因在于他们所从事的工作都具有详尽的规则章程,每个人都被安排在预设好的岗位上,故而具有可替换性。第二,技术秩序使人的生活退化为人的工作,人失去了他的世界。对于个人而言,在其周围的世界中已经没有任何出于他的目的而形成、设计或制作的东西。即便是他的房子,也都是机器的产物,工人的工作和生活之间好像隔了一道天堑,过往和未来之间存在断节,与其说人在生活不如说人在单纯地履行职能。第三,在技术时代中,实证主义是占主导的意识,它有助于形成技术秩序的规范性。实证主义偏爱知识,拒斥空谈;偏爱灵活的行动,拒斥沉思意义;偏爱清晰的事实,拒斥神秘的作用力;偏爱简明具体客观,拒斥感性用事和带有情感色彩;偏爱建设性的观点,拒斥堆砌材料、长篇大论;偏爱控制和组织化,拒斥无组织、任意行事;偏爱统一的标准和日常事务的规范,拒斥各行其是。实证主义的对人行为的规范性要求涉及多个方面:物品的型式、信息传递的方式、言谈举止、社会交往规则、道德规范等。在此种要求之下,个人被融入功能之中,个人意识被融入社会意识之中;真正的人降格为功能化的肉体,生活变为“凡庸琐屑的享乐”[②]。

---

① 雅斯贝斯:《时代的精神状况》,王德峰译,上海译文出版社 1997 年版,第 31～32 页。

② 雅斯贝斯:《时代的精神状况》,王德峰译,上海译文出版社 1997 年版,第 40～41 页。

雅斯贝斯说:“群众是无实存的生命,是无信仰的迷信。”[①]这是雅斯贝斯对群众表征的技术生活的总的概括。当“群众秩序的巨大机器”建立起来并获得巩固之时,个人要做的事情就是不断修整它、完善它、服务于它。在“群众”中,当一个人不满意于自己被指定的位置,寻找更好或最好的位置便成了他们超额完成日常任务的助力和欲望。具备更好的智力、更高的技能、更积极的态度、更强的团队精神等因素使这些奋力跻身前列的人成为了机器的“高级奴隶”。群众中的领导都是通过牺牲掉自己的个体自我而攀至高位的,因此他们自然不会容忍下属的自我表现行为,绝对的标准被用来制约、评价下级的成绩;在这架机器上,独特的晋升方式要求晋升者有能力解决这个难题:“如何既努力争取职位,又显得对升迁无动于衷。”[②]

3.无趣的世界

如果说,对技术世界及其生活方式、“群众”共同体的描述,雅斯贝斯还倾向于事实描述的话,那么,从此出发所做的阐述,雅斯贝斯价值评价的意味就越来越浓了。在雅斯贝斯看来,技术世界生活缺乏创造的快乐,重物质轻精神,重知识学习轻理论反思,最终在技术性的群众秩序中人将淹没掉人真正的生活。

技术世界是一个不快乐的世界。如果用快乐来衡量生命的质量,那么现代人的生命质量恐怕是很低的,因为技术时代给我们带来的真正的快乐是十分有限的。以生活必需品为例,先进的技术使得生活必需品的供应源源不断、稳定可靠、方便快捷,人们仅通过货币就可以实现对它们的占有,而且几乎不用花费多少时间。相比于经由个人不懈努力而带来产出这种传统方式,技术化的产品并不能给人们带来多少乐趣。雅斯贝斯认为,原因在两个方面:其一,技术化的产品让人们感受不到由辛勤劳动获得收获的成就感;其二,技术化的产品之间可替代性很强,即便流行也不具有独一

① 雅斯贝斯:《时代的精神状况》,王德峰译,上海译文出版社 1997 年版,第 34 页。

② 雅斯贝斯:《时代的精神状况》,王德峰译,上海译文出版社 1997 年版,第 45 页。

无二的品质,即便偶然被认为是重要的也经不起历史的考验①。

技术世界是一个缺乏精神的世界。社会机器在把个体变为履行功能的个人之时,也解除了个人遵守传统准则的义务,像沙粒一般的"无根之人"被迫四处游走。这样的人不是陷于长期失业的窘境,就是在重复着类似的、过程具有意义而结果毫无意义的事情。这些事情并不会促使个体自我的发展和完善,原因在于技术世界中的人的整体视野的消失。由机器快速制造的产品经由快速的消费而快速地消失了,只留下了市场和机器在运转,社会机器不容许记忆、预见、时间、兴趣、情感等扰乱市场和秩序功能的发挥,所以雅斯贝斯说:"除了赤裸裸的当前以外,几乎没有任何东西留存在精神中。"②

技术世界是一个缺乏反思的世界。雅斯贝斯认为,技术理性主义使人们认识到,一方面认识无止境,另一方面由于实在和对实在的认识通常并不一致,所以认识往往是一种"主动的占有"。这种认识方式会自动屏蔽掉"交谈""深思""体会""奥秘",而直接指向"有形实在"。因此,雅斯贝斯说:"在技术世界人们称之为客观性的内在内容中,人们不再保留交谈的形式,而只是要求'知'本身;人们不再深思意义,而是迅速地'抓取'(现实物);人们不再(体会)感觉,而是(要获得)客体性;人们不再(追寻)起作用的力量的奥秘,而是(要把握)事实的清晰确定性。"③

技术机器对真正人的生活世界构成毁灭性的威胁。雅斯贝斯认为,技术性的群众秩序和人的真正生活之间存在张力。真正人的生活世界是一个充满联合和纽带的环境。人不是孤立的单元,各种场所和传统充实着他的过往,指引着他的未来,也使他对自己和同伴负有责任;私人财产的存在

① 雅斯贝斯:《时代的精神状况》,王德峰译,上海译文出版社1997年版,第38～39页。

② 雅斯贝斯:《时代的精神状况》,王德峰译,上海译文出版社1997年版,第42～43页。

③ 转引自洪晓楠、孙巍:《科技时代的精神困境及其解除》,《社会科学战线》2013年第10期。

使他的日常生活拥有一片狭隘但却充满意义的空间，使他“得以分享人类历史的总体”[1]。这些状况在技术性的生活秩序面前岌岌可危。作为使人们现今的生活得以可能的东西自始至终威胁着人的个体自我。当一个具有个体性的人拒绝让自己被生活秩序物化、工具化，他决心反抗技术秩序的时候，个人的自我保存意志和现实的个体自我[2]的张力就出现了：自我保存意志体现为自我表现的冲动，这一冲动驱使当事者冒险行事，此危险便是他的生活资料的保障面临着威胁，现实自我面临毁灭。雅斯贝斯的观点是，在技术化世界，自我保存的冲动和普遍的生活秩序，亦即真正的人的世界和普遍的生活机器之间的矛盾是难以避免和不可消除的，人的自我保存意志终将沦为技术统治的牺牲品。

4.“技术化”的持续与自我的拯救

既然技术世界、技术生活淹没了人的真正生活，那么，如何评价技术和持续的技术化困境呢？在这个问题上，雅斯贝斯认为，尽管技术世界看似在破坏着自然世界，但它仍是人类通向大自然的一条有效途径，或者说在根本上它有这种可能性。技术使人类可以更好地欣赏和利用阳光、空气，以及种种自然力；可以凭借对自然的征服扩展自己的活动和生活范围；可以更清楚地发现、解读自然的密码，与自然建立更紧密的关系。雅斯贝斯明确指出，我们不得不走在技术化这条道路上，任何企图逆技术化的道路都将使生活困难重重、每况愈下或难以为继。因此，对待技术化，我们应该做的是以新的视角重新看待技术的价值，超越而非抨击。我们应该区别对待可机器化的事物与不可机器化的事物。对于前者，应该做到精确可靠；对于后者，应该避免使之技术化。我们不必给予技术世界主动的关注，应将之视为理所应当的现象，而且应该限制技术世界的范围，避免技术世界绝对化[3]。

人如何能够做到这一点？“个体自我之入世”，可以看作是雅斯贝斯的

① 雅斯贝斯：《时代的精神状况》，王德峰译，上海译文出版社1997年版，第35页。
② 雅斯贝斯：《时代的精神状况》，王德峰译，上海译文出版社1997年版，第36页。
③ 雅斯贝斯：《时代的精神状况》，王德峰译，上海译文出版社1997年版，第173页。

拯救之路，其路径“起自技术、经由原始的认识意志、导向无条件的纽带”[①]。首先，要求位于技术化世界中的个体掌握日常生活的复杂性。雅斯贝斯认为，人们必须迫使技术为自身所用，在通过技术保证物质供给的基础上，摆脱来自物质方面的束缚。其次，“个体自我是认识的最高工具”[②]，个体自我的认识作为真正的认识应该以认识本身为目的，功利只适应于生产生活必需品的机器体系，不能作为所有认识的最终标准，否则个体自我就被抛弃了。最后，要求以内在的联系建构生活的持久基础。和机器制造的外部联系相比，雅斯贝斯认为，内在联系是一种由人自由地领悟到的联系，这种联系可以贯通他的今天和明天、现实和可能，为他的生活奠基。

三、技术异化论的本体论

海德格尔认为技术是一种“解蔽”(或“展现”)方式。古代技术和现代技术的区分在于古代技术作为解蔽是一种“带出”，而现代技术作为解蔽则是一种“促逼”(或“强求”)。作为“促逼”之“会集”的就是“座架”(或“集置”)。在海德格尔看来，“座架”是一种最高的危险——因为它“无障碍地对一切东西进行‘功能化’，人完全走在由技术展现所产生的通向存在的道路上，而不能察觉到他的本质的损坏和自然的被歪曲”[③]。这表现在两个方面：

首先，“技术需求”是一切事物的尺度。正因为“座架”是存在的技术展现的基本方式，“现代技术的需求”才成为一切事物存在的尺度。现代技术向“存在者”颁布尺度，它从自身出发并根据自身来规定什么东西是存在的，什么东西是不存在的。具体而言，物作为“持存物”才存在，人作为“技术工作人员”才存在，真理作为“正确性”才存在。

① 雅斯贝斯：《时代的精神状况》，王德峰译，上海译文出版社1997年版，第171页。

② 雅斯贝斯：《时代的精神状况》，王德峰译，上海译文出版社1997年版，第174页。

③ 冈特·绍伊博尔德：《海德格尔分析新时代的技术》，宋祖良译，中国社会科学出版社1993年版，第219页。

“座架”以预定的方式把“现实物”展现为“持存物”。“持存物”表示的是“现实物”在技术构造活动中所处的等级，也可以说“它表明的正是一切遭受强求性的展现的东西如何存在的方式”[①]。例如，在现代技术世界里，“猪”不是作为动物而是作为单纯的肉之提供者而存在。

当人被当作物来对待时，人自然也沦为“持存物”。不过，在海德格尔看来，人不是单纯的“持存物”，因为人参与了“持存物”的“预定”，并且就是“预定者”。说人是“持存物”，是因为他是技术人，是被抛入技术世界的。说人是“预定者”，是因为人的思维和行动都是按照技术展现的方式（“限定”和“强求”）而进行的。人全身心地按照普遍的可预测性来物质化、功能化一切东西，并将它们置于自己的统治之下。不过，人始终是为技术“服务的”，人的身份就是“技术工作人员”。

“技术展现”使处于传统的符合论真理观之两端的主体和客体均不复存在；客体被“预定”为“持存物”，主体则沦为“预定者”。因此，形而上学的反思的真理论被消解了，“真理”变成了单纯的“正确性”或“效用性”。凡是符合“技术需求”的东西都是正确的或有效用的。如果将技术拟人化，那么“技术需求”就是“技术意志”。它是全体“存在者”存在的唯一评判者，几乎没有什么能抗拒它的任何要求。

其次，“座架”威胁着“人的自由”。海德格尔认为，人，即现象学的日常个体，面临的“最高危险”在于存在展现的命运以“座架”的方式进行。具体表现为“人”和“存在”的“自身性”的损坏、扭曲和丧失。要克服现代技术的这种异化，恢复“人”和“存在”的“自身性”，海德格尔指出，人必须认识到：一方面，虽然相对于他者而言，“技术展现”是占优势的方式，但它并非存在展现的唯一方式，而且“座架”是生成着的，也终将会消失；另一方面，必须借助于“人的自由”。人本质上是“沉思的思想者”，而其职责是参与并守护存在的展现。由于人迫于“座架”的威胁（也可说是现代技术的“强求”）或

① 冈特·绍伊博尔德：《海德格尔分析新时代的技术》，宋祖良译，中国社会科学出版社 1993 年版，第 95 页。

耽溺于其诱惑，才发生技术“摆置”人的局面。然而，人仍有意志方面的自由。若想不受损害地生活在技术世界里，人必须捍卫自身的自由并承担相应的责任。海德格尔也指出，由于“存在展现”是自在自为的，人的主体行动并不能从根本上克服现代技术，人们现在所做的都只是为克服活动做准备。

在埃吕尔看来，技术异化主要表现为处于技术系统中的人的自由的丧失。主要表现在以下几个方面：

第一，人被“抛入”技术世界中，即人对技术环境并没有选择权。对此，埃吕尔指出：“对于人而言，技术是人进入并与之结合在一起的环境。认为技术不是一个真正的环境是毫无用处的。人所看到和利用的任何东西都是技术的东西，人没有别的选择，他就在这个由机器及其产品所构成的世界中。”①

第二，人们对技术系统的了解非常片面。一方面，人们对自己从事的技术和专业非常熟悉，清楚地知道自己该做什么，不该做什么，总之，十分胜任自己的工作；另一方面，对于整个世界以及其政治、军事、经济、民族等问题，人们往往是通过一些有限的信息了解的，每个人的理解水平都非常有限。在埃吕尔看来，原因在于，对于人们理解技术世界而言，他们的专业知识根本不起作用。而这又是因为，技术系统是现代所有事情赖以存在的基础，这一现实使下面这种状态具有合理性，即人们生活在技术系统中，却不明白该系统，甚至没有意识到该系统的存在，而这一状态却正是人与技术系统融为一体的前提②。

第三，人们没有任何可资利用的标准对技术进行批判。埃吕尔表示，由于技术不断发展，它已经破坏或同化了外在的世界，任何非技术性的情感、道德或宗教信仰均被消除，因此，人们已不知从何种角度去批判技术，

---

① Jacques Ellul, *The Technological System*, trans. Joachim Neugroschel, Continuum, 1980, p.311.

② Jacques Ellul, *The Technological System*, trans. Joachim Neugroschel, Continuum, 1980, pp.312-313.

在现代技术之外找不到批判技术的立足点，唯一的问题就是如何适应技术[①]。

总之，埃吕尔认为，在技术世界里，只有技术力量才能同技术力量相对抗，人们捍卫自由的活动只是徒劳无益的。埃吕尔断言："要么捍卫自己选择的自由，选择使用传统的、个性的、伦理的和经验的方式与技术展开斗争，在斗争中，传统的方式没有任何有效的防卫作用，个人必然失败；要么个人决定接受技术的必然性，从而成为胜利者，但这是以自己沦为技术的奴隶为前提的。实际上，人没有选择的自由。"[②]

福伊尔利希特在《异化：从过去到未来》一文中认为，关于"异化"的未来主要有三种意见或假设。第一种意见乐观地认为一切异化都会被克服；第二种意见认为一些异化会被克服，另一些则会持续下去，并且新的异化还会出现；第三种意见悲观地认为异化会永存下去，而且各种异化之间还会相互加强，并产生新的异化[③]。福伊尔利希特关于"异化"的这种表述同样适用于"技术异化"。

总的说来，不管怎样，技术异化都是客观的存在。于是，我们便要面对这个问题：是想方设法地消除技术异化，还是考虑如何在异化了的技术世界中更好地生活？选择前者，前景并不十分乐观。历史的经验也表明了这一点。正如福伊尔利希特所说："在治疗异化的处方中，一些是有争论的，另一些则是想入非非的。如知识(教育)、爱、宗教、革命、社会改革、自发行动、创造性(艺术)、多向性等都曾作为处方。但是，也许除了知识和革命这两味药以外，开药方的医生自己往往也不知道哪家药房能配到它们。"[④]选择后者，也会遇到以下"两难"。其一，人如何既生活在而又不生活在技术

① Jacques Ellul, *The Technological System*, trans.Joachim Neugroschel, Continuum, 1980, p.318.

② Jacques Ellul, *The Technological Society*, trans.John Wilkinson, Alfred A.knopf, 1964, p.84.

③ 陆梅林、程代熙：《异化问题(下)》，文化艺术出版社1986年版，第93页。

④ 陆梅林、程代熙：《异化问题(下)》，文化艺术出版社1986年版，第94页。

异化之中？其二，如果选择在异化了的技术世界中谋求更好的生活，那么是否还有必要提起“技术异化”，并把它作为“异化”呢？

技术异化不仅仅是由技术哲学研究的技术发展问题，更是关于人的本质理解的存在论问题。技术异化，技术与人的关系，是任何一个研究人和社会的真正的哲学理论都无法回避的问题。

第四章　技术基础主义的基本观点之三：技术本质主义

技术的本质问题是技术哲学的核心问题之一。它具体包含以下问题：技术是否具有本质？如果技术具有本质，那么，技术的本质是什么？技术的本质是怎样的？对这些问题的回答，形成了各种各样的技术本质观。按照芬伯格"技术的工具论"和"技术的实体论"的区分，我们在重新审视了"技术的本质主义"的概念后，尝试着按照"工具论意义上的技术本质观"和"实体论意义上的技术本质观"来阐述作为技术基础主义基本观点之一的"技术本质主义"。

第一节　技术本质主义的概念

海德格尔曾说："所有伟大的思想家都想着同一件事。这同一件事却有这样的根本性与丰富性，以至于任何个人都不能把它想光了，而是每一个人都只能把每一部分联系得更严密些。"[1]在"追问技术"之时，所有技术

① 海德格尔：《只有一个上帝能救渡我们》，孙周兴选编：《海德格尔选集(下)》，生活·读书·新知三联书店1996年版，第1309页。

哲学家也都在努力思考着“同一件事”——技术哲学研究的根本问题:研究的对象是什么?技术是什么?在此意义上可以说,所有的技术哲学家都是以相似的方式思考着技术的本质。

“技术的本质主义”(essentialism of technology)最先是由芬伯格做出阐述的。芬伯格用“技术的本质主义”指称海德格尔、马尔库塞、伯格曼等人的技术哲学思想,并把它看作是与“技术的实体论”(substantive theory of technology)相一致的概念,排斥的是“技术的非本质主义”,即技术的工具论(instrumental theory of technology)[①]。芬伯格的想法可以这样理解:“技术的实体论”是说技术是自主的外在的实体,这种客观实体的自主性、意志性表现着技术具有本质这个事实;“技术的工具论”认为技术是价值中立的工具,技术的价值取决于把它作为工具的目的,因此工具意义上的技术没有本质。

芬伯格将“技术的实体论”等同于“技术的本质主义”,将“技术的工具论”等同于“技术的非本质主义”,具有不合理性。

第一,认为“技术的本质主义”都是非历史的,这是不合理的。诚然,技术具有悠久的演变史,想要抽象地把握技术的本质是很困难的,这如同给丰富多样的事物以充分性的定义是不可能的一样。芬伯格认为,正是秉持本质主义(essentialism),即认为事物均有其固定不变的本质,因而往往以一种非历史的(unhistorical)或超历史的(transhistorical)眼光来看待事物,技术的本质主义者才力图从处于历史中的具体技术中抽象出技术的本质来[②]。

在芬伯格看来,海德格尔之所以是技术的本质主义者,就是因为他将现代技术的本质视为脱离人类控制的、自主的“座架”。芬伯格认为,以海德格尔为代表的技术的本质主义者,一方面依据技术行为的某些特征(如效率)对技术做出缺乏说服力的“前现代的”和“现代的”区分[③];另一方面

① 朱春艳、陈凡:《费恩伯格技术本质观评析》,《自然辩证法研究》2003年第9期。

② Andrew Feenberg, *Questioning Technology*, Routledge, 1999, p.17.

③ Andrew Feenberg, *Questioning Technology*, Routledge, 1999, p.17.

也或多或少地表现出宿命论的特征，由于技术的本质被认为是外在于我们的，故技术是自主的，我们无法控制技术。芬伯格指出了"技术的本质主义"的一些缺陷，但却忽视了海德格尔的技术本质观是存在主义的，而不是本质主义的。尽管"有多少存在主义哲学家就有多少种存在主义"[①]，但不同存在主义理论之间仍存在共同之处，即都认为存在先于本质。在海德格尔那里，人的存在表现为种种可能性，经过领会和筹划，人获得自身的规定性。因此，存在的本质在于如何去存在。通常认为的技术具有自主性，就是这样来的。海德格尔区分古代技术和现代技术，正是依据两者的本质之不同。此外海德格尔也没有以一副非历史的眼光来看待现代技术，而是认为现代技术本身也在变化[②]。

第二，芬伯格将"技术的工具论"看作"技术的非本质主义"是不合理的，"技术的工具论"也是一种"技术的本质主义"。"技术的工具论"视"技术"为价值中立的工具，且不为它所处的环境如地理位置、法律制度、意识形态、伦理等所左右。此观点忽视这一事实，即"工具"就是技术的本质。这种忽视也许是由技术的特殊性决定的，因为技术本身便包含了工具。实际上，把"工具"或"工具性"作为技术的本质，具有与把实体作为技术的本质相同的意义。因此，芬伯格的"技术的本质主义"理应既包含"技术的实体论"，又包含"技术的工具论"。

为了将"技术的本质主义""技术的实体论""技术的工具论"等概念阐述得更清楚，我们不妨再介绍另外一些概念，并通过对比达到较为全面的理解。这些概念分别是"技术自主论""广义的技术的工具论""技术价值中立论""技术价值负荷论"等。

首先，"技术的实体论"等同于"技术自主论"，而"广义的技术的工具论"(不是芬伯格的狭义的"技术的工具论")认为对于人类而言技术的存在本身就是有价值的，它不仅包括"技术价值中立论"(即芬伯格的狭义的"技

---

① P.富尔基埃:《论存在主义》,《哲学译丛》1979 年第 4 期。

② 冈特・绍伊博尔德:《海德格尔分析新时代的技术》,宋祖良译,中国社会科学出版社 1993 年版,第 225 页。

术的工具论”)，而且还包括“技术价值负荷论”。

其次，关于技术的本质，“技术的实体论”和“广义的技术的工具论”争论的是这一问题：技术是否依赖或最终依赖于人类，是否具有自己独特的成长路径、运行方式和目的？“技术的实体论”整体上认为技术依赖的只是自身，它类似于“有机体”，自我决定并以自己为目的。“广义的技术的工具论”与之相反。如果“独立存在的”“实体”对应于“依附于人而存在的”“工具”的话，那么“技术的实体论”真正的对立面就是“技术的非实体论”，即技术的“工具”论。另外，本质主义视野下的“实体”是“永恒不变的”，而存在主义视野下的“实体”，如“存在”本身，则是“持续变化的”。在“广义的技术的工具论”这里，作为技术的本质的“工具”或“工具性”，也具有“永恒不变的”这一特征。

再次，关于技术的价值，“技术价值中立论”和“技术价值负荷论”争论的是：作为具有相对独立性的技术中是否隐藏着创造者或使用者的价值倾向或文化背景，或者渗透着不为人知的隐秘目的？“技术价值中立论”总体认为技术与其创造者和使用者在本性上是相分离而存在的，技术本身不包含价值判断，无好坏之分，但可以服务于政治、经济、文化等活动，并被赋予外在的善恶价值。“技术价值负荷论”认为技术形态中总包含着主体的目的、欲望、价值等，技术的演变是朝着预定的目标而进行的，技术活动蕴含着人类的智慧和意志。就两者的关系而言，“技术价值中立论”和“技术价值负荷论”都承认技术有价值，不同在于前者认为技术的价值是一种外在价值或工具价值，而后者认为技术的价值是一种内在价值。

最后，关于“技术的工具论”(无论是广义的还是狭义的)与“技术价值中立论”，还需强调以下观点：并不存在绝对的价值中立的技术。例如，技术人工物作为工具时，其实不完全是价值中立的，它具有强烈的倾向性和排他性。用“切菜刀”来杀人，而不是用“狗尾巴草”或“棉签”杀人，正是体现了“刀”本身潜在的倾向性。就排他性而言，机床往往排斥手工装置，动车往往排斥普通列车。

概言之，无论是“技术的本质主义”(essentialism of technology)或者

说“技术的实体论”，还是“技术的工具论”，都认为技术有本质，因此，芬伯格的“技术的本质主义”概念应该做适当拓展。对此，我们一方面用另一个相近的概念即“技术本质主义”（techno-essentialism），来统称那些认为技术有本质的技术哲学思想，另一方面将“技术本质主义”区分为“工具论意义上的技术本质观”和“实体论意义上的技术本质观”。

“技术本质主义”不仅包括“技术的工具论”（无论是广义的还是狭义的）意义上的“技术本质主义”，而且还应该包括“技术的实体论”（无论这种“实体”是本质主义的，还是存在主义的）意义上的“技术本质主义”。换言之，“工具论意义上的技术本质观”与“技术价值中立论”和“技术价值负荷论”一脉相承，而“实体论意义上的技术本质观”将同时包括本质主义视野下的技术本质观和非本质主义视野下的技术本质观（如存在主义视野下的技术本质观）。

“工具论意义上的技术本质观”认为技术存在固定不变的本质；“实体论意义上的技术本质观”或者认为技术存在固定不变的本质，或者认为技术的本质处于不断变化之中，或者认为技术将会具有自己的独立本质。这两种“技术本质主义”都具有宽广的外延，相比之下，芬伯格的“技术的工具论”和“技术的实体论”只可看作是它的特殊形式。正如下文将阐述的那样，我们认为马克思和杜威的技术本质观是“工具论意义上的技术本质观”的典型形式，海德格尔和埃吕尔的技术本质观是“实体论意义上的技术本质观”的典型形式。

第二节　工具论意义上的技术本质观

马克思的技术本质观不能归为“技术的实体论”，也不能简单地归为狭义的“技术的工具论”。其相关观点，首先符合“广义的技术的工具论”，即认为技术在根本上依赖于人类，并始终具有“工具性”这一本质特征；其次在价值论上表现出兼有“技术价值中立论”和“技术价值负荷论”的特征，但更偏重于前者。因此，我们称之为“工具论意义上的技术本质观”。

一、马克思的技术本质观

在我们看来，马克思的技术本质观与“技术”在马克思那里的具体所指是密切相关的，因此，理解马克思的技术本质观的关键就是要理解马克思对“技术”的使用。

但实际上，马克思很少使用“技术”（technology）一词，而是经常使用一些在我们看来与“技术”的含义相一致的概念，如“生产力”“工具”“机器”“劳动”“劳动资料”“手段”“工业”“发明”“技能”等等。例如，马克思曾说：“各种经济时代的区别，不在于生产什么，而在于怎样生产，用什么劳动资料生产。劳动资料不仅是人类劳动力发展的测量器，而且是劳动借以进行的社会关系的指示器。”[①]马克思还说：“在文化初期，已经取得的劳动生产力很低，但是需要也很低，需要是同满足需要的手段一同发展的，并且是依靠这些手段发展的。”[②]

由上述引文可以看出：一方面，马克思所说的“技术”不仅仅表现为“劳动资料”“手段”等，它还是人类的历史的存在方式、最基本的感性活动形式；另一方面，马克思并没有将“技术”视为与人类社会相分离的、不受人类控制甚或反过来控制人类历史进程的一种自主的力量。马克思说：“机器不是经济范畴，正像拖犁的犍牛不是经济范畴一样。现代运用机器一事是我们的现代经济制度的关系之一，但是利用机器的方式和机器本身完全是两回事。火药无论是用来伤害一个人，或者是用来给这个人医治创伤，它终究还是火药。”[③]“机器成了资本家阶级用来实行专制和进行勒索的最有力的工具。”[④]

关于以上观点，需要补充两点：第一，马克思的“工具论意义上的技术

① 马克思、恩格斯：《马克思恩格斯全集》第44卷，人民出版社2001年版，第210页。
② 马克思、恩格斯：《马克思恩格斯全集》第44卷，人民出版社2001年版，第585页。
③ 马克思、恩格斯：《马克思恩格斯全集》第27卷，人民出版社1972年版，第481页。
④ 马克思、恩格斯：《马克思恩格斯全集》第16卷，人民出版社1964年版，第357页。

本质观”具有指向“技术自主论”或“技术的实体论”的倾向，但并不是完全意义上的“技术自主论”或“技术的实体论”。马克思在《德意志意识形态》中指出：“社会活动的这种固定化，我们本身的产物聚合为一种统治我们、不受我们控制、使我们的愿望不能实现并使我们的打算落空的物质力量，这是迄今为止历史发展的主要因素之一。”[①]马克思认为机器和作为机器体系的机械工厂都表现出独特的运作方式，都具有相对独立的倾向。关于机器的相对独立性，马克思说：“在这里，过去劳动（在自动机和由自动机推动的机器上）似乎是独立的、不依赖于（活）劳动的；它不受活劳动支配，而是使（活）劳动受它支配；铁人起来反对有血有肉的人。”[②]而机械工厂则“是一个庞大的自动机，是从一个自行发动的中心发动机获得动力的互相连接的生产机械体系。这个机器体系，连同它的自动原动机，构成机械工厂的躯体，有组织的机体，各种工人的协作，这些工人的主要区别是成年人和未成年人，是年龄和性别的差异。这些工人本身只表现为机器的有自我意识的器官（而不是机器表现为工人的器官），他们同死器官不同的地方是有自我意识，他们和死的器官一起‘协调地’和‘不间断地’活动，在同样程度上受动力的支配，和死的机器完全一样”[③]。

尽管马克思的上述观点涉及技术自主问题，但他并没有特别论述和明确提出过技术自主问题，这与埃吕尔和温纳的技术自主论不同。对此，温纳也曾言：“人们不应过分地将自主性技术理论归于卡尔·马克思名下。尽管他提出了关于失控技术的相当成熟的观点，但在其著作的整体背景中，这仅是一个更庞大论证中的插曲。”[④]

第二，马克思的“工具论意义上的技术本质观”在价值论上并不总是表现出“技术价值中立论”的特征，有时还带有“技术价值负荷论”的特征。在

① 马克思、恩格斯：《马克思恩格斯选集》第1卷，人民出版社1995年版，第85页。

② 马克思、恩格斯：《马克思恩格斯全集》第47卷，人民出版社1979年版，第567页。

③ 马克思、恩格斯：《马克思恩格斯全集》第47卷，人民出版社1979年版，第536页。

④ 兰登·温纳：《自主性技术：作为政治思想主题的失控技术》，杨海燕译，北京大学出版社2014年版，第33页。

资本家追求剩余价值和应对工人反抗时，机器往往成为资本家意志和欲望的代言人，而资本似乎也具有了自身的价值追求。马克思指出："劳动资料作为资本（而且作为资本，自动机在资本家身上获得了意识和意志）就具有一种欲望，力图把有反抗性但又有伸缩性的人的自然界限的反抗压到最低限度。"[①]"为了进行对抗，资本家就采用机器。在这里，机器直接成了缩短必要劳动时间的手段。同时机器成了资本的形式，成了资本驾驭劳动的权力，成了资本镇压劳动追求独立的一切要求的手段。"[②]马克思的这些观点很容易被看作是"技术价值负荷论"，然而如果考虑到他更为宏大的写作背景以及写作上的拟人手法，那么仍然可以将这些观点还原为"技术价值中立论"。

在我们看来，更值得关注的是"技术价值中立论"和"技术价值负荷论"的关系。除前文所说，"技术价值中立论"和"技术价值负荷论"都承认技术有价值，两者的共通之处还体现在：当我们专注于单个技术人工物时，看到的多是"价值中立的"技术，而放眼于技术系统或技术体系时，发现的往往是"价值负荷的"技术。因此，从"价值中立"是可以过渡到"价值负荷"的。这与马克思的下述观点存在一致性："在劳动生产力发展的过程中，劳动的物的条件及物化劳动，同活劳动相比必然增长，……这一事实，从资本的观点看来，不是社会活动的一个要素（物化劳动）成为另一个要素（主体的、活的劳动）的越来越庞大的躯体，而是（这对雇佣劳动是重要的）劳动的客观条件对活劳动具有越来越巨大的独立性（这种独立性就通过这些客观条件的规模而表现出来），而社会财富的越来越巨大的部分作为异己的和统治的权力同劳动相对立。"[③]

在此，我们还可以借助"工业"来具体探讨马克思的技术本质观。马克思认为，技术或工业的本质与人类的本质存在内在一致性，这表现在四个

① 马克思、恩格斯：《马克思恩格斯全集》第 23 卷，人民出版社 1972 年版，第 442 页。

② 马克思、恩格斯：《马克思恩格斯文集》第 8 卷，人民出版社 2009 年版，第 300 页。

③ 马克思、恩格斯：《马克思恩格斯全集》第 46 卷（下），人民出版社 1980 年版，第 360 页。

方面：首先，技术或工业展示了人与自然界或人与自然科学之间的历史联系。技术或工业使人与自然界“分离”开来，使人成为人。其次，技术或工业是全部人的活动。马克思说：“全部人的活动迄今都是劳动，也就是工业，就是自身异化的活动。”[①]马克思这里用“技术”“劳动”“工业”表达了人的非自然性，人和其他动物的区别，以及人从原初的自然存在状态的远离和发展。再次，“工业的历史和工业的已经生成的对象性的存在，是一本打开了的关于人的本质力量的书，是感性地摆在我们面前的心理学”[②]。最后，技术或工业的进步意味着人的自由的不断实现。“自由”就是“摆脱束缚”，就是“解放”。在马克思看来，人类的解放在根本上依赖于技术进步与工业文明。技术或工业的每一次进步都体现出人们对必然性认识的加深以及对之利用和支配的自觉和有力程度的提高。通过以上分析，可以看出，技术就是人的本质的体现，技术的本质乃是人的本质的表现或外化。

马克思认为，“人的本质不是单个人所固有的抽象物，在其现实性上，它是一切社会关系的总和”[③]。由“技术的本质与人的本质具有内在一致性”这一观点看，历史唯物主义的技术的本质不是某种抽象的物，它体现着现实的人与自然的关系、人与人的关系以及人与社会的关系，表现着人的本质力量和人的自我解放。技术是历史的，发展着的，但技术的这种本质却是不变的。

二、杜威的技术本质观

杜威虽然没有提供“技术”这一术语的单独定义，但他在后期生涯中是将“技术（technology）”作为“探究”（inquiry）或“工具论”（instrumentalism，又译作“工具主义”）的同义词使用的。杜威对“探究”下过明确的定义：“探究是受控的或导向性的转化，以便把不确定的情形转化为一种在组成要素

---

① 马克思、恩格斯：《马克思恩格斯全集》第3卷，人民出版社2002年版，第306～307页。

② 马克思、恩格斯：《马克思恩格斯全集》第3卷，人民出版社2002年版，第306页。

③ 马克思、恩格斯：《马克思恩格斯选集》第1卷，人民出版社2012年版，第135页。

的差别和关系上都确定的情形，进而将最初情形中的各种因素转变为一个统一的整体。”[1]按照希克曼的解读，“技术可以说是以各种探究的工具作为手段，对疑难情形实施恰当的转化，所采用的工具可以是各种形式的”[2]。手和脚，各种设备和器具，习惯、认知(knowing)、科学、语言、法律、概念等都是工具，都参与了技术化探究[3]。在杜威看来，技术活动通过主动建构人工物来左右对自然偶然性的控制，它是“受控的和导向性的”，即“当一种从客观的角度来说是统一的生存情形建立起来时”，技术活动“在任何情况下都能够中止它的各种操作”[4]。

1946年在《人的问题》中，杜威又将“技术”等同于“工具主义”。杜威曾说：“如果我和我所提出的关于科学知识的独特性质的见解联系起来而系统地使用‘技术’一词而不使用工具主义一词，我大概会避免掉大量的误解。”[5]从工具的角度来看待技术，技术就可被理解为：“主动地应用生产性技能”“探究的最令人满意的方法”“精美艺术、地方性艺术和工业技艺等领域中的生产”“通常使用的工具”(包括“语言”)“工业和商业贸易”“人出于特定的社会和政治目的而进行的各种形式的规划”[6]等等。简单地说，技术就是一种工具。不过，杜威对“工具”的理解是独特的。工具之为工具的内在基础在于它具有的客观关系。工具总是与其他外在的事物相对的，并不仅是一个特殊的事物，如锤子之于钉子，斧头之于木头。就工具的使用者而言，工具总是处在使用者和为了达到的某种结果之间，是一种作为媒介的事物。换言之，就“工具”而言，“只有通过这个客观的关联，它才保着

---

① John Dewey, *Logic: The Theory of Inquiry*, Henry Holt and Co., 1938, p.108.

② 拉里·希克曼：《杜威的实用主义技术》，韩连庆译，北京大学出版社2010年版，第65页。

③ 拉里·希克曼：《杜威的实用主义技术》，韩连庆译，北京大学出版社2010年版，第54页。

④ John Dewey, *Logic: The Theory of Inquiry*, Henry Holt and Co., 1938, p.109.

⑤ 杜威：《人的问题》，傅统先、邱椿译，上海人民出版社2006年版，第262页。

⑥ 拉里·希克曼：《杜威的实用主义技术》，韩连庆译，北京大学出版社2010年版，第81～82页。

对人以及他的活动的关系”;而就“人”来说,“一个工具就是表明对自然中的顺序关联的一种感知和承认”[①]。

杜威这种对工具的分析方式反映了他对“总体情形”的关注。拿“抓握”活动来说,手和眼从功能上来说都是抓握的工具。然而,实际上,如果没有外在的事物的支持,那么手就是笨拙的,眼就是盲目的。只有当它们和外在的事物共同发挥作用时,它们才能成为手段[②]。杜威认为,在此,人们常犯“哲学的谬误”,即将探究和探究的结果本末倒置——认为在抓握活动发生之前,就存在实质性的抓握活动和实质性的被抓握的东西[③]。

第三节　实体论意义上的技术本质观

与认为技术具有不变的本质的“工具论意义上的技术本质观”不同,“实体论意义上的技术本质观”或者认为技术存在固定不变的本质,或者认为技术的本质处于不断变化之中,或者认为技术将会具有自己的独立本质。海德格尔和埃吕尔的技术本质观,正是属于这种技术本质观。海德格尔是从一种整体视角来关注技术的本质的。不过,“本质”这一概念的内涵,在海德格尔这里已经明显不同于在马克思和杜威那里。西博格曾说:“海德格尔用‘本质’这个术语”,“根本不是指为某类事物的所有成员、同一属别或类别的所有种或特定种的所有个别例子所共有的某种特征或一系列特征。相反,它更接近海德格尔这样的用法:将本质看作在存在或实体(属于我们所说的本质)中‘发生’的东西”[④]。以此来看,海德格尔会认为技术的本质并不是所有的技术(包括技术知识以及将这种知识付诸实施的

① 杜威:《经验与自然》,傅统先译,商务印书馆2014年版,第81页。

② 杜威:《杜威全集(中期著作1899—1924):第14卷(1922)》,罗跃军译,华东师范大学出版社2011年版,第19页。

③ 拉里·希克曼:《杜威的实用主义技术》,韩连庆译,北京大学出版社2010年版,第28页。

④ 冯俊等:《后现代主义哲学讲演录》,商务印书馆2003年版,第92页。

设备)所共有的东西,而是"在所有这些技术中发生的东西"。

扩展开来,现代技术的本质就是在现代技术中正在发生的事情,就是将所有事物(包括人类)的转变"无限地扩展到只不过是后来(再)转变的'持存物'之中而已"[①]。海德格尔将正在发生的事情,即现代技术的本质称为"座架"(das Gestell)。"座架"并非什么技术因素,而是一种关系性存在或关系的联合体。它呈现的是"人-事物-存在"的关系,也可以说是"人-事物"在技术世界中的关系。在我们看来,海德格尔无疑将关于"本质"的理解推进到了一个新的阶段,即"本质"不再仅限于指称那些实体性的共相,还可以指称整体关系,而且"本质"不再是固定不变的,还可以是变动的。然而即便如此,"本质"还是"本质",即需要回答"是什么"。在此意义上,海德格尔仍是本质主义者。

一、海德格尔的技术本质观

海德格尔对技术本质的解读,可以归结为"四步走"。第一步:现代技术是一种解蔽。第二步:现代技术是一种促逼着的解蔽。第三步:现代技术是全部这种促逼着的解蔽的聚集,是"集置"。第四步:现代技术是一种支配着人类而又给人类指点道路的命运和意志。

1.现代技术是一种解蔽

就像树的本质并不是一棵平平常常的树,"技术之本质"也并不等同于寻常的技术或者技术因素。技术的本质是贯穿并且支配着每一种技术之为技术的东西。对于"技术是什么"这个问题,通常有两种回答:"技术是合目的的手段"或"技术是人的行为"。海德格尔认为这两种回答其实是"一体的",是"技术整体"的不同片段。而"技术整体"是一种"设置"(Einrichtung),它"包含着对器具、仪器和机械的制作和利用,包含着这种被制作和被利用的东西本身,包含着技术为之效力的各种需要

① 冯俊等:《后现代主义哲学讲演录》,商务印书馆2003年版,第92页。

(Bedürfnisse)和目的”[①]。上述两种回答可以合为一种回答,即技术是一种“工具”,其拉丁语为“instrumentum”,且与“设置”同义。然而,这类流行的工具性的规定可以把握技术的本质吗?

海德格尔的回答是:这种规定是“非常正确的”,但却还不足以把握技术的本质,原因在于,“单纯正确的东西还不是真实的东西”,“正确的东西总是要在眼前讨论的东西中确定某个合适的东西。但是,这种确定要成为正确的,绝不需要揭示眼前讨论的东西的本质”[②]。例如,对技术的工具性规定往往以“所看到的东西为取向”来理解技术,它会正确地断言一个雷达站比一个风向标更复杂,一个水力发电站比一个水力锯木厂更新颖,但现代技术和古代技术仍然都是人的合目的的手段。基于此判断,人们控制技术的关键在于“以得当的方式使用”它。但是,一当技术越来越脱离人类的掌控,而人类却愈加想掌控技术时,是否忽视了“技术并不是一个简单的手段”这一事实呢?

在海德格尔看来,“唯有真实的东西才能把我们带入一种自由的关系中,即与那个从其本质来看关涉于我们的东西的关系”[③]。真实的东西从本质上“关涉”着我们,而正确的东西则仅与我们外在地“关联”着。技术是存在的展现方式,它可以开启“真-理(Wahr-heit)之领域”,即“解蔽的领域”。因此,它“关涉”于我们,而非仅仅“关联”着我们。由此可见,“技术仅仅是一种手段”这种观点显然不能达到这种效果。虽然如此,正确的东西却可以指引真实的东西。海德格尔以此路线找寻的结果是,“技术乃是一种解蔽方式”[④]。“解蔽”,希腊文是“ἀληθεύειν”(作为动词),德文是“das

---

① 海德格尔:《技术的追问》,吴国盛编:《技术哲学经典读本》,上海交通大学出版社2008年版,第301页。

② 海德格尔:《技术的追问》,吴国盛编:《技术哲学经典读本》,上海交通大学出版社2008年版,第302页。

③ 海德格尔:《技术的追问》,吴国盛编:《技术哲学经典读本》,上海交通大学出版社2008年版,第302页。

④ 海德格尔:《技术的追问》,吴国盛编:《技术哲学经典读本》,上海交通大学出版社2008年版,第305页。

Entbergen”(作为名词),指的是使事物从“遮蔽状态”进入“无蔽状态”,这与“产出”(ποίησις)相一致,因为后者只有通过使“不在场者”进入“在场之中”才能实现。解蔽的结果便是“无蔽”(ἀλήθεια),也称“真理”(Wahrheit)。技术的本质之所以与解蔽或真理相关,是因为“从早期直到柏拉图时代,τέχνη一词就与ἐπιστήμη(认识、知识)一词交织在一起。这两个词乃是表示最广义的认识(Erkennen)的名称。它们指的是对某物的精通,对某物的理解。认识给出启发。具有启发作用的认识乃是一种解蔽”。希腊文τέχνη既指“手工行为和技能”,又指“精湛技艺和各种美的艺术”,作为“一种ἀληθεύειν(解蔽)方式”,“它揭示那种并非自己产出自己、并且尚未眼前现有的东西,这种东西因而可能一会儿这样一会那样地表现出来”[①]。比如,建造一艘船,首先便要完全呈现出这艘船的外观、结构和质料等一切部件,然后根据已经确定的对象来规划建造的方式。对于技术(τέχνη)而言,其“决定性的东西绝不在于制作和操作,绝不在于工具的使用,而在于上面所述的解蔽”。也就是说,“技术乃是在解蔽和无蔽状态的发生领域中,在ἀλήθεια(无蔽)即真理的发生领域中成其本质的”[②]。

2.现代技术是一种促逼着的解蔽

古代技术和现代技术都是解蔽方式,但两者亦有区别。海德格尔指出,古代技术是通过“引发”“推动”“引起”或“招致”[③]的方式使某物进入在场,“是在产出之范围内起作用的”。这种“产出”(ποίησις)既包含自然意义上的“从自身中涌现出来”,如花朵开放,又包含人工意义上的“使……显露和使……进入图像”,如工匠制作银盘和画家画画。现代技术(如动力机械技术)以现代精密自然科学为依据,这完全不同于古代技术。现代技术进行的解蔽并不会导致“ποίησις”意义上的产出,而是通过“促逼”

① 海德格尔:《技术的追问》,吴国盛编:《技术哲学经典读本》,上海交通大学出版社2008年版,第305～306页。

② 海德格尔:《技术的追问》,吴国盛编:《技术哲学经典读本》,上海交通大学出版社2008年版,第306页。

③ 其具体方式是“四因”,即质料因、形式因、目的因和效果因。

(Herausfordern,也译“挑战”“挑衅”“强求”)这种方式“向自然提出蛮横要求,要求自然提供本身能够被开采和贮藏的能量”[①]。

如果说古代技术是在“关心和照料”着自然,那么现代技术则是“在促逼意义上摆置着自然”。这种促逼意义上的摆置(stellen)是“一种双重意义上的开采”,换言之,被开采的对象虽然客观上是某种现成存在,但实际上却是被“订造”(bestellen)者。煤炭不再是开采出的自然物,而是被要求提供能量的“矿物”。“空气为着氮料的出产而被摆置,土地为着矿石而被摆置,矿石为着铀之类的材料而被摆置,铀为着原子能而被摆置”[②]。

3.现代技术是全部这种促逼着的解蔽的聚集,是“集置”

现代技术促逼着解蔽,在促逼意义上摆置,由于“开发、改变、贮藏、分配、转换都是解蔽之方式”[③],且构成一个序列,因此解蔽不会简单终止,而摆置也将继续。形形色色的摆置的聚合或聚集,称之为“集置”或“座架”(Ge-stell)。海德格尔说:“集置不是什么技术因素,不是什么机械类的东西。它乃是现实事物作为持存物而自行解蔽的方式。”[④]处于“集置”之下,被订造者为了进一步被订造而从不缺席,这种“立即到场”、时时在场的状态被称之为“持存”(Bestand)。持存“超出了单纯的‘贮存’”,“它所标识的,无非是为促逼着的解蔽所涉及的一切东西的在场方式”[⑤]。

海德格尔指出,“现代技术作为订造着的解蔽,绝不只是单纯的人类行为”。人仅是“通过从事技术而参与作为一种解蔽方式的订造”,“订造得以在其中展开自己的那种无蔽状态”却不是人能够订造的。“无蔽状态”自行

---

① 海德格尔:《技术的追问》,吴国盛编:《技术哲学经典读本》,上海交通大学出版社2008年版,第306页。

② 海德格尔:《技术的追问》,吴国盛编:《技术哲学经典读本》,上海交通大学出版社2008年版,第307页。

③ 海德格尔:《技术的追问》,吴国盛编:《技术哲学经典读本》,上海交通大学出版社2008年版,第307页。

④ 海德格尔:《技术的追问》,吴国盛编:《技术哲学经典读本》,上海交通大学出版社2008年版,第312页。

⑤ 海德格尔:《技术的追问》,吴国盛编:《技术哲学经典读本》,上海交通大学出版社2008年版,第308页。

发生，它“往往把人召唤入那些分配给人的解蔽方式之中”，视、听、思、做无不是“在无蔽状态范围内解蔽着在场者”。因此，“当人在研究和观察之际把自然当作他的表象活动的一个领域来加以追踪时，他已经为一种解蔽方式所占用了，这种解蔽方式促逼着人，要求人把自然当作一个研究对象来进攻，直到连对象也消失于持存物的无对象性中”[①]。

这种促逼会“摆置着人”，“把人聚集于订造之中”，“逼使人把现实当作持存物来订造”并专注于此。在此，“集置”一词获得一种新的含义：它代表着一种“促逼着的要求”，一种“把人聚集起来、使之去订造作为持存物的自行解蔽者的要求”。按照海德格尔的说法，这是“一种迄今为止还完全非同寻常的意义上”的“集置”概念[②]。德语的“Gestell”通常是指“骨架”“框架”“底座”“书架”等，而海德格尔则用“Ge-stell”（集置）来指代促逼意义上的“摆置（Stellen）的聚集者，这种摆置摆置着人，也即促逼着人，使人以订造方式把现实当作持存物来解蔽”[③]。海德格尔指出，集置“在现代技术之本质中起着支配作用，而其本身不是什么技术因素……技术工作始终只是对集置之促逼的响应，而绝不构成甚或产生出这种集置本身”[④]。因此，现代技术远远超出了“仅作为一种人类行为”或“仅作为一个单纯的手段”这样的定位。

4.现代技术是一种支配着人类而又给人类指点道路的命运和意志

海德格尔曾反复强调“现代技术之本质显示于我们称之为集置的东西中”，而“集置归属于解蔽之命运”[⑤]。可见，现代技术的本质需要通过“集

---

① 海德格尔：《技术的追问》，吴国盛编：《技术哲学经典读本》，上海交通大学出版社2008年版，第309页。

② 海德格尔：《技术的追问》，吴国盛编：《技术哲学经典读本》，上海交通大学出版社2008年版，第309页。

③ 海德格尔：《技术的追问》，吴国盛编：《技术哲学经典读本》，上海交通大学出版社2008年版，第310页。

④ 海德格尔：《技术的追问》，吴国盛编：《技术哲学经典读本》，上海交通大学出版社2008年版，第310～311页。

⑤ 海德格尔：《技术的追问》，吴国盛编：《技术哲学经典读本》，上海交通大学出版社2008年版，第312、314页。

置"来体现,但"集置"本身还不是现代技术的本质,除非"集置"是作为"解蔽之命运"的其中一种方式而被理解。"解蔽之命运"本身并不是预测未来的、不可更改的、不可回避的事件,而是已经发生的、被我们经验到的、为人指点道路的事件。在德语中,"给……指点道路"便叫作"遣送",而"聚集着的遣送"便命名为"命运"(Geschick)[①]。

"集置"作为命运,为人类指点的道路是"一味地去追逐、推动那种在订造中被解蔽的东西,并且从那里采取一切尺度"[②]。海德格尔指出,这种命运是"最高的危险":一是人本身只作为持存物的订造者而与持存物打交道,人本身也成了持存物;二是人自以为是其周遭一切事物的制作者,所照面的便是自身,但"实际上,今天人类恰恰无论在哪里都不再碰得到自身,亦即他的本质。人类如此明确地处身于集置之促逼的后果中,以至于他没有把集置当作一种要求来觉知,以至于他忽视了作为被要求者的自身,从而也不去理会他何以从其本质而来在一种呼声领域中绽出地实存,因而绝不可能仅仅与自身照面"[③]。在海德格尔看来,虽然"解蔽之命运总是贯通并且支配着人类"[④],但是对技术的追问却可以让我们发现危险之地,并于此找到出路。

二、埃吕尔的技术本质观

在埃吕尔那里,"技术背景"与下列概念同义:"技术环境""技术系统""技术世界""技术社会"等。埃吕尔认为,技术不仅是人的手段,更是人类创造的一系列围绕着自身的,处于人和他的自然环境、社会环境之间的中

① 海德格尔:《技术的追问》,吴国盛编:《技术哲学经典读本》,上海交通大学出版社2008年版,第313页。

② 海德格尔:《技术的追问》,吴国盛编:《技术哲学经典读本》,上海交通大学出版社2008年版,第314页。

③ 海德格尔:《技术的追问》,吴国盛编:《技术哲学经典读本》,上海交通大学出版社2008年版,第315页。

④ 海德格尔:《技术的追问》,吴国盛编:《技术哲学经典读本》,上海交通大学出版社2008年版,第313页。

介。伴随着这种中介发展的是这种中介对其他中介的排斥：诗意的、巫术的、神秘的、象征的等中介逐渐消失，只剩下技术中介。这一技术中介就是技术环境。埃吕尔对此做了详细的刻画："这些中介是如此扩展、延伸、增加，以至它们已构成了一个新的世界。我们已目睹了'技术环境'的产生。……人生活在由沥青、钢铁、水泥、玻璃、塑料等构成的环境中……他仅通过一套技术与自然打交道，实际上他是与技术本身在打交道。自然环境本身消失了。"[①]

"技术环境"同时是一个"技术系统"。埃吕尔认为"系统"一词完全适合于诠释技术，认为它是不可或缺的、真正可以理解现代技术内涵的工具[②]。作为整体的"技术环境"，"技术系统"表明了作为整体的、体系的"技术"与"社会机体"之间相互作用、相互依赖的复杂关系。一方面，作为体系的技术，为了自身的生存与发展，需要寻求社会机体的支持，向社会机体渗透，并和社会机体进行整合；另一方面，整体的、体系的技术作用于社会机体，并将之纳入自身之中。埃吕尔强调，技术不是以分散的形式融进社会环境中，而是以技术系统的方式介入其中，它使技术要素与社会要素紧密结合，形成一个统一的整体[③]。

埃吕尔在其他地方又称"技术背景"为"技术世界"和"技术社会"。埃吕尔用这种不同称呼，表明了技术是不处不在的：机械技术（如计算机技术）、经济技术（如财政计划）、组织技术（如司法活动）、人类技术（如教学技术）等随处可见。埃吕尔从这种无所不在而又系统化、整体化了的技术背景中，抽象出这样一个"技术"定义："在所有人类活动领域中，理性地获得

① Jacques Ellul, *The Technological System*, trans.Joachim Neugroschel, Continuum, 1980, pp.38-39.

② Jacques Ellul, *The Technological System*, trans.Joachim Neugroschel, Continuum, 1980, p.78.

③ Jacques Ellul, *The Technological System*, trans.Joachim Neugroschel, Continuum, 1980, p.81.

并（在一定发展阶段）具有绝对效率的所有方法”[①]。从这一界定中，我们可以明显看出埃吕尔对“效率”的重视。但是，温纳的批判就在这里。温纳指出，如果将“绝对效率”去掉，似乎更符合“技术”一词在当下的日常用法[②]。

埃吕尔对技术本质的理解，继承了海德格尔的技术现象学。与海德格尔从整体视角理解技术相似，埃吕尔也强调技术背景，强调被抛进技术世界的人对于作为整体的技术的不可选择性，强调技术世界对于人类生存和理解意义的唯一性。很明显，这样的技术本质观与强调“总体情形”的杜威的技术本质观是不同的，和强调社会关系的马克思的技术本质观也是不同的。研究技术的本质，事实上就是要回答技术是什么。但通过上面的阐述，我们发现技术的本质是一个异常复杂的问题。在我们看来，如果理解技术就是使技术能被人类所理解，那么，被理解的技术的本性便在一定程度上类似于理解者——人的本性，或者说类似于它如何得到理解的方式。亚里士多德曾说：“用模糊的东西来证明显明东西的做法，反而暴露了在判别自明的与非自明的事物上的无能。”[③]如果技术的本质是那个模糊的若隐若现的东西的话，那么，我们诠释技术，认识技术的本质，就只能从确定的技术现象入手。譬如人使用技术，技术是不断变化的，技术的变化与人有关联，技术体系化，“技术的本质”存在多种解释等等，都是我们窥视技术本质的“显明东西”。

① Jacques Ellul, *The Technological Society*, trans. John Wilkinson, Alfred A. knopf, 1964, p. xxv.

② Langdon Winner, *Autonomous Technology: Technics-out-of-Control as a Theme in Political Thought*, The MIT Press, 1977, p.9.

③ 亚里士多德：《物理学》，徐开来译，中国人民大学出版社 2003 年版，第 28 页。

第五章　技术基础主义的根据

技术基础主义在理论渊源上可以追溯到作为传统西方哲学主流的基础主义哲学。基础主义哲学肇始于古希腊，成熟于近代，并在现代进一步发展。基础主义哲学竭力寻求世界的始基和知识的根据。柏拉图的“理念王国”、亚里士多德的“知识王国”、康德的“理性王国”和黑格尔的“绝对理念王国”都是它的最具代表性的表现。技术基础主义除了是这一传统的延续和发展之外，还有着更为直接的现实根据。在前文中，我们已经讨论了技术基础主义产生的历史条件、技术基础主义的哲学底蕴、技术基础主义的标准和基本观点，在此我们将分别从存在论、价值论和认识论层面，进一步挖掘技术基础主义的根据。

技术基础主义产生于人们对确定性的寻求，尤其是对技术的确定性的寻求。技术确定性的阐述，需要诉诸三个方面，即存在论上的确定性、价值论上的确定性以及认识论上的确定性。对应地，我们阐述三个问题，即技术基础主义的存在论根据，技术基础主义的价值论根据和技术基础主义的认识论根据。

第一节　技术基础主义的存在论根据

技术基础主义的存在论根据，是从存在论上对技术基础主义的存在缘由和存在意义的追问。技术基础主义的存在论根据，与技术的存在论根据有区别，但联系非常紧密。追问技术基础主义的存在论根据，着眼点是技术对人、技术对社会发展的作用和意义的确定性。这种确定性，表现为技术是人的社会存在方式，技术是存在者的出场方式，技术是社会建构的物质基础，以及技术是人类生存空间的构造者等方面。

一、技术是人的社会存在方式

历史唯物主义在使用“劳动”这把钥匙解开人类社会的“历史之谜”之时，也表明了技术是人的社会存在方式。

1.技术表明了人的社会性，它使人获得以对物的依赖性为基础的独立性

马克思所说的“劳动”“生产”“物质生产”“实践”等作为“有意识的生命活动”是一种广义的技术。正是运用工具和技能的劳动，即技术生存，使自然性的人，成为社会性的人。首先，在马克思主义看来，技术体现着人与动物的根本差异。恩格斯认为，人与动物的最本质的区别在于人能够从事生产，而动物最多只是搜集，即：“动物仅仅利用外部自然界，简单地通过自身的存在在自然界中引起变化；而人则通过他所作出的改变来使自然界为自己的目的服务，来支配自然界。”[①]人通过技术让自然为自己服务、支配自然界，这是人作为自然存在物具有的不同于其他自然存在物的社会属性。马克思也比较了动物的“生产”和人的生产之间的本质区别。马克思说：“诚然，动物也生产。它为自己营造巢穴或住所，如蜜蜂、海狸、蚂蚁等。但是，动物只生产它自己或它的幼仔所直接需要的东西；动物的生产是片面

① 马克思、恩格斯：《马克思恩格斯选集》第4卷，人民出版社1995年版，第383页。

的，而人的生产是全面的；动物只是在直接的肉体需要的支配下生产，而人甚至不受肉体需要的影响也进行生产，并且只有不受这种需要的影响才进行真正的生产；动物只生产自身，而人再生产整个自然界；动物的产品直接属于它的肉体，而人则自由地面对自己的产品；动物只是按照它所属的那个种的尺度和需要来建造，而人懂得按照任何一个种的尺度来进行生产，并且懂得处处都把内在的尺度运用于对象；因此，人也按照美的规律来构造。”[①]在这里，马克思很明确地指出了对象性活动、脱离具体物质的技术和抽象的规律对于人类生产的决定性意义，因为动物的“片面的”生产也运用技巧和尺度，但动物的这种技巧和尺度是物种与生俱来的，不能脱离具体物质和生物需要而存在；动物用技巧适应自然界，而人却用技术，并以对象性的技术活动改造自然界、支配自然界。

其次，人类通过技术表明自己是类存在物、社会存在物。马克思指出：“通过实践创造对象世界，改造无机界，人证明自己是有意识的类存在物，就是说是这样一种存在物，它把类看作自己的本质，或者说把自身看作类存在物。”[②]作为“人的能动的类生活”的生产劳动，在将自然界改造成人类自己的作品和与精神相对应的物质现实的过程中，证明了技术是人类劳动的本质，人通过技术展示和延续自己的本质力量，也在他用技术所创造的对象性世界中直观自身。在现代社会，技术作为人的类生活，使人成为社会性存在的条件和本质力量的意义更为明确了。一个人只有成为“被技术”的人，才有条件、资格和力量被看作是“社会人”，否则，不仅他的生存和生活无法维系，就是要认识世界、理解他人和社会，都会没有立足点。

最后，技术表明人是一种物质性的存在者。技术体现着“现实的人”的物质性。这种物质性并不单单指的是人的物质躯体，更重要的是人从事劳动所依赖的劳动资料或劳动工具。马克思说：“人的最初的工具是他本身的肢体，不过，这些肢体必定只是他本身占有的。只是有了用于新生产的

---

① 马克思、恩格斯：《马克思恩格斯选集》第1卷，人民出版社1995年版，第46页。

② 马克思、恩格斯：《马克思恩格斯选集》第1卷，人民出版社1995年版，第46页。

最初的产品，哪怕只是一块击杀动物的石头之后，真正的劳动过程才开始。"[①]劳动者借助劳动资料作用于劳动对象，其实质便是"利用物的机械的、物理的和化学的属性，以便把这些物当作发挥力量的手段，依照自己的目的作用于其他的物"[②]。

2.技术活动是人类生存的首要前提

人的本质体现在人的感性劳作之上。"任何一个民族，如果停止劳动，不用说一年，就是几个星期，也要灭亡，这是每一个小孩都知道的。"[③]人类的劳动过程不间断地维持着个体、社会乃至整个人类世界的存在与运行。马克思强调，人类生存的首要前提在于"能够生活"，这要求人们必须从事生产，生产满足自身吃、喝、住、穿等所需的资料。这是一场"生产物质生活本身"的"历史活动"，是"一切历史的一种基本条件，人们单是为了能够生活就必须每日每时去完成它，现在和几千年前都是这样"[④]。"能够生活"才能够"创造历史"，因为"整个所谓世界历史不外是人通过人的劳动而诞生的过程，是自然界对人来说的生成过程"[⑤]。对此，加塞特(JoséOrtegay Gasset)也曾表明，技术是"人为了满足需求而强加于自然的改造。我们看到，需求是自然强加于人的；而人以强加改变于自然做回应。因此，技术是人对自然或环境的反应-反作用。它建构出一个新的自然，一种介于人和原初自然之间的'超自然世界'。要注意：技术并不是人为了满足自然需求所做的努力"[⑥]。

3.技术塑造着人的生活方式

马克思指出，人们的生产方式"取决于他们已有的和需要再生产的生活资料本身的特性"，换言之，人们的生产方式与生活方式存在一致性。马

① 马克思、恩格斯：《马克思恩格斯全集》第47卷，人民出版社1979年版，第105页。

② 马克思、恩格斯：《马克思恩格斯选集》第2卷，人民出版社2012年版，第171页。

③ 马克思、恩格斯：《马克思恩格斯选集》第4卷，人民出版社1995年版，第580页。

④ 马克思、恩格斯：《马克思恩格斯选集》第1卷，人民出版社1995年版，第78页。

⑤ 马克思、恩格斯：《马克思恩格斯全集》第3卷，人民出版社2002年版，第310页。

⑥ (西)敖德嘉·伊·加塞特：《关于技术的思考》，吴国盛编：《技术哲学经典读本》，上海交通大学出版社2008年版，第266页。

克思说:“个人怎样表现自己的生活,他们自己就是怎样。因此,他们是什么样的,这同他们的生产是一致的——既和他们生产什么一致,又和他们怎样生产一致。因此,个人是什么样的,这取决于他们进行生产的物质条件。”[①]加塞特也从“生存需求”方面阐述过类似的观点。在他看来,“人的需求”与“其他存在者的需求”是不尽相同的,后一种“需求”指的是“生存所必需的自然条件”,而前一种“需求”指的是“人所发现的为了生存而被强加于他的种种条件”。这是因为“其他一切存在者都与其客观条件——自然或环境——相合,唯独人不同于、不合于环境”[②]。动物在适应自然环境中生存,而人却在对象性劳动中创造属于自己的生活。生产劳动既使人与自然界相分离,又使两者统一在人的劳动结果中。在这种“分离又统一”的过程中,人们借助劳动资料不断改造着主客观条件,“乡村变为城市,荒野变为开垦地”,“生产者也改变着,他炼出新的品质,通过生产而发展和改造着自身,造成新的力量和新的观念,造成新的交往方式,新的需要和新的语言”[③]。

二、技术是存在者的出场方式

在海德格尔等人看来,在技术化时代,技术不仅是人的存在方式,也是包括人在内的诸多存在者的出场方式。

海德格尔的现象学认为,技术时代的人类被促逼进入解蔽之中从事订造。他们不仅是订造者,也是被订造者。作为订造者,人类的订造行为首先体现在精密自然科学中。这种精密科学将自然视为能量的储存器,“把自然当作一个先行可计算的力之关联体”[④]。这是“集置”促逼的结果。“集置”要求现代物理学的“表象领域始终是不可直观的”,要求作为持存物

① 马克思、恩格斯:《马克思恩格斯选集》第1卷,人民出版社1995年版,第67页。

② (西)敖德嘉·伊·加塞特:《关于技术的思考》,吴国盛编:《技术哲学经典读本》,上海交通大学出版社2008年版,第266页。

③ 马克思、恩格斯:《马克思恩格斯全集》第30卷,人民出版社1995年版,第487页。

④ 海德格尔:《技术的追问》,吴国盛编:《技术哲学经典读本》,上海交通大学出版社2008年版,第311页。

的自然具备可定造性，即“自然以某种可以通过计算来确定的方式显露出来，并且作为一个信息系统始终是可订造的”[1]。现代物理学的数学化自然观是现代技术的自然观基础。除此之外，人类的订造行为还指向各种具体的事物，这与“促逼意义上的摆置(stellen)”相一致。树木不再是植物，而是被订造的木材；鱼也不再是动物，而是被订造的食物。作为被订造者，人从出生就贯彻着被订造的要求：从妊娠、保胎到生产，从护理、喂养到教育，再从择业、提升到养老等等；在被订造中，人们可能成了某种教育产业的对象、人力资源、某些潜在客户，甚或是某些医院的病人资源。所以，在现象学中，技术不仅是人的存在方式，也因为人的订造行为而成为其他存在者的出场方式。

作为命运的“集置”，现代技术既危害着人，又危害着解蔽。如前文所述，“集置”在人与一切存在者的关系和与其自身的关系上发生着危害。而它对解蔽的危害则体现为：驱除或遮蔽其他种类的解蔽，以及遮蔽解蔽本身、遮蔽无蔽状态。“集置”要求“以对抗为指向”，通过对持存物的保障和控制，建立与一切存在者的关联，这种解蔽排斥了如古代技术那样的“产出”(ποίησις)式的解蔽。另外，“集置伪装着真理的闪现和运作”[2]。“集置”要求人们把自然解蔽为“一个可计算的力之关联体”，进而单纯根据因果关系来解释或描述一切存在者。人们“按照制作的因果关系来规定无蔽领域和遮蔽领域，而同时决不去思考这种因果关系的本质来源”。于是，“在一切正确的东西中真实的东西自行隐匿了”[3]。正如绍伊博尔德所解读的那样，“集置”“无障碍地对一切东西进行‘功能化’，人完全走在由技术展现所

① 海德格尔：《技术的追问》，吴国盛编：《技术哲学经典读本》，上海交通大学出版社2008年版，第312页。

② 海德格尔：《技术的追问》，吴国盛编：《技术哲学经典读本》，上海交通大学出版社2008年版，第315页。

③ 海德格尔：《技术的追问》，吴国盛编：《技术哲学经典读本》，上海交通大学出版社2008年版，第314页。

产生的通向存在的道路上，而不能察觉到他的本质的损坏和自然的被歪曲"[①]。"现代技术的需求"成了一切事物存在的尺度。它规定人和物作为"持存物"才存在，真理作为"正确性"才存在。这就是现代技术决定的存在者的存在方式。

海德格尔认为，"集置"对人类的真正威胁不在于具有致命性的技术装置和机械，而在于催促着人类走到这样一种境地：可能永久丧失"逗留于一种更为原始的解蔽之中"的机会，或者再也无法"去经验一种更原初的真理的呼声"[②]。面对"集置"的这种极端的危险，海德格尔指出，要在追问与沉思中关注危险，而"对技术的根本性沉思和对技术的决定性解析"必须在艺术领域内进行。因为唯有艺术(τέχνη)是一种多重的解蔽，它"有所带来和有所带出"，它"顺从于真理之运作和保藏"，既"与技术之本质有亲缘关系"，又"与技术之本质有根本的不同"。艺术是一种诗意的解蔽，它将真实的东西带入闪烁的光辉之中。因此，"保护艺术的本质现身"，便是为"人诗意地栖居在这片大地上"创造条件[③]。

三、技术是社会建构的物质基础

正如《技术史》的作者所说："1750 年后，在人类历史上首次开始了从以农业为主的社会向以工业为主的社会的转变。"[④]在这种转变过程中，技术起着关键性的作用，并从根本上改变着人类社会的面貌。可以分三个阶段来看：

首先，在 1750 年至 1850 年，技术改造世界的作用逐步显现，工业化的

---

① 冈特·绍伊博尔德：《海德格尔分析新时代的技术》，宋祖良译，中国社会科学出版社 1993 年版，第 219 页。

② 海德格尔：《技术的追问》，吴国盛编：《技术哲学经典读本》，上海交通大学出版社 2008 年版，第 315 页。

③ 海德格尔：《技术的追问》，吴国盛编：《技术哲学经典读本》，上海交通大学出版社 2008 年版，第 319～320 页。

④ (英)查尔斯·辛格等：《技术史(第 5 卷)》，远德玉、丁云龙主译，上海科技教育出版社 2004 年版，第 563 页。

步伐加快。运河系统逐渐完善,铁路网开始形成,原材料和成品在被连接起来的工业城镇之间畅通无阻,城市规模日渐扩大。"据估计1818年到1823年间,在英国投入使用的织布机已从2千台增长到1万多台,1830年增长到6万台,三年后增长到10万台。"[①]与之相应的是,"1806年,英国生铁的产量在25万吨以上,10年内增长了一倍,在不到20年的时间里翻了将近两番"[②]。对此,马克思和恩格斯也曾说道:"资产阶级在它的不到一百年的阶级统治中所创造的生产力,比过去一切世代创造的全部生产力还要多,还要大。"[③]但是,生产资料数量的提升并没有使普通百姓受益,纺织机的大量应用迫使农民或手工织布工人移居城镇,妇女和儿童成为廉价的劳动力,农村经济向城市工业发生了转换。

其次,在1851年至1900年,技术改造世界的范围逐渐扩大。1851年的世界博览会,同时也是一场技术博览会,向人们展现出"新工业时代的巨大潜力"。例如,当时出现的收割机便获得了这样的美誉——"它在农业上发挥的作用会与制造业中的詹妮纺纱机和机动织机同等重要"。像这样的新技术人工物,代表着机器制造业中的"标准化和精密度"和"批量生产",标志着"制造业革命的开始"[④]。从英国输入的技术促进了美国的工业化,也鼓舞了南北战争期间林肯阵营的士气,1862年林肯收到的一份公文中便出现这样的文字:"支持我们获胜的将不再是军队的数量,而是精良的武器。只要通过机械设施的恰当应用,您就完全有把握战胜敌人。"[⑤]

技术对世界面貌的改变不只是通过物质生产和军事来体现,人口、艺

---

① (英)查尔斯·辛格等:《技术史(第5卷)》,远德玉、丁云龙主译,上海科技教育出版社2004年版,第564页。

② (英)查尔斯·辛格等:《技术史(第5卷)》,远德玉、丁云龙主译,上海科技教育出版社2004年版,第564页。

③ 马克思、恩格斯:《马克思恩格斯选集》第1卷,人民出版社1995年版,第277页。

④ 查尔斯·辛格等:《技术史(第5卷)》,远德玉、丁云龙主译,上海科技教育出版社2004年版,第565页。

⑤ 查尔斯·辛格等:《技术史(第5卷)》,远德玉、丁云龙主译,上海科技教育出版社2004年版,第566页。

术、政治、哲学等领域的演变都渗透着技术的力量。远洋航行技术和铁路线的铺设，使大量的欧洲人和亚洲人移民美洲，“这些移民可分为‘志愿的’和‘非志愿的’两类，前者是受到新开发地区有应用技术机会的吸引，后者往往是由于技术更新造成了国内工厂的破产，也有纯粹迫于人口压力而移居国外的”[①]。在艺术领域，技术使画家们发生了分化，一部分企图躲避工业化的“灰尘”和“煤烟”，另一部分则积极投身于新的生活世界。这种分化在建筑领域也有所体现，有的建筑师试图借助新哥特式的建筑来回避工业化，有的建筑师则大胆应用新材料和新方法建造现代建筑，如摩天大楼。

技术对人类生活的奴役和扭曲日益严重，阶级矛盾加剧。马克思说：“在机械工厂中，人的动作决定于机器的动作。……（工人）无条件地必须使自己的身体和精神的活动适应于由均匀的无休止的力量来发动的机器的运动。”[②]马克思指出，“机器不是使工人摆脱劳动，而是使工人的劳动毫无内容”[③]。这种工人被技术和分工“奴役”的状况，也发生在统治阶级团体，他们“也都因分工而被自己用来从事活动的工具所奴役”。资本家贪婪剩余价值和利润，“一切‘有教养的等级’”都为各式各样的“局限性”“片面性”“肉体上和精神上的短视”所奴役[④]。技术改变了传统的生产方式和生活方式，工人对工作和生活兴趣的丧失，同时也丧失了对雇佣者、对同事的责任感，直接或间接地引起了工人阶级和资产阶级的政治矛盾，也导致了多种劳工运动的出现。

总之，以机器动力革新为基础的工业革命，不仅造成了世界地理、人口、生产生活方式的变化，也彻底改变了中产阶级和劳动者的权力，以及各个国家的经济、军事和文化实力。

最后，进入 20 世纪上半叶，技术改造世界的程度逐渐加深，技术逐步

---

① 查尔斯·辛格等：《技术史（第 5 卷）》，远德玉、丁云龙主译，上海科技教育出版社 2004 年版，第 569 页。

② 马克思、恩格斯：《马克思恩格斯全集》第 47 卷，人民出版社 1979 年版，第 526 页。

③ 马克思、恩格斯：《马克思恩格斯选集》第 2 卷，人民出版社 2012 年版，第 227 页。

④ 马克思、恩格斯：《马克思恩格斯选集》第 3 卷，人民出版社 1995 年版，第 641 页。

进入人的生活，开始了决定人的生活质量的历程。一方面，技术的确使人类受益。育种和栽培技术的改进，以拖拉机和收割机为代表的机械化生产，大面积围海、围湖造田和开垦荒地，化肥、杀菌剂、杀虫剂的使用，都使粮食的产量不断增加。在加工、运输和储藏等方面取得的技术进步，使食品的生产和消费不再局限于某一地区，世界范围的超级市场开始形成[①]。技术进步不仅使传统自然原料，如麻、棉、毛、丝等得到更为有效的加工，还发明了人造丝、涤纶、尼龙等人工材料，使以成品服装为产品的服装制造业开始挤占定制服装领域[②]。在家庭住所方面，蜡烛和煤油灯被煤气灯和电灯取代，洗衣机、冷藏柜、吸尘器等已开始服务于家务劳动。汽车的发展和飞机的出现深刻地改变着人类生活，而支撑汽车、飞机、船舶、铁路发挥作用的蒸汽机和内燃机，要求巨量能源的供给，建构了以后影响深远的世界格局。另一方面，世界大战和工业污染，不断提醒着人们关注技术和技术的应用。对于社会建构的"技术"基础，有些人认为它"实质上是一种起破坏作用的力量(destructive force)：它毁坏了农村及纯朴的生活，污染了食物和饮水，破坏了环境的自然美景，广泛地摧毁了传统的生活方式"。而另一些人虽然"承认上述不利的后果，但认为这只是以较小的代价换取了无可争辩的利益"[③]。不管怎样，现代技术创造的物质资料以及与之伴生的负面效应，从正反两面都表明技术是生活建构的物质基础，是影响现代文明的最强有力的因素。

四、技术构造了人类生存的空间

在现代社会，先进技术的大量使用已经带给这个世界不同以往的全新特征，作为人类新的生存环境的技术世界已经到来。

---

① 特雷弗·I.威廉斯：《技术史(第7卷)》，刘则渊、孙希忠主译，上海科技教育出版社2004年版，第533页。

② 特雷弗·I.威廉斯：《技术史(第7卷)》，刘则渊、孙希忠主译，上海科技教育出版社2004年版，第533～534页。

③ 特雷弗·I.威廉斯：《技术史(第7卷)》，刘则渊、孙希忠主译，上海科技教育出版社2004年版，第529页。

德绍尔(Friedrich Dessauer)基于20世纪上半叶的技术发展,阐述了他关于人类生存空间的感悟:“在自然环境的世界旁边,一个力量激荡的超宇宙——技术世界——在吞没一切的尺度上闯入我们的时代。树木和森林旁边竖起了人类的房屋。空气被机械飞鸟劈开,交通工具飞速滑过陆地和海洋。人类的声音不再有空间限制。能量形式被拽落到我们的存在领域。从地球饱满的胸膛里榨取了无法想象的丰富乳汁,从山里的矿井中得到了空前的治愈力量。而且这个世界拥有自然科学的它世界的精确性。”[①]在德绍尔看来,几个世纪以来的技术创新已经改变了人类生活的所有条件,包括人们的思想、智力、性格,乃至“人类这个种族”。

技术哲学家拉普,基于20世纪下半叶的技术发展,提出技术对人类生存空间的拓展和构建在整体上表现为现代技术的普遍性的观点。拉普说,在“技术时代”,“人们处处受到技术系统和过程的包围,这一点在工业化国家尤为突出,这些东西完全改变了周围世界的外观和人们的生活方式。技术在地理上日益扩展,因为没有一个地方对技术化进行过认真的抵制”[②]。在拉普看来,构建人类生存空间的现代技术的普遍性,主要表现为物质世界的改造、生活状况的改变,以及世界性扩展等方面。下面我们就结合拉普的这几点来进行论述。

首先是通过物质世界的改造构建人类的生存空间。马克思认为,劳动资料的很大一部分功能在于延长和增强人体器官,比如刀、叉、梯、杆、罐、篮、桶、管、手锤、蒸汽机、剪裁机、刨床、切割机等,它们有的是延长人体器官,有的是增强人体器官,有的则两者兼备。尤其是以机器为代表的现代技术,俨然一具集骨骼系统、肌肉系统、脉管系统和器官系统为一体的强大身体。按照马克思关于技术起源的“器官延长说”,衣服和房屋是人的毛皮的延长,望远镜、显微镜以及传感、遥感、遥测技术是人的感官的延长等等。技术对人类器官的延长,不仅增强了人的本质力量,而且也构建了人类的

① 弗里德里希·德绍尔:《技术的恰当领域》,吴国盛编:《技术哲学经典读本》,上海交通大学出版社2008年版,第475页。

② 拉普:《技术哲学导论》,刘武等译,辽宁科学技术出版社1986年版,第131页。

生产空间。它表明，技术对物质世界的改造，一个直接目的就是为拓展人类的生存空间服务。对物质世界的改造表现为两个层面：一是干预自然过程。人类的干预从居住和地理环境开始，逐步延长到天气现象和生物生长、遗传，再扩展到人类生命。城市、人工降雨、大坝、生物新品种、不断延长的人类寿命等等，都是技术通过干预自然过程拓展人类空间的表现。二是利用自然的原料和能源，制造技术设备，创造新的物质空间。微观和宇观空间本来就存在，但只有用现代技术，人类才能使其中与自己的本质力量相适应的那部分空间现实化，成为人的现实空间。

其次是通过生活状况的改变，构建人类生存空间。人类的生活状况可以通过人们的举止行动、人生理想和自我形象等表现出来。在技术时代之前，人类的生活状况仅仅部分受制于当时的技术条件，“美德”“信仰”“为政治团体服务”等非技术性的观念才是决定因素。工业化使得技术成为占支配地位的力量，技术活动改变了人类生活的内部和外部条件，人的精神生活有了更多选择，在价值观上追求数量和物质进步[①]。技术进步被当作社会生产、交通运输、艺术宣传、医疗保健等领域的最高价值和绝对标准。专业化、自动化、标准化、规模化、合理化用于提高劳动生产率；电视、收音机、音乐美术的廉价复制品、袖珍图书等来改善普通大众的生活；医疗保健技术设备用于延长人口寿命、增加人口数量。现代技术在丰富人类生活的同时，也使人的自我形象越来越具有技术色彩，比如把适应工作比作“正常运转”，把看病比作“修理”，把更换器官比作更换“零件”[②]。当人按照技术的要求拓展生活空间，人必须舍弃或改变一定条件，才能“使自己适应技术活动的内在要求，这样一来，人最终被看作只是统治一切生活领域的技术体系的一个功能单元”[③]。

再次是世界性扩展。全球性扩展是现代技术的显著特征之一，也是技术给人类构建的现实的生产、生活和交往空间。在技术的全球构建过程

① 拉普：《技术哲学导论》，刘武等译，辽宁科学技术出版社 1986 年版，第 133 页。
② 拉普：《技术哲学导论》，刘武等译，辽宁科学技术出版社 1986 年版，第 134 页。
③ 拉普：《技术哲学导论》，刘武等译，辽宁科学技术出版社 1986 年版，第 136 页。

中，运输、通信和信息能力的提升起着关键作用，地球成为“地球村”“掌中国”。人们无需耗费太久的时间就能抵达全球的任一角落，跨国间的政治、经济、文化等活动如同“邻居串门”，相关的世界新闻也几乎同步般出现在人的面前。从欧洲和美洲的发达国家不断向外扩展着现代技术，是一种名副其实的全球性的跨文化的文明，因为任何民族和国家都无法抗拒现代技术的扩展，而技术全球化有一种自发的倾向，它要抹平不同文化和传统上的差异。在现代的技术空间中，工程师、机械师和计算机专家都很相似，技术和逻辑是他们的世界语言，坚信科学和技术的进步是他们的共同信念。技术超越文化差异的标志随处可见，“科技教育机构、生育控制、飞机场、高速公路、摩天大楼、电视机、电冰箱、杂交农作物和人工肥料”等，“所有这些东西在世界上任何地方都可以相互替换，完全不受地理条件限制”[1]。技术构建了全球化空间，而技术反映的是物质世界的结构，正因为技术的这种特征，它才能很容易地从某一特殊的社会文化发源地分离并转移出去[2]。

最后，现代技术构造和拓展的不只是人类生存的真实空间，而且还有虚拟空间。“虚拟空间”(Cyberspace，也译作“网络空间”“赛博空间”)一词是美国科幻作家吉布森(William Ford Gibson)1984年在《神经漫游者》(*Neuromancer*)中创造。虚拟空间有广义和狭义之分，前者指的是“网络世界、网络社会、网络环境以及人们利用虚拟技术创造出来的一切虚拟现实的存在形式”，而后者指的是“人们基于虚拟现实抽象出来的一种可感知的观念性或概念性存在”[3]。与真实空间相比，虚拟空间是以计算机技术、网络技术和虚拟现实技术为基础，通过对物质空间、精神空间、文化空间、社会空间和知识空间进行延伸、改造、物化或提升，而形成的一种集合式的

① 拉普：《技术哲学导论》，刘武等译，辽宁科学技术出版社1986年版，第139页。

② 拉普：《技术哲学导论》，刘武等译，辽宁科学技术出版社1986年版，第139页。

③ 张之沧：《虚拟空间与“人、地、机”关系》，《南京师大学报(社会科学版)》2015年第1期。

"超空间"[①]。在虚拟空间中,现实世界的人变成了虚拟的主体,在虚拟主体面前,时间变得可逆、即时并充满弹性,而空间则变得流动、可共享以及可压缩[②],虚拟的人因此具有了现实的人所不可比拟的"权力"和"力量"。在虚拟空间中,一个人可以容易地"实现"对现实世界生存状况的互补,他既可以摆脱现实社会强加给他的种种束缚,也可以完善自身的不足进而变成想要成为的人,更可以随心所欲地去创造或破坏。虚拟空间还深刻影响着现今社会的经济、政治和文化教育等诸多领域,它"既改变了人们以往接受、处理和发送信息的方式,也改变了信息本身的产生和存在方式,既拓展人类交往的空间,也重新刻画着人与人、人与社会乃至人与自然之间的关系"[③]。可以说,虚拟空间开创了技术构造人类生存空间的新历程。

第二节 技术基础主义的价值论根据

技术在价值论上的确定性,表现为技术满足了人类对真理的追求,技术满足了理性主义对进步的追求,技术满足了人类对物质和效益的追求,以及技术满足了人类对美的追求。技术在价值论上的确定性,揭示的就是技术基础主义的价值论根据。

一、技术满足了人类对真理的追求

实践真理观认为真理是人们在实践的基础上对客观事物及其规律的正确认识,实践是检验真理的唯一标准。其中,"正确认识"又包含"符合""一致"和"接近"三种情况,而"实践"则表现为物质生产、社会政治和科学

① 曾国屏、李正风:《赛博论·赛博空间·社会和文化变革》,《哲学动态》1998 年第 5 期。

② 贾英健:《论虚拟时空》,《学习与探索》2012 年第 12 期。

③ 曾国屏、李正风:《赛博论·赛博空间·社会和文化变革》,《哲学动态》1998 年第 5 期。

活动三种基本形式。正确认识以“知识”形式存在，在众多类型的知识中，科学知识因其严谨性、系统性、普遍性和卓越的预测能力等特征被视作真理的典范。于是，人类对真理的成功追求主要体现在科学领域。技术之所以能够满足人类对真理的追求，原因主要体现在技术对于科学的价值上。

首先，技术为科学知识的检验提供物质性手段。在科学背景下讨论技术的价值，人们很容易联想到伽利略的望远镜对于“日心说”的意义。正如丹皮尔所说：“哥白尼的天文学是根据数学简单性这一‘先验’原则建立起来的，伽利略却用望远镜去加以实际的检验。”[①]望远镜帮助人们发现了月球表面的崎岖和荒凉，发现了凭肉眼无法观察到的无数星星，发现了木星的卫星。尽管伽利略的望远镜并没有像丹皮尔所说的“用人人可以检验的事实证明了天文学的新学说”[②]，但仍不失为一个关键性的科学事件，它标志着来自仪器的经验事实开始替代思辨成为科学知识的判断标准。从此以后，检验科学理论的经验，不再是人的感官经验，而是科学实验的事实。科学探求真理的过程也是运用技术的过程。

其次，作为应用科学的技术，其效力本身就是对科学知识合理性的证明。对科学知识合理性的证明，不仅可以辅之于技术手段，而且还可以求之于技术效力。在光学原理指导下制造的望远镜，其性能明显优越于仅凭经验而制造的望远镜；运用流体力学原理制造的飞机和轮船，速度更快、更节能；固体力学则为人类贡献了更稳定的结构以及更好的复合材料。作为应用科学的技术，其效力既体现在以上自然科学领域，也体现在人文科学领域。例如，对于冰人“奥茨”(Otzi)的认定，现代人类学、考古学和历史学已自觉运用CT扫描、碳-14测试、质谱分析仪、DNA检测、同位素分析等技术，在这些现代技术面前，“奥茨”的牙齿、骨骼、肉身、肠内残留物、伤疤、衣服、武器等，都在向人们诉说着他的种族、相貌、健康状况、寿命、敌人、死亡时间、死亡方式等信息，它们揭示了比单纯的文字诠释更为客观和丰富

① 丹皮尔：《科学史》，李珩译，中国人民大学出版社2010年版，第142～143页。

② 丹皮尔：《科学史》，李珩译，中国人民大学出版社2010年版，第144页。

的内容。

最后，科学活动通过技术来制造知识和诠释知识。在科学活动中，技术通常呈现为“科学仪器”这一面貌。作为科学活动主体的科学家与作为科学活动中介的科学仪器之间的关系，决定着科学知识产生的原理与表现的形式。在伊德看来，第一类关系是“具身关系”，可表示为“(人-仪器)-对象”；第二类关系是诠释学关系，可表示为“人-(仪器-对象)”。处于“具身关系”之中的技术可称之为“具身技术”，比如传统望远镜，相较于制造知识的原理，它与肉眼观察具有“同构性”；处于诠释学关系之中的技术可称之为“诠释学技术”，比如射电望远镜、雷达、云室等，它制造知识的原理与肉眼完全不同，而且由它得到的知识也与人体感知不同，只能借助现代成像技术才能被“翻译”出来[①]。可以更一般地说，“在人与技术的具身关系中，人借助技术、仪器直接观察到对象世界，知觉到的直接就是对象世界；而在诠释学关系中，人并不把科学对象作为自己直接的知觉对象，人直接知觉到的是仪器的仪表盘显示的曲线、数据和图像”[②]。

在天文学方面，“具身技术”使人类的认识范围扩展到人体感知的极限，但仍囿于“可见光”的范围，而“诠释学技术”则一举突破了这一界限。伊德认为，“传统天文学研究的是天空中物体所发出的光学射线”，即通常靠肉眼就可以观察到的光，而“新天文学研究的却是天上物体的所有射线：伽马射线、X射线、紫外线、光学射线、红外线和无线电波”[③]。“诠释学技术”将人类探知的触手伸向了之前隐而不现的未知领域，将以往不可知的现象“翻译”为视觉图像和声音，世界的隐秘再次被“解蔽”出来，成为科学知识。伊德说：“这种新产生的科学知识比以前的例子更清楚和更明显地说明，这些科学知识只有通过技术为中介，它们对我们来说才是可能的。

① 曹志平等：《科学诠释学的现象学》，厦门大学出版社2016年版，第278页。

② 曹志平等：《科学诠释学的现象学》，厦门大学出版社2016年版，第277页。

③ 唐·伊德：《让事物“说话”：后现象学与技术科学》，韩连庆译，北京大学出版社2008年版，第67～68页。

在这个层次上，科学的技术体现才彻底显明。”[①]正如没有粒子加速器就不会有核物理学，没有传统望远镜就不会有近代天文学，而没有射电望远镜，就不会有新天文学。

在海德格尔那里，技术之所以能够满足人类对真理的追求，原因在于现代技术本身的性质。现代技术作为存在的展现方式，本身便也是“真理”的解蔽方式，只不过这种解蔽是一种“促逼”，是对自然的蛮横强求，并具有“集置”这一本质特征。在现代技术世界里，真理表现为“满足技术需要”这种“正确性”，而“是否适应现代技术”则成为衡量“真理”的标准。万事万物都应是符合现代技术的“订造”，如若不然，就将失去其自身的价值和存在的意义。在海德格尔对科学和技术的存在论解释中，科学和技术作为对自然的解蔽，相互强化了强求自然解蔽的强度和方式。自然科学以数量的精确性排斥和取代对自然的质的多样性认识要求和认识方式，强化了技术对效率的追求和效率在技术评价中的标准意义，而技术通过仪器及其对经验知识的数学化、系统化则强化了以测量为经验论基础的科学认识方式。

二、技术满足了理性主义对进步的追求

在论述技术基础主义的哲学底蕴时，我们曾说过“方法论的理性主义”注重评估、测量和精确计算，而“价值论的理性主义”则注重历史的进步。就理性主义作为一种理论形态而言，它对社会进步的追求更多地体现在理论上，而技术对历史进步的支撑则是现实的和物质的。由于现代技术以科学知识为基础，技术实践首先要强调合规律性，技术选择追求高效用性，因此，现代技术是理性主义的产物。反过来说，和科学一样，技术也满足了理性主义对进步的追求。我们以为，这是强调技术对社会意义的技术基础主义的价值论根据之一。

从人类社会的发展看，技术是进步的，技术推动社会发展进步，这是任

① 唐·伊德：《让事物“说话”：后现象学与技术科学》，韩连庆译，北京大学出版社2008年版，第77～78页。

何一个研究理性主义和进步观念的人都无法回避或者否认的。但是，由于技术追求利益，技术的作用往往是通过物质效益来体现，在近代理性主义的发展中，技术与理性主义、“进步”观念在理论上的关联非常弱。我们现在说的“理性主义”有广义和狭义之分。狭义的“理性主义”指的是以笛卡儿等人的理论为代表的“与经验主义不同的注重演绎推理和理性直观的认识论派别”[1]；广义的“理性主义”表示“一种与中世纪神学文化不同的，以反对教会权威和宗教正统、推崇人性尊严和高扬科学理性为主要特征的”理论形态[2]。不论是在哪种意义上，近代的理性主义从产生时起关注的都是“知识”“社会”“道德”“认知能力”“方法”等的进步，以及对“权威”“正统”“偏见”“蒙昧”等的反对，并在以后的发展中，把经典物理学作为了人类理性的标准和尺度，把经典物理学的进步看作是人类普遍理性的胜利。比如，作为牛顿理论的信奉者，康德把科学知识局限于用数学物理学方法所得到的知识，认为科学探讨的范围已经由牛顿的数学物理学方法规定下来了，并把《纯粹理性批判》的任务规定为对牛顿经典物理学的真理性的哲学论证。再如伏尔泰、孔多塞、圣西门和孔德等人的理性进步观，他们或者指出人类理性与文明进步之间的本质联系，或者论述进步的本质、方向和价值，或者将进步从不充分的归纳或纯粹假设提升到科学的高度。这些理性主义观念和理论与技术的理论联系是非常少的。

英国学者伯瑞(John Bury)的著作《进步的观念》，研究了从文艺复兴运动到19世纪末人类“进步”观念的发展历程。在伯瑞阐述的“进步”观念的历史中，“进步”始终“与现代科学的发展相关联，与理性主义相关联，也与为了政治和宗教自由而进行的斗争相关联”[3]。伯瑞提到的“进步”观念与技术的关联，只有1820到1850年间英国的物质进步，并以1851年的博

① 叶秀山、王树人：《西方哲学史(学术版)》第四卷，凤凰出版社、江苏人民出版社2004年版，第16页。

② 叶秀山、王树人：《西方哲学史(学术版)》第四卷，凤凰出版社、江苏人民出版社2004年版，第3页。

③ 约翰·伯瑞：《进步的观念》，范祥涛译，上海三联书店2005年版，第217页。

览会为典型。通过分析相关事例，伯瑞说："科学发展和机械技术的壮观成就使每个普通人都认识到，随着人类大脑穿透了自然的奥秘，人类对自然的控制力量的增长也将是无限的。这种自古至今都没有中断的明显的物质进步一直是现在流行于世的对进步的普遍信仰的支柱。"[①]由于伯瑞《进步的观念》阐述的是西方思想家的进步观念，这本书对于理性主义、进步观和技术的理论关系的讨论的缺乏，直接反映的是从文艺复兴运动到19世纪末西方理性主义理论的现状。

美国著名历史学家比尔德(Charles A. Beard)在1931年给《进步的观念》做的"引言"中，意识到了该书的上述缺点，进行了"补足"。比尔德提出，"与进步的观念密切相关，也与对过去二百年中所发生的一切和世界正在发生的一切进行阐释密切相关的所有观念，其中最具相关性的莫过于技术"。比尔德说："技术是现代文明的根本基础，提供了一种作为坚实驱动的动力，显示了实现对自然的渐进式征服的各种方法。即便从表面上看来，技术也是非常重要的。"[②]比尔德指出了技术与"进步"观念的四个方面的独特联系：首先，技术不仅包括各种既成工艺、机器和实验室等客观事实，还包括"关于自然的哲学和一种方法——一种对物质和工作的态度——因此也是一种具有高度张力的主观力量"，这二者结合构成了作为"现代进步的至高无上的工具的技术"[③]。其次，技术具有普遍的适用性或无偏见性，它接受任何一类使用者的"邀请"。比尔德说："就宽容而言，它超过了一切宗教。技术是工作的一种工具，这种工作对人类能量的吸引超过了战争所具有的诱惑力；技术是一种社会溶剂和调节器，是一种关于行为的哲学。因此，技术必须被置入历史的主流之中。"[④]再次，技术发展表

① 约翰·伯瑞：《进步的观念》，范祥涛译，上海三联书店2005年版，第200页。

② 比尔德："引言"，约翰·伯瑞：《进步的观念》，范祥涛译，上海三联书店2005年版，第9页。

③ 比尔德："引言"，约翰·伯瑞：《进步的观念》，范祥涛译，上海三联书店2005年版，第10页。

④ 比尔德："引言"，约翰·伯瑞：《进步的观念》，范祥涛译，上海三联书店2005年版，第11页。

明的“进步”与进步的观念是一致的。后者认为人类从原始阶段一直缓慢地走向更高级阶段，而前者则通过展示其运作方法和现实成就来表明其进步。由于“技术领域内的一个问题的解决总是开启了对新问题的探究”，“只要人类喜爱殷实而不是饥馑，喜爱健康而不是疾病，技术就一直会保持其活力”[①]。最后，就具体作用方式而言，技术关涉到的是大量的物质和人民大众，关涉到的是历史进化的社会层面，传统意义上的“英雄人物”都隐没在人类社会的技术基础或背景之下。就其效果而言，“通过新闻界、无线电台、铁路、邮政和大量的教育设施，技术延伸了教化，传播了信息，拓展了人民大众的社会意识”，技术不断展示出的潜能“不容置疑地巩固了进步的观念”，也使文明的进程不再是“西绪福斯的徒劳工程”[②]。

在当代，人类社会的高度技术化，使技术与“进步”观念的关系，不再是技术是否进步，而在于人类如何通过技术而进步。在拉普等人看来，“技术进步本身是通过采用越来越有效的方式，生产越来越多样化的、具有越来越多有趣特性的对象而表现出来的”[③]。这与“方法论的理性主义”和“价值论的理性主义”的要求都是高度契合的。不论是在近代还是现、当代，技术都满足了理性主义对进步的追求。

三、技术满足了人类对效益的追求

如果说技术对物质的追求契合于人们对“生产什么”“生产多少”的关注，那么技术对效益的追求则迎合了人们对“怎样生产”“用什么生产”的关注。这里的“效益”既可以指“经济效益”，即以同等量的投入获得更多的产出，或者以更少量的投入获得同样多的产出，或者以更少量的投入获得更多的产出；也可以指技术活动的效率和效果，这与劳动生产率是一致的。

---

① 比尔德：“引言”，约翰·伯瑞：《进步的观念》，范祥涛译，上海三联书店2005年版，第11页。

② 比尔德：“引言”，约翰·伯瑞：《进步的观念》，范祥涛译，上海三联书店2005年版，第12～13页。

③ F.拉普：《技术科学的思维结构》，刘武等译，吉林人民出版社1988年版，第95页。

在马克思的“机器”“分工”“协助”“劳动的生产费用日益减少”等阐述中包含着马克思关于“效益”的思想。

首先，机器的运用和改进提高了劳动生产率。劳动生产率与单位时间内的产量成正比，与单个产品的耗时量成反比。相比于传统工人通常使用一个工具来工作，机器能够同时操纵多个工具同时而又快速地作业，这是机器效率高于人工效率的根源所在。机器的数量越多，产量也就越高，这是机器带来的经济效益。另外，各种机器的改进也助推着生产力的提高。对此，马克思举例说：“这种改进以及工人紧张程度的加强，使得在一个已经缩短了〈两小时或1/6〉的工作日内生产的制品，至少和以前在一个较长的工作日内生产的制品一样多。”[①]

其次，分工技术同样提高了劳动生产率。分工技术既不是按照性别、年龄、体力等自然条件进行的自然分工，也不是工场手工业中的较为复杂的共同协作，而是诞生于机器体系生产条件下的“一种高级的分工形式，是与机器技术相适应的分工技术形式”[②]。机器分工是一种更为细致的分工，它取决于机器本身的发展状况、产品的结构，以及原料。比如，对于走锭精纺机而言，它决定着以下工种的存在：主要工人、助手、监工、司炉工、细木工、机械师、工程师，等等。机器分工不仅能导致更多的产品在更短的时间内被生产出来，而且还能保证“一个工人能生产出以前三个、四个、五个工人所生产的东西”[③]。

最后，工业技术使商品的生产费用逐步减少。工业技术不同于农业技术和手工业技术。农业技术的功能在于“变革和控制影响农作物生长的因素，模拟和营造有利于农作物丰产的良好自然环境”[④]。手工业技术的功能在于通过工具和流程强化个体劳动者的动作技能，便于生产小批量的商品。工业技术面向的是对矿产资源的大规模开采、对原材料和各类自然产

① 马克思、恩格斯：《马克思恩格斯全集》第23卷，人民出版社2003年版，第455页。
② 王伯鲁：《马克思技术思想纲要》，科学出版社2009年版，第83页。
③ 马克思、恩格斯：《马克思恩格斯全集》第6卷，人民出版社1961年版，第652页。
④ 王伯鲁：《马克思技术思想纲要》，科学出版社2009年版，第121页。

品和人工产品的加工与深加工。工业技术的功能在于通过对手工劳动者动作的模仿和超越，达到解放劳动力、增加商品产量、提高产品质量、降低生产成本的目的。机器大工业是工业技术的主要表现形式。它以机器或机器体系为依托，展现为复杂的工艺流程技术系统。

工艺流程技术系统，一是能够保障机器的快速运转、生产的自动化，以及生产的连续性。这简化了工人的操作，减轻了劳动强度，降低了生产活动对工人技能的要求，提高了生产效率，也排挤掉一切旧的生产方式。二是能够通过改良机器降低生产费用。例如，蒸汽机本身的改良可以直接降低蒸汽生产的费用，并提高功力。对此，马克思举例说："现在从一台重量与过去相等的蒸汽机，至少平均可以多得 50%的效能或功；并且在很多场合，同一台在每分钟速度限制为 220 英尺时只提供 50 马力的蒸汽机，现在可以提供 100 马力以上。……管状锅炉的采用，由此蒸汽生产的费用再一次显著减少。"[①]另外，由蒸汽机的改良会带动传统装置和工作机的改良，这会减少雇佣工人数量，节约工资开支。三是能够促进工厂设备的集约化和生产的规模化。工厂设备的集约化可以大量节约煤炭、蒸汽、机油、传动轴、润滑油、皮带等物质资源，而"工人的集中和他们的大规模协作，从一方面来看会节省不变资本。同样一些建筑物、取暖设备和照明设备等等用于大规模生产所花的费用，比用于小规模生产相对地说要少一些"[②]。

以上马克思关于"机器""分工技术""工业技术"论述的历史背景是自第一次工业革命至《资本论》问世这段时间，在此期间人类对效益的追求通过现代技术获得了充分的展现。然而，这还仅仅是开始。自 20 世纪初期以来，新动力、新机器、日益改良的自动化流水线、标准化生产、科学管理理论、知识产权、技术标准、垄断组织、超级跨国公司等要素相继注入生产领域，科学、技术、文化、政治等不约而同地为人类追求效益而服务。虽然人类追求效益活动的影响因素增多，但现代技术始终是最基础的力量，而且

① 马克思、恩格斯：《马克思恩格斯全集》第 46 卷，人民出版社 2003 年版，第 114 页。
② 马克思、恩格斯：《马克思恩格斯选集》第 2 卷，人民出版社 1995 年版，第 411 页。

马克思对现代技术的分析也可看作研究新技术对于效益的重要性的典范。

四、技术满足了人类对美的追求

在马克思看来,人类运用技术对自然的改造,即劳动,就是人类对美的追求。人类劳动的合规律性、合目的性,同时也包含了合审美性。马克思说:"动物只是按照它所属的那个种的尺度和需要来建造,而人却懂得按照任何一个种的尺度来进行生产,并且懂得怎样处处都把内在的尺度运用到对象上去;因此,人也按照美的规律来建造。"[①]人类创造的人工物,以及技术人工物的多样化、专业化和技术方法的精致化、智能化,无不表现着人类对美的追求。从类别上讲,人类对美的追求,或者外化为对具有美感的人和事物的追求,或者诉诸将意向中的人和事物塑造成具有美感。但不论是哪种形式,在现代社会,技术都是人实现对美的追求的基本形式、途径和工具。

第一,人类的摄影史就是一部技术史。摄影包含拍照和录像,是人们利用某些特定设备记录影像的过程。就摄影设备而言,从最早的"日光蚀刻法"所利用的感光材料到早期照相机再到现代照相机,无一不是技术人工物;就其功能而言,摄影有助于天文观测、医疗、地形探测、纪实等。当然,只有将摄影与绘画相比,才能更好地体现摄影所能助人达到的美学境界。以拍照和绘画为例,两者都是生产图像的技术,区别在于:(1)拍照始终要求真实影像,而只有早期绘画和部分画派才追求模仿。但无论如何"模仿"和"逼真",画像也不可能达到与原型的精确一致。而由拍照得来的影像,则充满着现实主义和客观主义,它极力避免"失真",努力捕捉每一处细节,实现对对象的精确复制。(2)拍照往往是图像的机械式生产[②],而绘画通常则不是。如果说正是"不能机械式生产"才显得精品画作异常珍贵的话,那么"机械式生产"不仅通过"拍照杰作",而且通过它的高品质复制

---

① 马克思、恩格斯:《马克思恩格斯全集》第42卷,人民出版社1979年版,第96页。

② 大卫·戈德布拉特、李·B.布朗:《艺术哲学读本》,中国人民大学出版社2014年版,第83页。

品彰显其意义。大量高品质的复制品能够使超大范围、超长时间间隔的人们无限次地欣赏和回顾影像。拍照的上述特点也是适用于录像的。不同的是，录像的作品是以动态的方式向人们呈现对象之美，更加切合了自然界和社会的真实运动。随着技术发展，摄影器材和辅助器具日益多样化和专业化，人们通过摄像的方式追求美的途径也更多了。

第二，人类对身体的改造越来越依赖于技术。关于技术起源的“缺陷论”认为，技术的价值在于弥补人体的缺陷。这尤其适用于谈论技术与身体的关系。当人们将“缺陷”限定在美学领域时，技术就不再是人类满足其基本需要的工具了，而是化身为人类追求身体的美的手段。现代技术手段不仅能够弥补身体的缺陷，如自动换挡技术使腿有缺陷的人也能驾驶汽车，而且还能通过整容、美体、身体强化、自我复制等技术来实现对身体的改造。一些原本用于治疗的技术人工物，如假肢和机械手等，也在电影等媒介的渲染下有了美学意蕴。当代的基因编辑技术和克隆技术等自我复制的手段，它们作为人类试图从遗传上改造自身的理想方式，虽然涉及伦理问题，但仍反映了人类用技术追求物理身体完美的期望。总之，技术使人类的自然身体日益成为一种技术化身体，而技术化身体实质上是一种技术美，人们越是谋求身体的技术化改造，就越是加深了对技术力量的崇尚。

第三，技术进步深刻影响着艺术创作。艺术创作源于社会生活，是艺术家基于自身的体验，通过一定的媒介，把特定的对象转化为艺术作品的创造性活动。在艺术创作中，艺术家的自身因素（如思想和气质等）、取材对象、创作手段、材料载体、信息表达等都影响着技术作品的风格和质量。就取材对象而言，在工业革命之前，古典风景画是多数画家的必修课，而到了工业化时期，不少画家（如约瑟夫·透纳）开始将目光从自然风景转向人工物世界。就创作手段而言，现代艺术紧跟工业社会的进程，主张用现代技术手段和新物质材料描绘或塑造新的艺术作品，立体主义、构成主义和未来主义等无不是机械文明孕育出的艺术流派。就材料载体而言，最明显的案例发生在建筑领域。“由于技术上的突破，在以技术进步为基础的新工艺和新材料的协助之下，使得在过去技术落后条件下不可能实现的建筑设计创意形式，最终却都纷纷在社会现实之中成为可能。”[1]现在的国际化大都市，都有一些被誉为“地标建筑”的大型建筑物，它们往往都是以技术和新材料为依托的艺术品。就信息表达而言，现代技术作为艺术传播的基础性媒介，如收音机、麦克风、电视、多功能剧场等，都直接影响到艺术传播的方式和效果。总之，艺术创作越来越具有技术特征。

第四，美和实用性一起成了技术人工物的基本标准。技术人工物有许多的技术标准，但这些技术标准一般都服从于“实用性”和“美”这两个基本标准。一款实用的汽车，当然需要具备性能可靠、易于操作、有安全设施和一定的搭载空间等属性，但同时也需要与价格相适应的符合大众审美的外观。把实用功能以美的形式表现出来，已经成为工业产品的基本要求。工业产品的美的要求，不仅限于外观，它的内在结构和所用材料同样被涵盖在内。汽车的外观美需要这种技术人工物符合空气动力学，而其内部结构则需要符合结构优化布局、材料学和人体动力学等科学。工业产品的这些要求和属性，使“工业美学”“设计美学”“生产美学”等应运而生。

第五，技术改造和重塑着人们的审美经验，催生出技术美学。人们的审美活动由审美主体、审美中介和审美对象构成。审美主体通过审美中介作用于审美对象，产生审美经验。比较一下下面两个语句表达的审美经验：“她借助相机拍摄雨后彩虹，感受到源自色彩、光线和空气等的美感”；“化美妆后的她凭借娴熟的技能，操作高性能的相机，运用独特拍摄手法，拍摄由人工降雨带来的彩虹，感受到源自色彩、光线和空气等的美感”。不难发现，这是两种不同的审美经验，而且后者对技术的依赖度更高。技术既直接通过审美中介，也通过对审美主体的影响和对审美对象的建构，限制、再造着审美经验。如果说传统的摄像器材和技术对人的审美经验的影响还局限于改造程度的提升，那么，数字技术则是起到重塑的作用。以对电影的审美经验为例，数字技术的应用使当代电影在表现手段、表现内容

---

① 楚小庆：《技术进步对艺术创作形式与审美文化表现的影响》，《东南大学学报（哲学社会科学版）》2016年第2期。

和感染力等方面都突破了传统电影的范式。具体而言,当代电影借助数字技术摆脱了对客观原型(形象和场景)的依赖,糅合了真实影像和虚幻影像,充分调动了受众的多种感官,使受众浸入了身临其境般的、奇幻的、超真实的美学意境,获得了全新的美学体验①。摄影和电影虽然仅是人类技术化生活的冰山一角,但仍然能够反映出美学原理在技术领域的应用及扩展。正是对这种应用和扩展的总结与凝结促成了"技术美学"(technological aesthetics)的问世。"技术美学"与"工业美学"同义,与"生产美学""设计美学"等意思相近。技术美学的主要任务不在于紧随消费者的审美潮流,而在于主导或引领审美潮流。这种主导或引领自然以技术美为基础,以形式美、功能美、材料美等为辅助。

第三节　技术基础主义的认识论根据

技术基础主义是基于技术对社会的确定性作用阐发的一种社会历史观。在阐述了技术基础主义的存在论根据和价值论根据之后,技术基础主义仍然面临一个问题,这就是技术本身的不确定性。如何认识技术的不确定性?如果技术自身具有不确定性,何以能够以技术为"依据"和"核心"解释人类社会的发展和构建人类的生活世界呢?实际上,正是认识到技术不确定性的客观性,以及人类需要客观面对技术的不确定性,技术基础主义的认识论根据才显现了出来。换句话说 ,技术基础主义在认识论上的根据和意义,主要表现在它对技术客观具有的不确定性的处理上。

一、技术的不确定性

"不确定性",英文 uncertainty,据《英汉大词典》释义,指:(1)"不确定;

① 宫春洁:《从窥视走向浸入——数字技术对电影观众审美经验的改变》,《文艺争鸣》2017 年第 10 期。

不确信；难以预料；无常，易变；靠不住；不稳定”。(2)“不确定的事物；难以预料的事物”[①]。“不确定性”与“含混性”(ambiguity)意思相近。据《英汉大词典》释义，ambiguity 指：(1)“含糊不清；不明确；歧义，模棱两可；可作多种解释”。(2)“意义含糊不清的词句；模棱两可的话；可作多种解释的词句”[②]。因此，“技术的不确定性”(uncertainty of technology)主要指技术的不确定、易变、难以预料以及技术的多层含义和多种解释性。

我们认为，技术的不确定性是一种客观属性，人们对技术这种属性的认识，经历了漫长的过程。过去，人们关于技术概念的多种界定、关于技术表象的多种认识、关于技术进程的多种论争等，表现的不仅仅是人们主观认识的不充分或者哲学观念的不同，它们还表现出了技术本身就是不确定的，不确定性是技术的客观属性。

1.通过技术概念的多种界定来看技术的不确定性

米切姆认为，技术既“可以指称众多事物，从工具、装配线和消费品，到工程科学、官僚体制和人的欲望”，又“可以以各种方式暗示属于这种种事物的性质或关系”[③]。在此定义之下，技术的外延非常宽广：作为客体的技术、作为知识的技术、作为过程的技术，以及作为意志的技术。温纳指出，技术可以“意指所有现代实践技艺”，也可以用复数的形式指代“特定种类的器物的或小或大的块件，或它们的系统”[④]。这样定义的技术包括装置(apparatus)、技法(technique)、组织(organization)和网络(network)。其中装置又分为仪器、武器、用具、工具、小器件，技法分为技巧、程序、步骤、

① 陆谷孙：《英汉大词典》(第二版)，上海译文出版社 2007 年版(2009 年重印)，第 2206 页。

② 陆谷孙：《英汉大词典》(第二版)，上海译文出版社 2007 年版(2009 年重印)，第 56 页。

③ 米切姆：《技术哲学》，吴国盛编：《技术哲学经典读本》，上海交通大学出版社 2008 年版，第 22 页。

④ 温纳：《人造物有政治吗?》，吴国盛编：《技术哲学经典读本》，上海交通大学出版社 2008 年版，第 186 页。

方法,组织分为工厂、车间、军队、行政部门、研发团队等[1]。邦格曾将技术看作是“应用科学”(applied science),应用科学进而分为物理技术(如机械工程学)、社会技术(如运筹学)、生物技术(如药理学),以及思维技术(如计算机科学)[2]。约那斯对技术的定义更为抽象,他说:“现代技术与传统技术不同,它是一项事业而非一件所有物,一个过程而非一种状态,一种持续的推动力而非一整套技巧和工具。”[3]如此定义的技术将包括以下形式:为人类带来用具的技术、赋予力量的技术、启示或规定新目标的技术,以及为实现新目标而变更人类行为方式的技术等[4]。

“技术”的多义性,有语义学方面的原因,比如 technology,technics,technique,art,skill,tool,machine,applied science 等词语虽然彼此含义有差别,但也存在交叠的部分;就汉语而言,“技”泛指某种本领、才能,如歌舞、射箭等,而“术”则指权术、方法、方术、手段、计谋、策略等,两者的组合纷繁复杂。但更重要的原因来自客观方面。一是,要界定技术,就要充分考虑技术的关系,而这就涉及“技术与工具”“技术与劳动”“技术与自然”“技术与方法”“技术与科学”“技术与活动”“技术与工业”“技术与技术标准”“技术与人”等等,这些关系展现了技术不同的存在。二是在技术的多种多样的使用中,“技术”表现出了多种内涵,如在“技术水平”“技术力量”“技术改造”“技术培训”“技术创新”“技术专利”“技术标准”等等用法中,“技术”“或主要指设备及其先进性,或主要指工程师的数量和能力,或主要指知识、经验、工人的技能,或主要指发明、工艺、效率、产品性能、效益”[5]。

---

① 兰登·温纳:《自主性技术:作为政治思想主题的失控技术》,杨海燕译,北京大学出版社 2014 年版,第 8～9 页。

② M.邦格:《作为应用科学的技术》,吴国盛编:《技术哲学经典读本》,上海交通大学出版社 2008 年版,第 479 页。

③ 汉斯·约那斯:《走向技术哲学》,吴国盛编:《技术哲学经典读本》,上海交通大学出版社 2008 年版,第 325 页。

④ 汉斯·约那斯:《走向技术哲学》,吴国盛编:《技术哲学经典读本》,上海交通大学出版社 2008 年版,第 322 页。

⑤ 陈昌曙:《技术哲学引论》,科学出版社 1999 年版,第 92 页。

温纳曾说，如果我们留意“技术”这个词“实际上是如何被使用的，它毫无疑问涵盖了比物质文化对象多得多的东西”[①]。在温纳看来，技术的含义在20世纪之前一直是确定的：“在过去的岁月中，此词具有特定、有限和没有疑问的含义”，它指“实践的技艺”“对实践技艺的研究”“实践技艺的总和”[②]；比如在18和19世纪的文本中，谈到“技术”，多数人直接言及的是工具、机器、工业、工程等概念，“技术”的含义是“清楚的，不需要考虑或分析”的。到了20世纪，由于技术的内涵和外延都急剧扩展，很多人感到不适应和不安，进而要求改变这种状况，“推敲出一个精确的、可操作的定义”[③]。这样做便会出现“一个颇有趣的现象，一方面大家都认为要定义技术是困难的，另一方面人们又给出了上百种的技术定义，这两个方面又是互补的”[④]。

2.通过人们对于技术表象的多种认识来看技术的不确定性

技术表象主要是指技术的外在呈现方式。人们在讨论现代技术的时候，经常将它与古代技术做对比，并各自赋予两者某些属性，这些属性便构成了技术表象。正是在这种“赋予行动”上，人们彼此之间产生了分歧，导致对技术表象论述的多样性。分歧的核心在于，人们根据技术的现实情况而进行的“赋予行动”本身是否充分、恰当，以及某些属性是否专属于古代技术或现代技术。

埃吕尔基于“技术(Technique)已成为人类必须生存其间的新的、特定的环境”[⑤]，而将现代技术的特点归为人工性、自动性、自主性、不可分性、

① 兰登·温纳：《自主性技术：作为政治思想主题的失控技术》，杨海燕译，北京大学出版社2014年版，第6页。

② 兰登·温纳：《自主性技术：作为政治思想主题的失控技术》，杨海燕译，北京大学出版社2014年版，第6页。

③ 兰登·温纳：《自主性技术：作为政治思想主题的失控技术》，杨海燕译，北京大学出版社2014年版，第6页。

④ 陈昌曙：《技术哲学引论》，科学出版社1999年版，第93页。

⑤ 雅克·埃吕尔：《技术秩序》，吴国盛编：《技术哲学经典读本》，上海交通大学出版社2008年版(2012年重印)，第120页。

普遍性、累积性、因果性等属性。约那斯认为现代技术具有目标无终止性、广泛传播性、循环发展性、反熵增式的进步性[①]。舒尔曼表示，古代技术和现代技术的差异涉及“环境、材料、能源、技巧、工具、技术实施的步骤、技术中的合作、工作程序、人们在构造过程中的作用，以及技术发展的本性”诸多方面[②]。据此，我们可以提取出舒尔曼对技术表象的看法。古代技术具有亲自然性、材料的天然性、物质的掺杂和混用性、能量单一化、形式的工具决定性、人为辅助性、单干性、即时性和地域性、（发展上的）未分化性和（传播上的）静止性。与之相对，现代技术具有相对独立性、材料的人工性、物质的提纯与合成性、能量多样化、形式的机器决定性、自动控制性、合作性、延时性和普适性、（发展上的）分化性和（传播上的）能动性[③]。上述技术属性均被各自的提出者，看作是理解技术表象的关键因素。

为了凸显人们对技术表象认识的多样性，我们用以下七组相对的概念，来概括技术哲学家赋予“技术”的属性：自然性与非自然性，单一性与多样性，多向性与单向性，非延续性与延续性，离散性与耦合性，地方性与普遍性，依赖性与自主性。其中，自然性、单一性、多向性、非延续性、离散性、地方性和依赖性，通常被视为古代技术的表象；而非自然性、多样性、单向性、延续性、耦合性、普遍性和自主性，则被看作是现代技术的表象。这样的比较，显示了技术表象的复杂性和不确定性。但即使这样的概括，也是会充满争议的。拿“自然性与非自然性”来说，它们在一定意义上便可以同属于古代技术或现代技术。对此，拉普曾说：“因为在人类未触及到的自然界中不会出现这样的技术对象和技术过程，所以说它们是人造的。但是由于它们服从物质世界的自然规律，所以它们又是自然的。”[④]其实，这种情

① 汉斯·约那斯：《走向技术哲学》，吴国盛编：《技术哲学经典读本》，上海交通大学出版社 2008 年版（2012 年重印），第 324～325 页。

② E.舒尔曼：《科技文明与人类未来——在哲学深层的挑战》，李小兵等译，东方出版社 1995 年版，第 10～11 页。

③ E.舒尔曼：《科技文明与人类未来——在哲学深层的挑战》，李小兵等译，东方出版社 1995 年版，第 11～13 页。

④ 拉普：《技术哲学导论》，刘武等译，辽宁科学技术出版社 1986 年版，第 28 页。

况不仅适用于“自然性与非自然性”，而且也适用于其他六组技术表象。对此，就不一一赘述了。总之，人们在技术表象认识上的困难，客观上在于技术展示的外在表现的多样性、不确定性和模糊性，这种客观因素使技术的发展具有多种可解释性。

3.通过技术进化来看技术进程的不确定性

技术进化是对技术进程的一种把握。技术进程具有的不确定性，蕴涵在人们对“技术进化”的标准、动力、逻辑和模式的多样性认识上。

技术进化的标准可作三种解释：(1)量的变化，例如单产增加、人口增加、利润增大、城市扩大、速度提升、耗能减少等；(2)质的变化，例如新能源等；(3)程度的变化，例如复杂程度增加或减少、效率提高、操作便利、智力或能力提升、自由增加或束缚减少，环境改善、幸福感上升、安全感上升等。可见，技术进化的标准是纷繁复杂的。常常出现的情况是，某种标准导致“进化”在这里说得通，在那里却说不通。比如，汽车生产效率的提高在具体技术上可以称作是进化，然而如果考虑到空气污染和交通拥堵，那么这种进化却难圆其说。

技术进化的动力理论有“内在论”“外在论”和“张力论”。“内在论”主张技术进化有其内在逻辑，而逻辑和动力来自技术本身的原理、结构等，这也就是说，技术本身决定着技术进化。“外在论”主张技术进化完全是人的需求和意志导致的结果，技术进化的动力源自人而非技术。“张力论”是对前两者的调和，主张“技术进化”既符合技术本身的要求，又符合人所要求的条件。在这几种理论中，包含着技术进化的不同目标，即“技术进化本身作为技术进化的目标”“技术进化作为达到某一外在目标的过程”“人的要求是技术进化的目标”。

关于技术进化的逻辑，存在以下三个争论：技术进化是延续性的还是非延续性的？技术进化是单向度的还是多向度的？是技术单体的进化还是技术整体的进化？关于“技术进化是延续性的还是非延续性的”的争论可以划分为两个派别：“延续派”和“非延续派”。“延续派”认为技术进化是指技术在原有技术基础上发生的累积变化，“非延续派”主张“技术是通过从一个伟大发明向另一个伟大发明跳跃式前进的"[1]。"两派"争论的结果产生了"中间观点":有些"非延续派"(如道希)主张通过"技术范式"与"技术轨道"来实现延续性和间断性的融合,而有些"延续派"(如巴萨拉)表示既"接受产生急剧的技术变革的时期,也接受技术平缓发展的时期"[2]——这实质上是对延续性的深化。"技术进化是单向度的还是多向度的"主要是针对这样一种现象而提出:某些似乎"已过时"的技术由于某种原因又再次成为一种新的技术,这种"复古"是否可以表明技术进化并非是不可逆的?"技术进化是个体的还是整体的"这一争论是从生物学上引过来的,说的是技术进化是否应该限制描述的范围。当我们说"技术进化"的时候,是否只是指某一领域技术的发展关系,比如火车的动力从蒸汽机到内燃机再到电力机车的发展,而不是指整个技术领域?

技术进化的模式也是一个颇有争议的问题。"延续论"认为技术进化是一个由简单到复杂、由单一性到多样性的递进过程。"阶段论"的主张与此相似,但否认这一过程的连续性,而强调从一个阶段向另一个阶段的飞跃式发展。"范式论"的技术进化模式是"渐进过程(在一定的技术规范下进行局部改良)→危机阶段(改良)→已达极限,原有技术不能满足更高的技术目的→原理性发展阶段(产生新的技术原理和技术规范)→渐进过程→……"[3]。

二、技术的不确定性与技术基础主义

既然不确定性是技术本身具有的一种客观属性,那么如何面对技术的这种属性呢?技术的不确定性给人们带来了对待技术的态度、政策、法律和认知等方面的风险,在防范和降低这些社会风险方面,技术基础主义能够起到其他技术哲学派别起不到的作用。因为,技术基础主义能够坚定人们对于技术推动社会发展、解决贫困、应对重大灾难等问题的信念,坚定对

① 巴萨拉:《技术发展简史》,周光发译,复旦大学出版社2000年版,第67页。
② 巴萨拉:《技术发展简史》,周光发译,复旦大学出版社2000年版,第27页。
③ 许良:《技术哲学》,复旦大学出版社2004年版,第192页。

技术进行概念把握、逻辑分析和统一性认识的信心，能够推动建立技术认识论和方法论。

1. 技术基础主义能够坚定用技术解决贫困、应对重大灾害的信念

杜威曾说："人生活在危险的世界之中，便不得不寻求安全。人寻求安全有两种途径。"一种途径是通过巫祀、礼仪、献祭、祈祷、忏悔等方式"试图同他四周决定着他的命运的各种力量进行和解"；另一种途径则是通过发明技艺（如钻木取火、建造房屋等）来利用自然的力量，"从威胁着他的那些条件和力量本身中构成了一座堡垒"①。前一种是宗教给予的精神的和心理的虚幻方式，后一种是由自然力利用、技术、劳动、科学等带来的客观的真实方式。杜威说的这种情况，不是只有在生产力不发达的古代才有的现象，而是一种带有普遍性的生活态度。不论是古代还是现代，当现实的力量无法给人以安全感时，"不知所措"的人们往往求助于"神灵"。特别是像"地震""台风""海啸""干旱""雨灾"等等重大灾害，即使在现代，科学和技术也还无法使人能够避免灾难。和自然灾害一样，贫困也是人们面对的难题。特别是对于有大量贫困人口的发展中国家和最不发达国家，消灭贫困是一件长期的任务。应对和防范重大自然灾害，解决贫困，都需要依靠技术，而且因为运用技术的时间长，特别需要对技术有坚定的信心和统一的认识。

然而，自从技术进入哲学反思的视野，人们关于技术的概念、表象、进程、本质等方面的认识便表现出多样性、歧义性和多重解释性。这一方面是由于人们的哲学观、社会历史观等的影响，另一方面则是由于技术本身具有不确定性。不确定性给技术带来的一个危害就是，由于技术的概念、表象、进程、本质等方面描述的多样性、歧义性和多重解释性，人们会觉得技术难以把握，人们对它的作用和地位莫衷一是，难以形成统一的观点和认识，从而在实践上影响到技术开发、技术转移，以及技术政策、技术标准

---

① 杜威：《确定性的寻求：关于知行关系的研究》，傅统先译，上海人民出版社2005年版，第1页。

的制定等方面的工作。我们说,技术基础主义能够坚定用技术解决贫困、应对重大灾害的信念,指的就是技术基础主义能够为坚定技术信念、统一技术认识提供认识论基础。技术基础主义能够在对技术的众说纷纭中坚定技术是推动社会发展、构造新生活的核心力量的信念,能够降低因技术负面效应的宣传而导致的对技术实践的不利影响,能够在对技术的多种解释中强化对技术的统一性认识,有利于人们制定技术政策和技术标准,前瞻性地谋划以推动技术创新。

2. 技术基础主义有助于在哲学原则上对技术认识的统一

所谓在"哲学原则上对技术认识的统一",是指关于技术在哲学的中心地位、技术作为社会建构和解释人类生活的解释原则的地位的统一。在这方面,技术基础主义旗帜鲜明地提出,技术是阐释和构建人类生活世界的依据和核心,因而技术应该成为哲学研究的一个中心问题,一个决定其他问题的解释和答案的具有理论原则性的问题。

在19世纪中期以前,尽管欧洲的产业革命显现出了技术在推动经济发展和社会进步方面的成就和作用,但正如我们前面阐述技术和理性主义的关系时讲到的,技术与"进步"观念、理性主义理论的联系非常少,近代欧洲哲学研究的核心问题是自然科学代表的人类知识的基础是什么的认识论问题。笛卡儿为了确定不可怀疑的知识,一方面诉诸数学和演绎方法,另一方面用怀疑主义从"我思故我在"命题寻找到了"我在思想"这个不可怀疑的批判的"立足点",来构建认识论。洛克划分了物质的"第一性的质"和"第二性的质",提出科学应该研究的是前者而不是后者,并且为了"保证"感觉经验的真实可靠,提出了经验主义的"白板说"。莱布尼兹在他的哲学中探讨了连续性与组成它的不可分的点的关系,发明了微分学,为经典物理学奠定了连续性观念。康德的《纯粹理性批判》把科学知识局限于用数学物理学方法所得到的知识,要从哲学的理性批判来论证牛顿经典物理学的真理性,同时又以经典物理学为榜样使哲学本身得到改造。欧洲近代哲学以科学为中心的研究,在20世纪20—30年代的逻辑实证主义达到高峰,而后者通过分析哲学和社会科学产生着持续影响。西方哲学的这种态势，现在被称作哲学研究的“理论取向”，以与技术的哲学研究成为哲学重心的“实践取向”相区别。“作为哲学纲领的技术哲学，要求哲学中的实践取向压倒理论取向，要求意识到技术在存在论上高于科学（而不只是科学的应用），要求意识到技术比科学有更漫长的历史和更深刻的人性根源。”[①]无疑，在哲学的这种转变中，技术基础主义发挥了重要作用。

马克思说：“哲学家们只是用不同的方式解释世界，而问题在于改变世界。”[②]基于其实践哲学，马克思认为，一切人类活动中最基本、最本质的活动是物质生产，而技术又是决定物质生产之方式的一种重要物质力量。就像马克思说的，“手推磨产生的是封建主的社会，蒸汽磨产生的是工业资本家的社会”[③]。在马克思这里，技术不仅不再是被哲学忽视了的社会因素，而且成为一种在现代社会渗透一切的、起支配性作用的“现象”。对于技术的哲学研究，马克思既有用历史唯物主义的一般原理表达的一般哲学原则，又有以《资本论》为样式，分析和阐述技术与现实社会、经济发展的具体关系的理论，是技术的哲学研究最有影响的范式之一。西方马克思主义继承了马克思围绕技术而提出的异化劳动理论和对资本主义的批判，开辟了“技术的社会批判理论”这一技术哲学的重要流派。马尔库塞、哈贝马斯、芬伯格、阿伦特、埃吕尔、温纳等人都走在这条反思技术的路线上。比如，埃吕尔曾明确说：“我开始使用一种与马克思100年前用于研究资本主义的方法极其相似的方法来研究技术。”[④]

杜威“颠倒了几千年来理论与实践之间的优先关系，变‘知先行后’为‘行先知后’，填平了理论与实践之间的鸿沟，为重新看待技术的地位打下

① 吴国盛：《技术哲学经典读本》，上海交通大学出版社2008年版，“编者前言”第6页。

② 马克思、恩格斯：《马克思恩格斯选集：第1卷》，人民出版社2012年版，第140页。

③ 马克思、恩格斯：《马克思恩格斯选集：第1卷》，人民出版社2012年版，第222页。

④ 转引自卡尔·米切姆：《技术哲学概论》，殷登祥、曹南燕等译，天津科学技术出版社1999年版，第35页。

了独特的基础”[①]。杜威表达了实用主义的哲学取向，确立了实用主义在技术哲学中的地位。实用主义要求哲学远离表象，转向实践，把经验置于分析的中心，强调“实践”“做”的内在特质。实用主义的这种理论特征，使其成为有重要影响的哲学研究路线，和现代技术的哲学研究的理论基础之一。比如，伊德就曾明确说，自己的技术现象学是在“现象学和实用主义之间的理论关系中出现的”[②]。

海德格尔关于技术在形而上学中的地位，因其现象学而产生了非常大的影响。海德格尔的现象学不再像胡塞尔的先验现象学那样，要求在先验直观中确定事物显现的本质，而是把现象学的任务规定为把存在从存在者中显露出来，诠释存在本身。从而，海德格尔把形而上学的存在论奠基在了现象学之上。现象学中的人，首先不是以认识主体出现的存在者，而是在一种劳作关系的世界之中“劳作”的存在者，对他而言，以工具的使用为中心的劳作关系更根本，只有在工具的功能缺失的条件下，才会产生人与认识、人与知识的关系。也就是说，在人的现象学存在中，运用工具的劳作即技术实践优先于科学认识、科学知识和科学理论。海德格尔的技术现象学成为20世纪哲学诠释技术和人类生活的一种“范式”。

在具体内容方面，技术基础主义的代表人物以其宏大的视野、深刻的观点，以及较高的系统性和合理性，为技术哲学奠定了基调，提供了理论范例。比如，马克思把技术放在资本逻辑中进行研究，确立了技术研究的现代视域。马克思通过机器的结构分析，批评了关于工具和机器关系的传统观点，提出“机器”实质上是“工具机”或“工作机”，从而就产生了技术与无产劳动者、技术与分工、技术与劳动异化等议题。海德格尔认为像“技术是合目的的手段”或“技术是人的行为”这类流行的工具性规定不足以把握技术的本质。他指出“技术乃是一种解蔽方式”，而且古代技术和现代技术是

---

① 吴国盛：《技术哲学经典读本》，上海交通大学出版社2008年版，“编者前言”第7～8页。

② 唐·伊德：《让事物“说话”：后现象学与技术科学》，韩连庆译，北京大学出版社2008年版，第12页。

两种不同的解蔽方式。古代技术是在“关心和照料”着自然，而现代技术则是“在促逼意义上摆置着自然”，现代技术的本质是“集置”。在技术价值论领域，马克思和杜威都在整体上关注到技术进化和技术异化问题，也都以技术乐观主义统摄技术悲观主义，达到了技术乐观主义的高级阶段，而海德格尔和埃吕尔等人则以技术悲观主义统摄技术乐观主义，从而达到了技术悲观主义的高级阶段。技术基础主义正是伊德所说的“杜威的研究者、埃吕尔的研究者、马克思的研究者和海德格尔的研究者在多元性的交流中走到了一起”[①]的关键原因。

技术基础主义在哲学原则上对技术认识的统一，可以有效地应对后现代主义哲学的“解构”作用。后现代主义哲学是指 20 世纪下半期以来欧美出现的一个强调“解构”，反对“中心”和“基础”，推崇无政府主义、主观主义、相对主义和虚无主义的哲学流派。后现代主义哲学基于后工业社会，放大了量子力学表现出的知识相对性和不确定性，夸大了现代技术对人类的统治和威胁，虽然出现了“建设性的后现代主义”，但这个哲学思潮的基本取向是“解构”和“破坏”。技术基础主义、理性主义、基础主义等都是它否定和解构的对象。反过来说，面对强调多元化、无中心、无基础、无旨趣、无理性、怎么都行等无政府主义观念，技术基础主义能够有效地起到“压舱石”的作用。毕竟，人类生活和社会运转需要最为基础的物质、能量和信息的维持，需要按照这个基本社会规律在理论上树立一个使社会得以维系的核心，这就是马克思一直强调的生产劳动和技术。没有这样一个核心和基础，后现代主义倡导的主观主义、虚无主义、无政府主义、多元主义等通通都只是空谈。因此，正如生存是人类社会最底层的问题，技术基础主义就是在理论上追求这种确定性，较好地助益于解决这个社会最底层的问题的哲学。

3. 技术基础主义为建立技术认识论和方法论提供基础

广义的技术认识论是继技术的本体论和价值论研究之后新出现的技

① D.伊德：《1975—1995 年间的技术哲学》，郭冲辰、樊春华译，《世界哲学》2003 年第 6 期。

术哲学研究领域，它是技术研究的“认识论转向”的产物。广义的技术认识论又可以细分为“对技术的认识论研究”和“关于技术知识的研究”。前者主要涉及技术的起源、结构、设计、创新、应用、特征、进步机制，以及技术与科学的关系等，其核心概念是技术；后者主要涉及“技术知识的本性（两重性）、结构（人的自由意志和自然规律两个方面）、分类、标准化、确定性、技术知识与科学知识的关系、技术与理性（理论理性、实用理性）等相关问题”[①]，其核心概念是技术知识。“关于技术知识的研究”是狭义的技术认识论。这也是我们在此着重讨论的对象。

不少学者认为，关于技术的本体论和价值论研究只能称作是“技术的外部哲学”，我们需要深入“技术黑箱”内部，来探究以技术知识为核心的技术本身[②]。技术哲学家拉普在《技术科学的思维结构》中较早地提出了应该从认识论和方法论的角度来解析现代技术的理论结构和认知程序。邦格在《技术的哲学输入与输出》中也主张“对作为知识体系的技术知识实体作哲学的输入与输出的分析”[③]。除他们外，斯克列莫夫斯基在《技术的思维结构》、劳丹在《技术知识的本性》、费雷在《技术哲学》、皮特在《思考技术：技术哲学研究的基础》中，也都或多或少地涉及对技术知识的论述[④]。

在我们看来，从技术的本体论和价值论研究到技术的认识论研究，再到技术知识研究，体现了对技术进行反思所显示出的“由远及近、由表及里”的整体特征，也符合“由抽象到具体、由理论到经验”的认知规律。就其基本观点而言，技术基础主义既包含对技术的存在论和价值论研究，又包含对技术的认识论研究，前者作为“技术的外部哲学”构成了技术认识论的诞生背景，后者作为技术的“由外部向内部过渡的”哲学则直接构成了狭义

① 陈凡、朱春艳：《当代西方技术认识论研究述评》，《科学技术与辩证法》2003 年第 3 期。

② 王大洲、关士续：《走向技术认识论研究》，《自然辩证法研究》2003 年第 2 期。

③ 陈其荣：《科学与技术认识论、方法论的当代比较》，《上海大学学报（社会科学版）》2007 年第 6 期。

④ 陈凡、朱春艳：《技术认识论：国外技术哲学研究的新动向》，《自然辩证法研究》2003 年第 2 期。

的技术认识论的基础。比如，埃吕尔认为“技术是物质对象、程序以及组合物的综合体”[①]，“与以往发明的任何东西相比，技术手段都无可比拟的更加有效”[②]。这与提倡狭义的技术认识论的学者所认为的“技术知识的呈现需要借助于实践”“技术知识比科学知识的适用范围更广、比科学知识更可靠”等观点存在共通之处。另外，海德格尔认为技术是解蔽方式，它开启着“真-理之领域”，这与当代西方许多学者从历史的、设计的、方法论的、认识论的视角来理解技术知识的本质一样，都属于对技术知识本质的探讨。埃吕尔也曾明确提出过“有必要从内部考察技术”[③]，将技术看作是“在人类活动的每一个领域完全合理有效的(在一定的发展阶段)方法的总和”[④]。显然，这些观点不仅启发着狭义的技术认识论，而且还指向了技术方法论。

需要强调的是，这里的技术方法论所说的“技术方法”，不是指人们在具体的技术发明等活动过程，如技术构思、技术试验、技术预测、技术评估等中所使用的方法。我们所讨论的“技术方法”是指对技术知识的应用，目的是以技术为原则、规则、方法或手段进行解释和改造世界。这里的技术和技术知识都是广义的，它可以表现为客体、知识、过程、意识形态等多种形态。

技术基础主义对技术方法研究进路的贡献，在于客观上尽力消除来自人们对技术认识的含混性，铺平了由广义的技术认识论到狭义的技术认识论的道路，使后继者能够更为集中地探讨技术知识及其应用(即技术方法)。如果从技术基础主义坚定了人们积极应用技术的信念这个层面来

---

① 雅克·埃吕尔:《技术秩序》，吴国盛编:《技术哲学经典读本》，上海交通大学出版社2008年版(2012年重印)，第132页。

② 雅克·埃吕尔:《技术秩序》，吴国盛编:《技术哲学经典读本》，上海交通大学出版社2008年版(2012年重印)，第125页。

③ 卡尔·米切姆:《技术哲学概论》，殷登祥、曹南燕等译，天津科学技术出版社1999年版，第38页。

④ 转引自:卡尔·米切姆:《技术哲学概论》，殷登祥、曹南燕等译，天津科学技术出版社1999年版，第35页。

讲，技术基础主义对于技术方法论的建构也是助益良多。我们可以借用波斯曼讨论技术垄断时对现代医学的分析来看这种助益。在波斯曼看来，现代医学几乎完全走在依靠技术的道路上，医疗实践已经由“直接与患者交流”转为“通过体检直接与患者的病体交流”。“换句话说，医疗实践转入了完全依赖机器生成信息的阶段，患者也进入了这样的阶段。简而言之，如果医生没有用尽一切可能的技术资源包括药物，如果患者没有得到一切诊疗手段，患者就不放心，医生就容易受到无能的指控。”[①]这个案例表明，在人们心中已经生成一种对技术方法的迫切需求。技术方法论便可在此找到生机和动力。

---

① 波斯曼：《技术垄断：文化向技术投降》，何道宽译，北京大学出版社 2007 年版，第 57 页。

第六章　技术基础主义的批判

技术基础主义研究的主题，决定了它不可能不受到来自形而上学、技术哲学、社会哲学、政治哲学等领域思想家的批判。就技术基础主义的三个基本观点，即现代技术与古代技术的区分、技术价值一元论和技术本质主义来说，它们受到批判的程度是不一样的。现代技术与古代技术的区分，描述了技术发展史中的一个客观事实，比较容易被接受。这方面受到的批判，往往是觉得人们过于关注现代技术与古代技术的区别，而忽视了技术的通用特征。对技术本质主义或者技术实体主义的批判，通常变成了对海德格尔等人的形而上学的批判，涉及范围太广。因此，我们在下面对技术基础主义受到的批判的阐述，主要集中于"技术价值一元论"特别是"技术进步"受到的批评上，对技术本质主义受到的批判的阐述仅涉及了沃林(Richard Wolin)对海德格尔的批判，我们能够从中看出技术本质主义批判的一般特征。

第一节　芒福德：预设的进步

芒福德(Lewis Mumford)是美国著名的城市规划学家、历史学家、文学批评家、技术史和技术哲学家，代表作有《技术与文明》(1934年)、《艺术与技术》(1952年)、《机器的神话》(1967年)等。讨论芒福德有关技术进步的思想离不开其关于技术文明的区分。在《技术与文明》中,他以"能源-材料"体系为参照把技术文明划分为"始生代技术时期"(the eotechnic phase)、"古生代技术时期"(the paleotechnic phase)和"新生代技术时期"(the neotechnic phase)[①]。始生代技术时期对应的是"水能-木材"体系,古生代技术时期对应的是"煤炭-钢铁"体系,新生代技术体系对应的是"电力-合金"体系。以"笔"这一书写工具为例。"鹅毛笔""钢制的笔"[②]"自来水笔"分别属于始生代技术时期、古生代技术时期和新生代技术时期。"鹅毛笔"一般风格多样、技术粗糙、价格低廉,其基础是农业和手工业;"钢制的笔"通常形式单一、廉价但不耐用,为"鹅毛笔"的改进型,其基础是囊括金属开采、金属冶炼和大规模生产在内的工业;"自来水笔"往往色彩靓丽、使用方便、材质优良、经久耐用,其基础是新能源、新材料和新技术产业[③]。芒福德认为,"始生代技术时期""古生代技术时期"和"新生代技术时期"三个阶段互相渗透,相互重叠,很难认为从一个时期到下一个时期技术是进步的。在芒福德看来,人们把这三个时期的技术演进看作是进步的,这个"进步"的观念是预设的,是从理性主义哲学借用来解释技术及其与社会的关系的,而不是从技术史的研究中浮现出来的;技术的进步观脱离了历史,是非常狭隘的,"技术"概念的含义也模糊不清。

1.始生代技术时期

作为"现代技术的破晓时期",始生代技术时期大致是从公元1000年

① 芒福德:《技术与文明》,陈允明等译,中国建筑工业出版社2009年版,第101页。芒福德认为英国学者帕特里克·格迪斯(Patrick Geddes,1854—1932)已先于他提出过关于古生代技术时期和新生代技术时期的区分。不过,在格迪斯看来,两个时期是可以截然分开的,由它们拼接而成的工业文明并不是一个单一的整体。另外,格迪斯还忽视了为这两个时期做出准备工作的始生代技术时期。

② 结合古生代技术时期的起止时间,可以推测芒福德所说的"钢制的笔"很可能指的是早期的蘸水式钢笔。

③ 芒福德:《技术与文明》,陈允明等译,中国建筑工业出版社2009年版,第101~102页。

到1750年[1]。从“能源-材料”体系来说，始生代技术时期的进步性主要表现为：第一，马力、水能、风能等动力源得到较为充分的开发。比如，现代马具和马蹄铁的使用促使马力超越人力，成为人们运输、汲水和磨坊研磨等生活和生产的主要动力；水车被普遍用于汲水、灌溉、研磨谷物、碾石、漂洗、击打皮革、磨制兵器；在荷兰、比利时、卢森堡等低地国家，风车被广泛推广，多种结构的风车除了发挥着与水车几近相同的功用之外，还被用于拦海造田；等等。第二，木材被广泛应用于生活和生产领域。木制的生活器具有木床、摇篮、水桶、酒桶、软木塞、饭桌、木鞋等；木制的生产器械有水磨、风磨、纺车、牛轭、耙子、榨油机，以及车床、织布机的部分零部件等。另外，矿山开采、矿石运输、金属冶炼、建筑等同样需要大量的木材。第三，水运工具和设施得到持续改进。船桨日渐被船帆取代，可逆风行驶的三桅船也已经出现，精密时钟、罗盘、四分仪（quadrant）等航海仪器已经普及。此外，灯塔和港口的建设以及运河的挖掘也极大地促进了水运的发展和城市的繁荣[2]。第四，玻璃制造业获得长足发展，并促进了人们对世界和自我的认知。在此时期，玻璃制品逐渐由奢侈品变为生活中的寻常物品，如灯罩、容器、窗户、温室等。凸透镜和凹透镜分别使远视患者和近视患者享受到正常阅读的快乐。显微镜和望远镜使人们关注到微观世界和宏观世界。镜子增强了人们的自我认知。芒福德说：“如果说当时的自然科学照亮了外部的物质世界，那么镜子则照亮了人的内心世界。”[3]第五，实验方法开始萌生。以印刷术和机械钟表等为代表的始生代技术所呈现出的机械因果性，与强调可重复、可控制、可验证的实验方法不谋而合。

始生代技术的优点主要有：使用清洁能源，污染较少；技术人工物经久耐用；能够拓展人们的感知力；营造了良好的生活环境，实现了人与自然的

① 芒福德：《技术与文明》，陈允明等译，中国建筑工业出版社2009年版，第101、102页。

② 芒福德：《技术与文明》，陈允明等译，中国建筑工业出版社2009年版，第110～111页。

③ 芒福德：《技术与文明》，陈允明等译，中国建筑工业出版社2009年版，第118页。

和谐共处;等等[1]。始生代技术的缺点主要表现为:第一,分布的不均衡性。风磨依赖于强劲的风力,水磨依赖于河水的充沛,然而并不是欧洲的所有地方都满足这些条件。第二,新技术行业导致社会结构出现问题。比如,冶铁、纺织、印刷、采矿等生产的场地远离城市,逃避了行业公会的约束和管辖;新技术行业之间的竞争和垄断必然会牺牲掉以往由行业公会所争取到的"人性化进步"[2]。第三,产品质量和劳动者的地位都持续下滑。在新生产业中,生产中人与人的关系不再是师徒关系,而是雇佣关系。资本家追求私利,以及脱离行业公会和政府的管控,共同导致了假冒伪劣商品的泛滥[3]。另外,在分工比较彻底的产业中,工人只发挥单一性的功能,其每一个动作都蜕变为机械操作。可以说,机器越来越"人性化",而工人则越来越"非人化"。

2.古生代技术时期

芒福德认为,古生代技术时期起始于 1700 年,自 1900 年开始"衰退"[4]。古生代技术体系的"演进"与人类对自然的征服力的"完善"具有一致性,两者都"朝着野蛮迈进"[5]。在英国的新兴工业城镇,工人们在肮脏的环境中日复一日、年复一年地过着艰苦、单调、空虚、原始的日子。芒福德说:"人们每天劳作 14 至 16 个小时,就在工作过的煤矿或工厂近旁死去。他们活着或者死亡,既没有记忆,也没有希望。白天有点东西可以果腹,晚上有个地方可以栖身,做个心神不安但聊以自慰的短梦,他们就很满足了。"[6]芒福德提出疑问:古生代技术体系的"演进"是一种"有益且人道的进步"吗?

芒福德指出,古生代技术时期与始生代技术时期的不同之处主要表现

① 芒福德:《技术与文明》,陈允明等译,中国建筑工业出版社 2009 年版,第 134～135 页。

② 芒福德:《技术与文明》,陈允明等译,中国建筑工业出版社 2009 年版,第 131 页。

③ 芒福德:《技术与文明》,陈允明等译,中国建筑工业出版社 2009 年版,第 133 页。

④ 芒福德:《技术与文明》,陈允明等译,中国建筑工业出版社 2009 年版,第 146 页。

⑤ 芒福德:《技术与文明》,陈允明等译,中国建筑工业出版社 2009 年版,第 145 页。

⑥ 芒福德:《技术与文明》,陈允明等译,中国建筑工业出版社 2009 年版,第 145 页。

在以下三点：第一，煤炭的大规模开采和广泛应用。相比于木材，煤炭更便于存储和运输；相比于风力和水力，煤炭更为稳定。对煤炭的巨大需求促使大量的人力、物力和财力集聚于英国、德国、法国和美国的煤炭主产区。钢铁冶炼、玻璃制作、蒸馏酿酒、煤气照明、熬糖、印染、烧砖等都普遍使用了煤炭[①]。第二，蒸汽机的革新和推广。按芒福德的统计，英国仅在1775年到1800年间就建造了289个蒸汽机，且动力越来越强[②]。蒸汽机不仅使采矿业受益，而且还带动了机械加工和冶金等产业的发展。第三，钢铁的普遍使用。钢铁是工业革命的基础产业，蒸汽机、机器、铁路、火炮、铁甲战船等等都以钢铁为材料。

与古生代技术的“成就”相伴而生的是以下问题：

首先，自然和社会环境遭到破坏。自然环境的破坏主要体现为空气和水的污染。社会环境的破坏主要体现为“工业的地区专门化”，这种专门化导致了“社会生活的不平衡、智力资源的贫乏以及环境的恶化”[③]。

其次，工人的工作状况日益恶化。芒福德指出，在古生代，“蒸汽机成了定调者”：既然蒸汽机和煤气照明都可以24小时持续运行，“那工人为什么就不行呢？”[④]。芒福德通过历史分析，得出了和马克思在《资本论》中所得到的相同的结论，即以蒸汽机为基础的“工厂体系”把工人带入了悲惨世界。一方面，工人在每天辛苦工作十几个小时之后拿到的报酬仅够其果腹，他们还面临着随时失业的威胁，因为机器的自动化既会使资本家进行裁员，也会带来其他竞争者，如妇女、儿童等；另一方面，由于生产扩大化，工厂的规模也越来越大，对工人进行的特定方面的教育“阉割了”工人的能力。芒福德以英国的童工教育为例，揭示了这种教育的两重属性：监狱和工厂。芒福德说，学员们“沉默、缺少行动、完全被动、仅当外界刺激时才作

① 芒福德：《技术与文明》，陈允明等译，中国建筑工业出版社2009年版，第147页。
② 芒福德：《技术与文明》，陈允明等译，中国建筑工业出版社2009年版，第150页。
③ 芒福德：《技术与文明》，陈允明等译，中国建筑工业出版社2009年版，第158页。
④ 芒福德：《技术与文明》，陈允明等译，中国建筑工业出版社2009年版，第151页。

出反应、死记硬背、鹦鹉学舌、计件工作式地获取知识”[①]。

最后，人们身心的窒息。在英、美、德和法的一些重要工业区，贫困儿童几乎丧失了对蓝天、白云、花香感知的机会，成人们则如同“服了镇静剂似的”成为“循规蹈矩的操作工”[②]。掺假的食物、烈酒、劣质烟成为工人的日常用品。芒福德说，当英国工人阶级不得不生活在拥挤、肮脏的住宅中时，“中产阶级的图书馆里却充斥着自满学者的著作，详细对比并论述中世纪的污秽以及当今时代的文明和整洁”[③]。

在芒福德看来，既然古生代技术既带来人类控制自然能力的提升，又导致了人类生活状况的恶化，那么便不能轻易言说古生代技术体系是不是“有益且人道的进步”。如果有人认为它是进步的，那理应详加考察、以辨真伪。芒福德认为，18世纪的哲学家和理性主义者已把“进步”变成了一种含义模糊的信念，在他们看来，人类在进步，这是显而易见的：工具和仪器在改进，法律在完善，数学知识在增长，生活用品在增多，财富在累积。芒福德指出，这是一种非常狭隘的进步观和历史观，因为它忽视了这样一个事实：“这个时代除了科学思想和能源开发之外都处于一个低谷。”[④]到了19世纪，随着技术体系的进一步完善，上述含糊的信念摇身变为得到确证的教条，因为在进步观的支持者看来，层出不穷的发明、越来越多的烟囱、功率越来越高的机器、温暖舒适的住房、延展在整个大陆之上的铁路，哪一个不能证明人类在进步呢？芒福德认为，哪一个都不能！在芒福德看来，上述对进步的观察，其视角存在致命缺陷。如果从历史的某个低点出发，确实能观察到进步，例如以14世纪欧洲的封建斗争为立足点来遥看1815年到1914年之间的和平，就可以得出人类在进步的结论。然而，如果从历史的某个高点出发，看到的还是进步吗？例如，以16世纪德国矿工的工作时间（每天3班，每班8小时）来看19世纪矿工的工作时间（每天工

① 芒福德：《技术与文明》，陈允明等译，中国建筑工业出版社2009年版，第161页。
② 芒福德：《技术与文明》，陈允明等译，中国建筑工业出版社2009年版，第164页。
③ 芒福德：《技术与文明》，陈允明等译，中国建筑工业出版社2009年版，第170页。
④ 芒福德：《技术与文明》，陈允明等译，中国建筑工业出版社2009年版，第170页。

作14至16个小时),人们有可能会怀疑进步。在芒福德看来,进步的信条会使人们罔顾事实,臆断和预设进步,价值被简化为对时间和空间的计算,认为过时的或老式的东西就是缺乏价值的东西,能够缩短距离或延展空间的东西就是具有价值的东西。

3.新生代技术时期

芒福德将1832年富尔内隆(Benoît Fourneyron)对水力涡轮机的完善,看作是新生代技术时期的开端[①]。新生代技术时期虽然脱胎于古生代技术时期,但却是"真正的突变"。这是由科学促成的。新时期的科学,一方面将其方法应用到生物学、经济学、社会学和心理学等经验领域,另一方面直接应用于技术和生活方式。科学研究和实际问题的解决之间形成了良性的互动。芒福德认为,新生代技术时期的典型特征主要表现在三个方面:首先,电力成为新能源。自19世纪30年代开始,发电机、配电系统、电动车辆、电报、电灯等以电力为核心的生产和应用活动陆续展开[②]。电力的应用改变了工厂的选址、结构,以及管理方式,也降低了工业的集中程度。其次,大量新型材料问世。合成树脂、新型合金、硫化橡胶、轻金属、酚醛塑料等人造化合物丰富了人们的技术选择,它们在电阻、韧性、抗腐蚀性、弹性等方面各具特色。最后,蒸汽机得到进一步的改进,出现了内燃机。对于蒸汽机而言,煤炭被液态燃料取代,司炉工被机械加煤机取代,往复式引擎被涡轮取代。19世纪60年代出现的内燃机,动力更为高效、可靠。

在芒福德看来,尽管新生代技术相比于古生代技术具有值得赞赏的地方,但它们在促进社会发展方面发挥的作用有限。芒福德说,原因在于,"新事物的发展并未遵循其自身的独特模式,而是遵循了过去的经济模式和技术结构"[③]。比如,新的交通工具有了,结果没有发挥其强劲动力的现代公路,而只能蜗行于老式土路或碎石公路上。在混凝土公路出现之后,

① 芒福德:《技术与文明》,陈允明等译,中国建筑工业出版社2009年版,第194页。
② 芒福德:《技术与文明》,陈允明等译,中国建筑工业出版社2009年版,第200页。
③ 芒福德:《技术与文明》,陈允明等译,中国建筑工业出版社2009年版,第211页。

老式的交通模式又导致了擦挂、车祸、拥堵、噪音等顽疾。当新的交通模式运行时，又出现了人口分布不均衡、城市臃肿等问题。

在与古生代技术体系的竞争中，新生代技术体系仍处于劣势。芒福德指出，古生代技术实践所表现出的"好斗、金钱至上、抑制生命"等倾向仍主导着人们的行为[①]，比如新能源和新机器臣服于资本主义，油、气、电的输送并没有使城市更加高效、舒适，钢结构的建筑也不一定会带来光明，心理学研究成果被精明的广告商使用，私人银行壮大了金融寡头等等。在芒福德看来，技术进步与社会进步之间的关系并不是如人们通常认为的那样，如果"认为机械进步必然促进文化和文明的进步"，那必然是一厢情愿，因为"机械体系根本无法完成这种任务"，先进的技术以及合作的才智与愿望是社会进步的必要条件，"就像电灯并不能给丛林中的猴子带来任何承诺一样"，技术也不会天然地有助于人类[②]。芒福德说："缺乏更高的社会目标的协同发展，机器体系在新生代技术阶段的发展只能增加贫困化和野蛮化的可能性。"[③]

4.技术体系的未来命运

芒福德认为，虽然目前技术体系或机器体系的影响力巨大，但其未来影响力必将降低。一方面，随着传统机械生产部门趋于完备，机器体系本身的扩张速度在降低；另一方面，当人们从多个视角更加全面地了解世界后，将不再偏爱采用机械方式来处理问题。芒福德乐观地说："当人类的社会生活变得成熟起来以后，机器的社会性'失业'将和现代技术条件下人的失业一样平常。"[④]比如，在医学上，当采用有机整体的方式来对待身体的时候，医生会结合病人的真实状况综合考虑各种医疗资源，尽可能选用自然的方式，从规模和数量上减少外科手术，避免盲目使用药物。芒福德认为，公众对于自然生活方式的追求将会改变以往对机械的使用，甚至在产

① 芒福德：《技术与文明》，陈允明等译，中国建筑工业出版社2009年版，第233页。
② 芒福德：《技术与文明》，陈允明等译，中国建筑工业出版社2009年版，第195页。
③ 芒福德：《技术与文明》，陈允明等译，中国建筑工业出版社2009年版，第234页。
④ 芒福德：《技术与文明》，陈允明等译，中国建筑工业出版社2009年版，第376页。

业、人口、娱乐设施日趋合理的分布之后，人性化的社区也会使大都市和地铁显得多余[1]。

总体看来，在芒福德看来，人类文明由技术、道德、政治、社会、美学等多个方面的内容构成，这些内容相互作用、相互影响、相互制约。在始生代技术时期，机器胜利的原因，部分在于它确立秩序和取得权力的方式，即借助纯粹外部的手段；部分在于“它避开了生活的实际问题，绕过了重大的道德和社会方面的困难”[2]。在古生代技术时期，采矿业和冶铁业的发展大力助推着机器的发明、改造和应用，然而人类文明并未因机器体系的完善而提升，众多原有的和新生的社会问题、道德问题和政治问题接踵而至。在新生代技术时期，机器开始采用类似有机的方式并以关注生命为目的来运作，但这一体系还没有取得完全的胜利，古生代机器体系的诸多因素都以消极、负面的方式影响、制约甚至主导着人们的行为，加之合理的社会目标的缺失，技术文明还未能与其他文明和谐共生。芒福德说：“过去，西方世界的一个典型特征就是对机器体系的被动依赖，这实际上是放弃生活的一种表现。”[3]对机器体系的被动依赖，掩饰了人类内心的虚弱和自身的无能，这是人们不使用或不善于使用想象力、智力和社会责任的长期结果。而对机器的滥用，又在一定意义上助长了机器体系的完善，而“机器体系的完善过程在某种程度上也伴随着它的消失过程”[4]。由于“机器本身不提出任何要求，也不保证做到什么”[5]，机器的消失，还有对机器力量、对技术进步的迷信的消失，依赖于人们对社会、心灵和生命的持续关注，而在根本转变发生之前，我们应该持有一种高层次的“技术保守主义”而非低俗的“实验主义”[6]。

---

① 芒福德：《技术与文明》，陈允明等译，中国建筑工业出版社 2009 年版，第 376 页。

② 芒福德：《技术与文明》，陈允明等译，中国建筑工业出版社 2009 年版，第 8 页。

③ 芒福德：《技术与文明》，陈允明等译，中国建筑工业出版社 2009 年版，第 377 页。

④ 芒福德：《技术与文明》，陈允明等译，中国建筑工业出版社 2009 年版，第 378～379 页。

⑤ 芒福德：《技术与文明》，陈允明等译，中国建筑工业出版社 2009 年版，第 9 页。

⑥ 芒福德：《技术与文明》，陈允明等译，中国建筑工业出版社 2009 年版，第 378 页。

第二节　维纳:进步是一种"无力的信念"

维纳(Norbert Wiener)是美国著名的科学家、应用数学家和控制论的创始人,代表作有《控制论,或关于在动物和机器中控制和通讯的科学》(1948年)、《人有人的用处——控制论和社会》(1950年)、《维纳选集》(1964年)等。在《人有人的用处——控制论和社会》中,维纳阐述了他对于技术和社会进步的观点。与芒福德从技术史抨击技术进步观不同,维纳基于自然科学理论,提出了通过技术和社会组织创新,在总体熵增的情况下,局部的进步是可以实现的观点。同时,维纳也提出,这种局部的进步不论是在客观方面还是主观方面都是有条件的,进步"不是有力的信念,而是勉强接受下来的因而也是无力的信念"[①]。

维纳对技术和社会进步的分析,理论基础是热力学第二定律和他在生命有机体与机器系统之间进行的类比。用热力学第二定律来理解人类社会,产生了广泛影响的是由里夫金和霍华德提出的"熵世界观"。与"熵世界观"表现出的悲观主义不同,维纳在1950年提出的有条件的进步观更具启发性。维纳的独特见解有助于我们加深对技术和社会进步的认识。

在物理学中,"熵"(entropy)代表的是某一系统的混乱程度,熵值越大,这个系统的无序性也就越大。熵增过程(entropy increase)就是某一系统由有序向无序转变的过程。描述系统的这种规律性的热力学第二定律,也被称为"熵增原理"。它说的是,孤立系统的熵不减少。如果系统过程是可逆的,熵值不变;如果系统过程是不可逆的,熵值增加。为了抵御系统的熵增,系统就需要变成开放系统,并从外界吸收物质和能量。作为局部的系统的熵是可以减少的,但总体的系统的熵却处于增加的状态。里夫金和

① N.维纳:《人有人的用处——控制论和社会》,陈步译,商务印书馆1989年版,第34页。

霍华德提出的"熵世界观"就是从这里出发的：生物和人的生存、技术和社会发展必须消耗能量，能量的消耗将使世界处于熵增的过程，我们的世界是一个混乱程度不断增加的世界，因此必须将熵作为一种世界观，作为人类社会最高的形而上学原理来接受，把减少消耗，减缓地球上的熵增作为人类的思维方式和生活方式。从结果来说，里夫金和霍华德提出的"熵世界观"对于克服人类社会的技术崇拜和物质主义是非常有益的，但其表现出的悲观主义和对热力学第二定律的理解备受批判。在维纳看来，由于受到外界事物的影响，我们目前生活的世界处于一种非平衡状态，这种状态是宇宙衰退过程或整个平衡趋势的一个阶段，但我们不太可能成为最后毁灭的当事者。维纳认为，我们生活于其中的世界虽然在永恒岁月中仅占据极小的位置，但其存在的意义却十分巨大，因为"熵不增加，组织性及其伴随者（信息）都在增进中"[①]。

维纳指出，科学家在世界秩序方面所做的研究工作是非常有意义的。科学家一般把世界的秩序看作是理所当然的，他们倾向于接受自然界的被动性，只想着"随便在什么时候和什么地方都可以从事他的种种实验而不用担心自然界会在什么时候发现他所使用的手段和方法，从而改变其策略"[②]；而实际情况却恰恰相反，世界的组织性或秩序性变成了最应该探索的对象。

为了分析人类社会如何抵御熵增，维纳在生命有机体和机器之间进行了类比。在维纳看来，生命体和机器都具有组织性，只不过后者的组织性"粗糙而不完善"，只是暂时而又局部地增加信息。维纳特别提醒读者注意，他并没有试图通过熵增问题来扩大"生命"一词的内涵，在讨论机器和生命体之间存在某些相似性时，并不涉及机器是"死的"还是"活的"这类问题。维纳甚至建议避免使用类似"生命""生命力""灵魂""目的"这样的概

① N.维纳：《人有人的用处——控制论和社会》，陈步译，商务印书馆1989年版，第20页。

② N.维纳：《人有人的用处——控制论和社会》，陈步译，商务印书馆1989年版，第25页。

念，因为这些字眼既是尚待证明的，又是严格的科学思维和科学分析应该避免的。通过生命体和机器的类比，维纳的真正目的在于说明机器或生命模拟(life-imitating)机和生命机体之间是可以相比拟的，在总熵趋于增加的背景下，它们都是局部反熵增过程的例证①。

在维纳看来，能够与生命有机体类比的生命模拟机存在两个主要特征：其一，它们都具备类似人的胳膊和腿的效应器官②，以便执行某个或某些特定任务；其二，它们都通过感觉器官与外界交往，换言之，它们都执行反馈职能，即借助对过去情况的记录来调节未来的行为。这种反馈策略既可被看成条件反射，又可被当作学习。在机器中，存储信息并根据信息来调整下一个动作的装置就是中枢决策器官，它模拟的是生命体的记忆功能③。因此，机器和生命体之中都有依据过往信息指导未来行动的专门仪器，都“能够在一个其总趋势是衰退的世界中在自己的周围创造出一个局部组织化的区域来”④。正是后者使得人们可以断言进步的存在。

维纳指出，进步和熵增之间的斗争由来已久，虽然早在启蒙时期“进步”观念就已出现，但是后来的学者在对它的理解上存在分歧。比如，拉马克和达尔文都在与“进步”相近的意义上使用“进化”一词。前者认为进化是一个“高而更高、好了又好的自发上升过程”，而后者则认为进化指的是生命体的演变趋势，即“多向发展的自发趋势”和“保持自己祖先模式(pattern)的趋势”⑤。在达尔文的生物进化论中，这两种发展趋势会规避掉自然界的无序性，并且借助“自然选择”还可以淘汰掉部分有机体，留下

① N.维纳：《人有人的用处——控制论和社会》，陈步译，商务印书馆1989年版，第20～22页。

② 这里的“效应器官”指的是“信息器官”中施用信息的器官，如操作器官(手)、行走器官(脚)、语言器官(口)等。

③ N.维纳：《人有人的用处——控制论和社会》，陈步译，商务印书馆1989年版，第22页。

④ N.维纳：《人有人的用处——控制论和社会》，陈步译，商务印书馆1989年版，第23页。

⑤ N.维纳：《人有人的用处——控制论和社会》，陈步译，商务印书馆1989年版，第26页。

的适应环境的生命构成剩余模式(residual pattern),它是合目的性的体现。维纳得出结论说,自然界本身并不是有目的地构建的体系,但我们却可以从中发现目的性[①]。因此,维纳非常赞赏作为控制论先驱之一的威廉姆·罗斯·阿希贝(也译作"艾什比",W. Ross Ashby)的这个思想:"没有目的的随机机构会通过学习过程来寻求自身目的"[②]。换言之,机器的学习类似于生命的进化,或者说机器类似于生命机体。鉴于此,维纳认为,人们不仅可以为机器注入目的,而且机器本身也会找寻超出加诸其上的目的之外的各种目的[③]。在此意义上,维纳认为,进步观是成立的。

维纳同时指出,进步观的成立,还需要人们在主观方面发生改变。我们把维纳阐述的帮助人们接受进步观的因素归纳为下面三点,即科学上的有意"剪裁"、乐观教育,以及事实和价值的"联姻"。首先,科学上的有意"剪裁"会使我们偏重进步现象。对热力学第二定律,人们会持怎样的态度,悲观还是乐观?这涉及我们是否公平地或一视同仁地看待整个宇宙的价值和我们所处的以及发现的减熵区域的价值。维纳说:"正常视景因远近距离的不同而产生的差异使我们赋予减熵和增加秩序的地区的重要性远比赋予整个宇宙的重要性大得多。"[④]我们可以只关注人类活动的空间而忽略宇宙的其他部分,我们可以只关心生命的既存而漠视生命的偶然性,我们可以只考虑地球的当下而回避地球的结局,只有赋予前者更重要的价值,才能避免悲观主义。维纳指出,这是一种来自科学的理性的悲观主义,治疗这种悲观主义的良药是理性地考量。其次,人的乐观天性和乐观教育会使人相信进步观念。这不是说人生都是乐观的,没有悲观的时候

① N.维纳:《人有人的用处——控制论和社会》,陈步译,商务印书馆 1989 年版,第 26 页。

② N.维纳:《人有人的用处——控制论和社会》,陈步译,商务印书馆 1989 年版,第 27 页。

③ N.维纳:《人有人的用处——控制论和社会》,陈步译,商务印书馆 1989 年版,第 27 页。

④ N.维纳:《人有人的用处——控制论和社会》,陈步译,商务印书馆 1989 年版,第 28 页。

或者悲观的一面，而是说人生的苦难反而印证了天性的乐观和进步的存在，人所受到的主流教育都是乐观教育。维纳以美国人为例说明了人们对进步的追求根源于他们的信念。富裕家庭的儿童接受的教育都旨在遏制他们自身悲剧感的产生，死亡和毁灭被人为地规避，长久的熏陶使他们对圣诞老人念念不忘，在不得不承认圣诞老人只生活在神话中后，他们会努力寻求其他替代物来安抚感情。乐观教育能够使人总是揣着愈来愈美好和伟大的事物不断涌现，进步永不止歇的观念。最后，事实和价值的"联姻"使人们崇尚进步。如果人们将技术的进步看作是对人类而言的一件好事，进步观念俨然会成为一种价值观念，追求进步也就变成了道德原则。这种"技术的契约价值论"有利于人们接受进步观。

维纳不仅认为从自然科学看社会因技术而进步是成立的，而且他也指出，当历史的慢节奏终被工业革命打破之时，"历史的类似性"已不能用来反对进步，现代史本身就是一个崭新的历史时期[①]。因为文明不可能在之前的历史中找到与蒸汽机、火车、电报、海底电缆、现代冶金术、汽船、高爆炸药、电子管、飞机、导弹、核弹等发明相匹敌的事物，也很难将古代的治国理念、执政思想和经济举措与现代的科学管理、经济体制和社会系统相提并论。但维纳同时指出，人类的这种进步，人类强化自身，强化对自然界改造和控制的能力，并不会巩固我们作为自然界的"主人"的地位，相反，它会使我们进一步滑向"奴隶"的地位[②]。人类向自然界索取的越多，留下的便越少。在此意义上，所谓的"进步"并不利于人类的生存，因为它将迫使我们成为"技术改进的奴隶"以适应新的环境。所以维纳说："我们是如此彻底地改造了我们的环境，以致我们现在必须改造自己，才能在这个新环境中生存下去。"[③]这就是维纳对进步的基本态度。概括起来就是，我们既不

① N.维纳：《人有人的用处——控制论和社会》，陈步译，商务印书馆 1989 年版，第 32～33 页。

② N.维纳：《人有人的用处——控制论和社会》，陈步译，商务印书馆 1989 年版，第 33 页。

③ N.维纳：《人有人的用处——控制论和社会》，陈步译，商务印书馆 1989 年版，第 34 页。

能因为热力学第二定律而像“宇宙热寂说”那样持一种悲观主义，社会因机器和技术而进步不仅在理论上还是在现实上都是成立的，但人类必须为此付出代价，人类对技术的依赖和技术对人的统治就是其中之一，进步的条件性使“进步”看起来更像是为了某种目的而“勉强接受下来的信念”，是“无力的信念”。

第三节　巴萨拉：技术进化的多样性

在巴萨拉看来，技术进步观是文艺复兴以来人们思考技术的性质和影响的基调[①]，这种技术进步的观念建立在下面的“六条推论”之上：第一，技术革新明显促进对人造物的改进；第二，社会进步可以用衡量技术进步的量化标准，如速度、效率等来衡量；第三，技术的进展直接有助于人类物质条件和精神状况的改善；第四，人类完全掌控技术革新的动力、方向和影响；第五，自然界已被征服并服务于人类目的；第六，技术文明在西方国家达到了巅峰[②]。巴萨拉通过对上述论据的逐条反驳，力图论证通常的把技术向单一目标的迈进说成是人类生存状况改善的进步观是不符合实际的，他认为技术发展是复杂的经济、军事、社会和文化多重因素共同作用、选择的结果，技术和人造物的多样化才是适应和满足人类的多样性需要的进步样式。

巴萨拉指出，早在17世纪，技术进步论的反对者就已经出现了，但直至20世纪中叶之前，这些反对者也没能系统而有力地组织起自己的论据。巴萨拉认为，导致这种状况的还在于社会和技术的发展；20世纪中叶特别是第二次世界大战以后，这一切已经发生了根本改变。在巴萨拉看来，现代战争中原子武器的使用是技术进步带来的后果，死亡和毁灭的威胁使人

① 巴萨拉：《技术发展简史》，周光发译，复旦大学出版社2000年版，第228页。

② 巴萨拉：《技术发展简史》，周光发译，复旦大学出版社2000年版，第228页。

们不得不质疑技术的发展直接有助于人类物质条件和精神状况的改善这种观点；技术产品给生态环境造成的伤害及由之而来的自然界的报复，既表明人类不可能一劳永逸地征服自然界，也表明人类不可能完全掌控技术；还有，许多不可否认的事实已经证明，在与自然和谐相处方面，西方技术带有的“天然优越性”的光环早已褪去。巴萨拉认为，上述事实很容易地反驳了支持技术进步观的第三、四、五、六条推论①。

针对上面的第二条推论，进步论者会坚持，相比于古代，现代的陆上交通工具速度更快，相比于早先，现代的农业生产产量更高，这都是进步的证据。巴萨拉对这一论据进行了分析，他认为技术进步的衡量和评估从完全控制自然界或依靠技术来改善人类生活这种目标转变为用“指标”，即用物理量来衡量本身在理论上已经是一种明显的退步了，用技术指标的变化表现技术进步这种看似很切实际、言之凿凿的方法却根本经不起推敲②。巴萨拉首先考察了陆上交通工具。若是按照速度和出现的时间，我们可以对已有的交通工具做出这样的排序：从公元前几千年时速为1～2英里的雪橇，经人力推车、马车、蒸汽车、内燃机车、电车，到现代时速为630多英里的劳斯莱斯喷气发动机赛车等等。这一上升序列似乎彰显出了技术在进步。然而，巴萨拉提醒我们，不要忽略和忘记了与交通工具的评价有密切关系的两个因素，这就是需要和文化。巴萨拉在引述澳裔英籍考古学家、史前学家蔡尔德(V. Gordon Childe)的观点时指出，人类的需要虽然总体上不断变化，但也具有相对稳定性，公元前数万年的狩猎者、公元前数千年的古埃及人，或公元前几十年的英国人，都不需要以每小时数十或数百英里的速度向前狂奔。“需要”的不同进一步反映在“文化”上。具体技术总是与创造它并使用它的文化相适应，因此应该将技术放置于“生长”它的文化中来评判，任何跨文化的比较或在某一特定文化中跨时段的比较都不能作为技术进步的有效证据。巴萨拉略带诙谐地说：“一个20世纪的历史学

① 巴萨拉：《技术发展简史》，周光发译，复旦大学出版社2000年版，第228～229页。
② 巴萨拉：《技术发展简史》，周光发译，复旦大学出版社2000年版，第229页。

家把牛车和汽车一块儿放到一条现代高速公路上，然后测定它们各自的速度，以此作为技术进步的标志，这是完全不可取的。”[①]

巴萨拉还以粮食生产为例，对社会进步的指标评价方法进行了进一步的反驳。通常用粮食的亩产量来衡量原始农业生产方式和现代农业生产方式的相对效率，后者自然较高。巴萨拉对二者进行了深入、细致的分析：原始农业生产主要是以斧头为工具进行砍、伐、烧式的开荒和以锄头为工具的耕种，现代农业生产则倚重机器和化肥；“农民的简单劳动量与农作物产量的比例”是原始农业生产的投入产出比，“燃料、化学物质、机械、人力与农作物产量的比例”是现代农业生产的比例。如果具体到棉花生产，代表原始农业生产方式的墨西哥农场的投入产出比是 1∶11，而代表现代农业生产方式的美国农场的比例则是 1∶3[②]。巴萨拉由此力图说明，单独用粮食产量来评判技术进步和社会进步是不足取的，表面上看似客观中立的进步评估标准和主观的方法并没什么质的不同，同样存在问题。

人类社会依靠技术而进步，这是技术进步论的核心观念。巴萨拉通过对蔡尔德进步观的批判，触及了人类在不断进步这个核心观念。从 1936 年到 1944 年间，经济大萧条和二战的发生，使得人们悲观地看待人类的未来，蔡尔德以一种历史学家所特有的长远眼光来审视当时的情形，认为人们完全没必要如此，因为对未来持乐观态度是完全合乎理性的。第一，如果将这段历史(1936—1944)看作是人类自史前史以来的历史长河中的很小一段，那么此中由战争、贫困、饥荒等造成的短暂阻延、滑坡、停滞现象就会被人类在漫长时期中创造的累累硕果所冲淡、掩盖。毕竟，打造石制工具，创建农业，构筑城市，冶炼金属，发明书写工具等都是人类在不断进步的显明证据[③]。第二，技术变革、人口增长和人类进步三者之间存在一种正相关关系，历史学中的“进步”与生物学中的“进化”没什么两样[④]。在动

① 巴萨拉：《技术发展简史》，周光发译，复旦大学出版社 2000 年版，第 230 页。

② 巴萨拉：《技术发展简史》，周光发译，复旦大学出版社 2000 年版，第 230 页。

③ 巴萨拉：《技术发展简史》，周光发译，复旦大学出版社 2000 年版，第 231 页。

④ 巴萨拉：《技术发展简史》，周光发译，复旦大学出版社 2000 年版，第 231 页。

植物界，一个物种的成员数量可以精确衡量这一物种的适应性，数量越大这一物种便越成功，人类亦复如是。蔡尔德认为，人类的"适应性或进步的能力，能由人口增长这种检验方式决定"[1]。在蔡尔德看来，佐证人口增长和技术变革之间存在关联性的证据俯拾即是：比如，考古学表明，农业、城市建设、书写工具的创制、冶金等史前革命都导致了人口的增长；再如，1750—1800年间，英国人口剧增便得益于工业革命中社会、经济和技术的变迁，因为工业化为人类的生存与繁衍提供了极大便利[2]。

巴萨拉认为蔡尔德的上述观点存在漏洞。第一，放眼包含史前时代的整个历史来讨论人类进步，证据明显不足。巴萨拉说，人们对史前时代的了解仅限于少数石器和陶器，"对其他史前技术所知甚少，对史前人类的生活和思想更是一无所知"[3]。第二，并不存在关于史前人口变化的可靠信息，即便存在，它是不是由技术进步引起的仍值得怀疑。这种怀疑也适用于现代，因为不同学者对1750—1800年间人口增长的解释不尽相同，甚至大相径庭。比如，有人认为疾病和变化无常的气候是这一时期人口增长的原因；还有人认为人们混淆了这一时期人口增长和工业革命的因果关系，人口增长是工业革命的原因之一，而非相反[4]。第三，人口检验法面临两个诘难：其一，物种数量并非总是进步或成功的象征，因为很多生物虽在数量上遥遥领先于人类，但却处于食物链的较低层级；其二，人口增长也并非总是好事，因为伴随它而来的可能是食物短缺、生存空间紧张、生活水平低下等危险[5]。

从上面我们很清楚地看到了巴萨拉反对技术进步观的实质。巴萨拉并不是否认技术的进步。比如在19世纪最后20年间，在英国或德国文化背景之下，无线电信号传输技术就传输距离的远近而言，从赫兹的15米，

① 巴萨拉：《技术发展简史》，周光发译，复旦大学出版社2000年版，第232页。
② 巴萨拉：《技术发展简史》，周光发译，复旦大学出版社2000年版，第232页。
③ 巴萨拉：《技术发展简史》，周光发译，复旦大学出版社2000年版，第233页。
④ 巴萨拉：《技术发展简史》，周光发译，复旦大学出版社2000年版，第233页。
⑤ 巴萨拉：《技术发展简史》，周光发译，复旦大学出版社2000年版，第234页。

到洛奇的54米，到马可尼的几百米、数千米、横跨英吉利海峡和大西洋两岸，就被巴萨拉看作是无线电技术的进步[①]。巴萨拉只是反对由西方发达国家代表的强调技术的单极化发展，以及决定技术先进性的技术指标体系的进步观。在这种指标体系中，新技术比旧技术的指标好，比如功率大、速度快、产量高、柔韧性强等等，因此新技术就以进步的方式取代旧技术；社会的进步表现在GDP、工业产值、人均收入等的增加，而完全忽视了其他方面的情况。巴萨拉认为，技术的发展离不开具体的社会经济结构、社会需要和文化，技术的评价必须是历史的，离开了具体的社会和文化环境，单纯强调技术对人造物的改进这种技术进步观的论据(也就是第一个推论)，是站不住脚的。在巴萨拉看来，一个新技术产生的人造物不是从一开始就具有确定的目标、满足确定的需要，技术发明是通过社会经济、需要、文化等多重因素共同起作用的选择而转化为经济文化产品的。巴萨拉分析了爱迪生发明的留声机。在留声机问世后的第二年即1878年，爱迪生才发文详尽列出留声机的可能用途：做听写记录，作为盲人的"说话的书"，学习演讲术，复制音乐，保存留言，创造新的声音，制造有声时钟，记录通话等等。其中，被人们后来最看重的音乐复制功能并不是首选，并且留声机最早只能采用近距离的录音方式且时间过短，不是一个成熟的具有商业价值的产品。直到19世纪90年代，当留声机作为复制音乐的设备被成功商业化之后，爱迪生才明确了留声机的娱乐用途[②]。像留声机这样经过多重开发和选择而成为商品的情况很普遍。新技术发明一般都具有用途和属性没有完全确定、功能表现较差等特征。比如，早期的照相机曝光时间较长，打字机既笨重又很慢，内燃机的功力太低，飞机只能在空中短短停留，电视机图像很小、闪烁模糊，电子计算机占据大量空间等等。各种疑问和风险伴随着和充斥于人们对新产品的选择[③]。

哪些因素会影响人们的选择呢？巴萨拉认为是技术因素、经济力量、

① 巴萨拉：《技术发展简史》，周光发译，复旦大学出版社2000年版，第234页。

② 巴萨拉：《技术发展简史》，周光发译，复旦大学出版社2000年版，第152页。

③ 巴萨拉：《技术发展简史》，周光发译，复旦大学出版社2000年版，第154页。

军事需求、社会经济结构和文化等。关于经济力量对于技术选择的意义，巴萨拉用了“经济约束”而不是通常的“经济决定”，一方面强调在技术创新和技术的再开发过程中经济和市场的力量，另一方面又避免把技术的发展像经济决定论那样还原为一个满足需求由资本和市场决定的过程。对于技术选择的社会需要，巴萨拉特别强调军事需求的作用。巴萨拉认为在对先进技术的选择过程中，相比于经济因素，军事需求往往牢牢掌握着控制权。巴萨拉指出，一战中战场对卡车的特别要求，如发动机的可靠性、车身的机动灵活性等等，极大地推动了卡车生产的统一化和标准化，从根本上改变了工商界普遍使用马拉货车的现象[①]。在冷战中，以核能技术、航天技术、飞船、雷达、喷气式飞机、数控机床、计算机、微电子产品等为标志的技术创新都带有军备竞赛的背景。即便批评家们认为有些技术威胁到人类的安全、破坏了环境、扭曲了社会价值观、阻碍了经济发展，也否定不了军事需求在一些技术选择过程中扮演的决定性作用[②]。

在技术的选择机制中，巴萨拉观点的独特性还在于它表现出的历史性。社会经济结构、社会经济制度、传统的主流文化等等的作用，都被巴萨拉看作是决定技术发展的现实的历史力量。中国古代文化和制度影响技术选择和发展的例子，被巴萨拉看作是文化价值观发挥作用的典型。对于印刷术、火药和指南针，巴萨拉提出的问题是:“假如这些发明对西方现代社会的形成具有里程碑式的意义，为何它们对中国社会没有施加相似的影响?”[③]巴萨拉提醒我们重视以下学者的解释。一是历史学家埃尔文(Mark Elvin)提出的一种经济性解释。埃尔文认为18世纪的中国经济已经“无法产生和支持内部技术变革”，“一种根植于其经济中的高度均衡能力的陷阱在作怪”[④]:传统技术的功能已被发挥到极致，对传统的成熟技术的依赖性使中国的商人们对经济发展的变化缺乏关注，不会热心于技术革新，商

① 巴萨拉:《技术发展简史》，周光发译，复旦大学出版社2000年版，第173～174页。

② 巴萨拉:《技术发展简史》，周光发译，复旦大学出版社2000年版，第183页。

③ 巴萨拉:《技术发展简史》，周光发译，复旦大学出版社2000年版，第185页。

④ 巴萨拉:《技术发展简史》，周光发译，复旦大学出版社2000年版，第189页。

业遇到困难时通常首先想到的是通过非技术的方式(如廉价的劳动力)来解决,而非求助于技术革新。二是与埃尔文的观点不同的,汉学家李约瑟提出的中国社会和政府的结构才是决定了技术发展,致使中国技术在近代落伍的根源的观点。李约瑟认为,自秦帝国完成大一统、中央集权的封建君主政体建立以来,中国的工商业发展便受制于封建官僚体制,中国缺少一个有能力影响政府机构设置和政治决策的强大商人阶层。巴萨拉指出,李约瑟的观点可以引导读者进一步注意一些来自其他作者的或明或隐的论据,如中国社会安于现状、盲目排外;受儒教制约的社会稳定但过于保守,虚假的自身文化优越性拒绝外来的新事物;知识阶层蔑视工商业,官僚士大夫对古物的喜好盖过对商业、科学、技术等领域新生事物的喜好,对技术创新持怀疑或轻视态度;等等[①]。

巴萨拉特别强调,经济约束、军事需求、社会经济结构、制度和文化因素是共同发挥作用,共同影响着技术选择的。巴萨拉以美国的超音速运输机(Supersonic Transport,简称 SST)计划为例进行了分析。对超音速运输机的争辩旷日持久(1959—1971),涵盖企业界人士、政界人士,以及普通大众,涉及经济增长、国家利益、环境保护、生活质量等众多问题,其结果是决定不发展这种运输工具[②]。20 世纪 50 年代已有美国产 SST 的呼声,飞机制造商们希望与军方的合作中获取政府的财政拨款的惯例适用于 SST 项目,出于其他国家研发 SST 的传言[③]和维护美国国家利益的考量,艾森豪威尔政府在名义上将 SST 项目纳入联邦航天局(FAA)旗下,然后肯尼迪政府开始注入资金,推进 SST 的开发研制。这时的 SST 意味着 200 多个订单、5 万个工作岗位和民用航空领域的技术领先地位[④]。然而,即便如此,也有部分人将之视为冒险行为,认为不值得花费巨量的政府资金进行

① 巴萨拉:《技术发展简史》,周光发译,复旦大学出版社 2000 年版,第 190~191 页。

② 巴萨拉:《技术发展简史》,周光发译,复旦大学出版社 2000 年版,第 167 页。

③ 同一时期计划研发超音速客机的还有苏联、英国和法国。苏联研制出 Tu-144 式超音速客机,并于 1968 年实现原型机的首飞;英国和法国也研制出协和式超音速客机,并于 1969 年实现首飞。

④ 巴萨拉:《技术发展简史》,周光发译,复旦大学出版社 2000 年版,第 168~169 页。

纯商业投机。面对质疑，一些认为 SST 有利可图的企业精心策划了一些试图施压政府的行为。例如，泛美航空公司在 1963 年 7 月订购了 6 架协和式超音速运输机，这让政府感到压力倍增，以至于在不久之后便同意支出总值 10 亿美元研制费用的 75%。好景不长，在之后的五年里，各种阻碍 SST 研发的因素此起彼伏。作为飞机制造商的私家公司并不满足于 75%对 25%的投资比例，而期望 90%对 10%。在肯尼迪遇刺身亡后，约翰逊政府将 SST 计划的"指挥权"从联邦航天局转交给了总统咨询委员会，后者中有人担心相比于即将出现的大型喷气式客机的经济实惠，SST 的高昂机票会让乘客们望而却步。这种疑虑实际上出自官僚政客们的利益角逐，但不限于此，技术难题和公众的不利反应同样存在[①]。SST 在设计上存在技术性漏洞，在超音速飞行时还会产生"音爆"或"声震"，在很多公众看来，这都会威胁到他们的健康和财产安全，甚至会破坏高层大气，带来经济和环境灾难。当争论转移到尼克松政府时期，多轮议会投票最终决定取消 SST 计划[②]。总的来看，美国 SST 计划的流产，是多种因素共同影响技术选择的典型例证。

总之，巴萨拉反对技术的超历史的评价，认为技术都是在具体的社会和文化中、在各种现实力量的综合作用下历史地发生、发展的，由于社会和文化的具体性，技术的发展必然表现出多样性的态势，人类的改善或进步也应是多样的。坚持技术的多样性发展，一方面必须拒绝"把人类或生物的必备物的改善提高，当成一切技术变革都必须努力完成的终极目标"[③]的进步观，取而代之的应是将"人造物的多样性"作为技术目标；另一方面讨论和评价技术进步时，要用多样性的思维，限定具体技术，明确具体的时限和特定的文化，详细界定具体技术服务于何种具体目标，以彰显其进步。正如巴萨拉劝诫的那样："我们必须断然抛弃流行的、然而却是错误的技术进步说，代之以一种我们自觉培养的对人造物世界多样性的正确评价，并

① 巴萨拉：《技术发展简史》，周光发译，复旦大学出版社 2000 年版，第 169 页。
② 巴萨拉：《技术发展简史》，周光发译，复旦大学出版社 2000 年版，第 170 页。
③ 巴萨拉：《技术发展简史》，周光发译，复旦大学出版社 2000 年版，第 235 页。

对技术想象之丰富，以及对有关联的人造物之网的庞大阵容，及其古远悠长的出产年代投以欣赏的眼光。”[①]

第四节 沃林：消极的技术实体主义

理查德·沃林(Richard Wolin)在1990年出版的《存在的政治：海德格尔的政治思想》一书中对海德格尔的技术本质观进行了批评。在沃林看来，海德格尔关于技术本质的观点非但没有提高我们应对现代技术问题的能力，反而还趋于遮蔽某些真正重要的问题。

在海德格尔那里，现代技术被看作“求意志的意志”观念的最终结果以及“形而上学的完满实现”。沃林引用海德格尔的语言对此作了阐述：“在现象的基本形式中，求意志的意志用实现了的形而上学世界的非历史因素，来安顿和算计自身，显现的这种基本形式被严格地称为‘技术’。”[②]

现代技术展现了一幅形而上学的“世界图景”，其本质特征是“座架”。“座架”实质上是“一个藉以开启现代世界中的存在者的排他性模式”，在此模式中，“现实事物的总体性便呈现出‘持存’的特征”[③]。“座架”被海德格尔认为是一种完全独立于人类行为或意志的存在的“天命”。

沃林指出，海德格尔“有关技术即座架的总体支配的主张，加上他对人类行为力量的整体贬低，最终只是证明在面对‘派遣’给人类的神秘‘命运’时，它们有助于加剧听天由命和被动性”[④]。简言之，海德格尔提出的“座架”理论导致了技术的统治。沃林补充说：“尽管在一些场合他特别否定了对这一后果的断言，但他论证的力量却为相反情形提供了丰富证言。”[⑤]沃

① 巴萨拉：《技术发展简史》，周光发译，复旦大学出版社2000年版，第236页。
② 沃林：《存在的政治》，周宪、王志宏译，商务印书馆2000年版，第204页。
③ 沃林：《存在的政治》，周宪、王志宏译，商务印书馆2000年版，第204页。
④ 沃林：《存在的政治》，周宪、王志宏译，商务印书馆2000年版，第207页。
⑤ 沃林：《存在的政治》，周宪、王志宏译，商务印书馆2000年版，第207页。

林还说:“归根结底,海德格尔的理论以加强了它所反对的那种技术统治的逻辑而告终:技术被本体化为现代的人类状况,我们抵制或重塑这一命运的历史能力,被先验地当作仅仅是邪恶而无处不在的‘求意志的意志’的进一步表述而一笔勾销了。”①

沃林表示,由于海德格尔接受了尼采面对现时代的缺陷时采用的“总体批判”立场,即“虚无主义”被看作是理解现代性的本质之关键,因此,“内在批判”的方法被海德格尔拒绝了,现代性不存在值得救赎的东西,唯有“超越”这条道路。沃林评述说:“在海德格尔采用的解释构型中,实践(praxis)已被撤销了资格,而技术(techne)却支配一切,因此,诗(poesis)以‘诗意超越’的方式变成了唯一有效的选择。”②

从海德格尔对技术的批判中透露出一种“从现代世界的‘理性命令’中完全摆脱出来的深切渴望”③。沃林认为,海德格尔的理论定向并不想把工具理性(或技术理性)孤立起来,而是相反,助长了对理性的全面拒绝:“实践理性和技术理性都被仅仅作为‘形而上学思维’可互换的变体而简单地加以抛弃”④。在沃林看来,由于海德格尔错误地把实践贬低为技术的一种变体,继而认为“诗意地栖居”是取代技术和实践的唯一可行的方案,因此,海德格尔不可避免地忽视了这样一种可能性:与其说技术统治的问题是由于现代世界理性的泛滥,不如说更多地是由于理性的不足——是由于工具理性和实践理性之间的不平衡或者实践理性(即对目的的反思)被边缘化了,而非理性本身固有的“恶魔”⑤。

依沃林之见,海德格尔技术思想(包括其技术本质观点)的缺陷根源于其后期哲学的“削平的凝视”(leveling gaze),即对不可相提并论之事物一视同仁。海德格尔的后期哲学展现出一系列的“虚假的等式”:“哲学”=

① 沃林:《存在的政治》,周宪、王志宏译,商务印书馆 2000 年版,第 208 页。
② 沃林:《存在的政治》,周宪、王志宏译,商务印书馆 2000 年版,第 209 页。
③ 沃林:《存在的政治》,周宪、王志宏译,商务印书馆 2000 年版,第 209 页。
④ 沃林:《存在的政治》,周宪、王志宏译,商务印书馆 2000 年版,第 209 页。
⑤ 沃林:《存在的政治》,周宪、王志宏译,商务印书馆 2000 年版,第 209~210 页。

“形而上学”=“求意志的意志”=“技术”=“虚无主义”[1]。沃林指出，我们可以列举出许多的例证，来说明海德格尔的这种看起来严密的虚假论证。比如，“实践理性”=“技术理性”=“理性”。再如，海德格尔曾言：“今天，农业是一个机械化的食品工业，其本质上与毒气室和灭绝集中营中的尸体制造别无二致，与许多国家的封锁和饥荒别无二致，与原子弹的制造别无二致。”[2]

① 沃林：《存在的政治》，周宪、王志宏译，商务印书馆2000年版，第211页。
② 沃林：《存在的政治》，周宪、王志宏译，商务印书馆2000年版，第211页。

第七章　技术基础主义的前景

在阐述了技术基础主义的根据和技术基础主义受到的批判之后，我们有必要谈谈对技术基础主义前景的看法。技术基础主义的前景，取决于对它强调的这个“基础”即技术的前景、技术对人类未来前景的意义的理解。而技术的未来、人类的未来或者技术未来会使人类怎么样的问题，只能由人类的社会实践来回答。我们对技术基础主义前景的阐述，依据的主要是人们对技术及其作用的基本认识上的局限性。作为哲学理解技术的新视角，技术基础主义为我们在纷争的技术哲学派别中寻求共识搭建了一个尽可能宽广的理论平台。不确定性在本体论和认识论上的客观存在，要求面向未来的技术基础主义必须正确处理确定性与不确定性的辩证关系。现代技术的发展隐匿了我们理解技术的立足点，隐藏了现代技术对其他文化及其技术的排斥，因此，能否面向多样性的技术和技术文化，改变现代技术在思维方式、文化和价值观上的统治，就成为一个我们通过技术隐匿阐述的决定技术基础主义前景的重要问题。

第一节　作为哲学理解技术的新视角

技术基础主义的一个理论优势是，面对学派众多、研究视角多元化的现状，为技术的理论研究提供了一个宽广的包容性强的比较研究平台。技术基础主义作为一种新的哲学研究视角帮助人们更深入地理解技术，作为一种哲学方案为人们筹划未来提供参考。

一、技术基础主义为人们理解技术提供了一个新的理论视角

在技术的哲学研究中，过去人们关于现代技术与古代技术的本质区分、技术进步观、技术进化论、技术异化论、技术工具论、技术实体主义、技术本质主义等理论观念缺乏明确的统一性，人们也热衷于谈论它们之间的区别而彰显各自的理论意义。技术基础主义从技术对社会的基础作用这个视角入手，在充分理解这些技术观的分歧基础上，最大限度地挖掘和概括它们之间的一致性，明确关于技术人们究竟在哪些方面的认识具有统一性。

就"技术本质"而言，譬如芬伯格就通过对技术的"工具论"和"实体论"的批判，而将"技术"界定在"工具"和"实体"之间。芬伯格的技术批判理论首先揭示出了工具论和实体论之间存在的相同点(同时也是弊端)：其一，两种理论都从本质主义的立场出发，认为技术是不能改变的——工具始终是工具，实体始终是实体，这是一种超出人类的干预或修正的"天命"[①]；其二，两种理论都认为技术的发展指向确定的方向——或是乌托邦，或是敌托邦，几乎不存在其他可能；其三，两种理论都对技术采取单一化的态度——要么接受之，要么摒弃之[②]。芬伯格认为，批判论既要克服工具论和实体论的弊端，也要继承它们的优点：一方面拒斥工具论和实体论共同表现出的宿命论和本质主义立场，另一方面也延续实体论反对把技术视为一种工具总和的观点，并保持与工具论在反对实体论上的一致性。简而言之，他认为技术在事实上构造着世界，是与政治、文化等因素相互渗透且密

---

① 参见安德鲁·芬伯格：《技术批判理论》第四章第一节，韩连庆、曹观法译，北京大学出版社 2005 年版。

② 安德鲁·芬伯格：《技术批判理论》，韩连庆、曹观法译，北京大学出版社 2005 年版，第 7 页。

不可分的；由于技术始终处于变化之中，因此世界的前景是不可能完全确定的[1]。也就是说，不管是工具论还是实体论都存在这样一种倾向，即避免将"不确定性"纳入对技术本质的理解之中。芬伯格的技术批判理论的合理性就在于，"在'工具'和'实体'之间"承认不确定性存在的意义。我们同意芬伯格的这个结论。实际上，芬伯格所以能得出不论是从技术的工具论还是实体论都无法得到的关于不确定性的认识，就是他在哲学上能够超越这两个技术本质观的对立而对它们进行比较。相比而言，技术基础主义提供的理论比较范围更广，包含着的对立的技术观念或者技术哲学派别更多。这就是我们强调的技术基础主义在技术研究上的优势。

就技术基础主义的基本观点来说，"古代技术和现代技术的区分"加深了人们对技术的起源和表象的理解，"技术价值一元论"拓展了人们对技术的进程和社会技术化的探索，而"技术本质主义"更是深化了人们对技术本质的研究。当我们将它们联系起来时，就会发现技术理解的诠释学循环：从技术本质主义和技术价值一元论看现代技术和古代技术的区分，后者的研究就获得了更深刻的理解；同时，现代技术和古代技术的本质区分却又是理解和阐述技术进步观、技术异化论等必须先做的理论研究工作；而对现代技术特征和技术价值的看法却又依赖于对技术本质的不同理解。技术解释的这种诠释学循环，要求我们对有众多哲学派别的技术的哲学研究，要有尽可能宽广的视野，要有比较的理论意识。技术基础主义就提供了符合这种要求的技术研究的理论视野。

如果再从技术基础主义的代表人物看就更是如此了。马克思、杜威、海德格尔、埃吕尔、奥格本、雅斯贝斯等等，他们每个人都有系统而深刻的哲学思想，他们关于技术的思想都显示出了较高的系统性和合理性。就普遍而又持久的影响而言，技术基础主义的代表人物都为技术哲学研究开辟了异彩纷呈而又时显一致的研究进路，以至于伊德把马克思学派、杜威学

① 安德鲁·芬伯格：《技术批判理论》，韩连庆、曹观法译，北京大学出版社 2005 年版，第 15～16 页。

派、海德格尔学派和埃吕尔学派并称为四大技术学派[①]。这些技术哲学之所以被看作是派别，就在于它们之间存在不可归化的不同；而它们之间的共识，却也是人们关于技术所取得的普遍认识。技术基础主义就提供了这样一种从不同哲学派别的不同取得关于技术的普遍共识的理论平台。

二、技术基础主义为人们谋划未来提供了哲学的反思

技术基础主义关于人与技术、技术与社会关系的分析，为人们谋划未来提供了哲学的反思。技术基础主义虽然关注的是技术，但着眼点在社会和人的发展，它是关于社会的技术观，也是从技术理解的社会观。从这个意义上说，技术基础主义重视从技术来看社会和人的发展形成的具体的哲学派别的区别，更注重超越这些派别的对立，探索这些不同派别的争论中显示出的比较一致的理论问题。这些问题往往是先于这些哲学派别的争论主题并对它们有决定意义的问题，因而是应该给予更多关注的问题。

例如，温纳就在批判技术乐观主义和技术悲观主义的基础上，主张超越两者，发现和阐述真正的理论问题。在温纳看来，这种方法论上的改变是非常重要的。对技术进程或技术变革的方向的预测，实质上反映了人们看待技术变革的态度。根据温纳的分析，"大多数研究发展和现代化的人"认为由技术变革所带来的人类总体状况的改善是难以估量的，尽管有些代价是不可避免的，但却是值得的；与之相反，"埃吕尔和技术的其他批判者们"却质疑这一好处，并坚持认为"人类的自由、尊严以及福祉"等并没有因技术变革而得到加强[②]。温纳说："针对乐观主义和悲观主义之间的差别以及某位特定的作者是'希望的预言者'还是'世界末日的预言者'，尽管已经进行了许多研究，但我认为这种区分最终是没有意义的。在如今很多学术研究中，存在着一个几乎强制性的要求，即在这个话题上必须采取乐观

---

① 狄仁昆、曹观法：《雅克·埃吕尔的技术哲学》，《国外社会科学》2002年第4期。

② Langdon Winner, *Autonomous Technology: Technics-out-of-Control as a Theme in Political Thought*, The MIT Press, 1977, p.52.

主义的态度。”[1]他举例道:“如果有人发现埃吕尔或芒福德或另外某位作者的结论是悲观主义的,那么就有充分理由不去理会他或她可能正在说的任何东西。有人认为悲观主义会导致听天由命,这只不过是强化了既成事实。这与乐观主义稍有不同,后者导致了事物现存格局之内的行动,这也强化了既成事实。根据同样的思考方式,人们会不得不将埃斯库罗斯、莎士比亚、梅尔维尔和弗洛伊德弃置一旁,并且摒弃西方文献中许多最深刻、最具启蒙意义的东西。”[2]

在温纳看来,这种非此即彼,支持这个反对那个的思维方式,不是技术哲学研究应该采用的有意义的思维方式。依温纳之见,如果超越技术乐观主义和技术悲观主义的对立,就会发现,摆在我们面前的真正重要的难题不是“前景是一片黯然还是充满希望”这个问题,而是以下问题:“各种不同的技术发展道路是否经过自由的、深思熟虑的选择?反之,它们是不是决定论、必然性、漂迁或某个其他历史机制的产物?人类的活跃智力、道德和政治作用、控制能力在技术和社会进步中在多大程度上真正是决定性的因素?”[3]这些问题,就是技术乐观主义和技术悲观主义背后的那个先于它们存在的前提问题。正是认识到这一点,温纳觉得,对于技术变革,人们在支持“技术发展以其自身理性前进,拒绝任何限制,并具备自我推动、自我持续、无法抗争的发展趋势等特点”这类观点,或是支持“人类在此事上有完全而有意识的选择能力,而且他们负责对变化序列中的每一步作出选择”[4]这样的观点,或者是支持将这两种观点结合产生的其他观点的时候,很少意识到这些观点所含有的矛盾和不足之处,它们中仅有部分内容与技

① Langdon Winner, *Autonomous Technology: Technics-out-of-Control as a Theme in Political Thought*, The MIT Press, 1977, p.52.

② Langdon Winner, *Autonomous Technology: Technics-out-of-Control as a Theme in Political Thought*, The MIT Press, 1977, pp.52-53.

③ Langdon Winner, *Autonomous Technology: Technics-out-of-Control as a Theme in Political Thought*, The MIT Press, 1977, p.53.

④ Langdon Winner, *Autonomous Technology: Technics-out-of-Control as a Theme in Political Thought*, The MIT Press, 1977, p.46.

术变革的部分进程相符,至于变革的整体性则远非仅仅表达出乐观或悲观的态度所能掌握的[①]。

总的说来,承认技术对于人和社会的基础性作用,是技术基础主义的共识。具体看,技术对社会的这种基础性作用,在人与技术的关系方面表现为三个相辅相承的方面:技术作为人的生活方式,技术作为人的价值载体,以及技术作为人的本质体现;在技术与社会的关系方面,表现为技术是社会发展的基础力量,社会的技术化是人类社会发展的一个客观事实,社会技术化的持续强化将对社会、文化和人类精神产生越来越深远的作用和影响。正是由于技术基础主义是一个尽可能宽泛的包容性强的理论平台,它才能在技术对社会的基础性作用这样宽泛而基础的问题上,寻找到不同哲学派别具有的一致性;而且也正是由于技术基础主义正视内部的学派分歧,才能将它寻找到的这种理论共识,看作是技术哲学和技术社会学等长期研究所取得的理论成果。当然,这并不妨碍人们对此进行新的理论尝试和选择。可以说,技术基础主义为我们搭建的东西,与其说是穹顶,不如说是阶梯。

第二节　关于控制技术的问题

人们对技术的恐惧,往往是源于技术给社会带来的不确定性。这种不确定性是多方面的,有些是客观的实际影响,有些仅仅是人的主观感觉或者希望。比如,新技术对原有的生活和经济秩序的冲击造成的不适应,技术更新换代的速度超出了人们的实际需要而使人产生的憎恶,对新技术可能给人的精神、文化和个人安全造成侵犯的担忧,以及技术未来发展的不确定等等,都属于技术产生的不确定性的范畴。人类对技术的研究,一个

① Langdon Winner, *Autonomous Technology: Technics-out-of-Control as a Theme in Political Thought*, The MIT Press, 1977, pp.56-57.

基本的希望就是消除这种不确定性。所以，从人类因技术的突出作用而反思技术时起，就有一种技术观念相伴相生，这就是对技术的控制问题。能不能控制技术？如果能，那如何才能控制技术？如果不能，那人类应该怎么办？这些都是关系到技术的前景，也是关系到技术基础主义的前景的重要问题。技术基础主义有其关于"控制技术"的系统观点，并进一步启发了关于这一问题的讨论。

"控制技术"的问题在古代技术时期已经有所表现。古希腊时期的"代达罗斯神话"[①]，在一定程度上便反映了人们对技术突出的两面性（积极作用和消极作用）的认识和反应，即试图控制技术。现代技术兴起后，工业、战争、环境污染、现代化、技术化等的威胁，更是激起了人们关于"控制技术"问题的广泛而持久的讨论。

人们起初对现代技术的认识，以工具论者的观点为典型。工具论者认为技术是用来服务于人类目的的"工具"（这包含两个基本观点："技术是目的的手段"和"技术是人的行动"）[②]。例如，雅斯贝斯便指出："技术本身既非善亦非恶，但它既能用于善也能用于恶。"[③]另外，工具论代表人物之一的梅塞纳（Emmanuel Mesthene）也认为，"技术产生什么影响和服务于何种目的与技术本身并不相干，而取决于人们用它来做什么"[④]。这种"流行观点"实际上意味着技术是"中性的"，没有自身的价值内涵。进一步而言，技术与它被应用而得以实现的各种目的之间是没有必然联系的。正如芬伯格所批评的那样："一把锤子就是一把锤子，一台汽轮机就是一台汽轮

① 代达罗斯（Daedalus）是希腊神话中的人物，擅长建造和雕刻，为逃离克里特岛而用羽毛和蜡制作了羽翼，但其子伊卡洛斯（Icarus）在逃离中因操作不慎坠海而死。

② 冈特·绍伊博尔德：《海德格尔分析新时代的技术》，宋祖良译，中国社会科学出版社1993年版，第9～10页。

③ 雅斯贝斯：《历史的起源与目标》，魏楚雄、俞新天译，华夏出版社1989年版，第132页。

④ Emmanuel G. Mesthene, *Technology Change: Its Impact on Man and Society*, Harvard University Press, 1970, p.60.

机，这样的工具在任何情境中都是有用的。”[①]换言之，技术的功用不会因制度、时代甚至文明之不同而有所差异。

在遭遇技术的消极作用时，技术的工具论者依据上述基本观点给出的对策就是控制技术。具体而言，就是借助政治的、社会的、伦理的或宗教的等非技术因素来为技术确定新的目标，从而引导、调控技术的发展，以服务于人类。这样做的原因大致如下：首先，由工具论者继承的古代朴素的技术工具观仍占据主流。在他们看来，工具作为工具总是人的工具，工具的具体使用是人的问题，因此技术的控制也是人的问题。其次，不同文化和意识形态的国家的民众，能够以相同的方式使用相同的技术，产生相同的结果，现代技术的标准化比与工匠个人的生命融为一体的古代技术，似乎更支持技术的工具论。最后，工具论者大多处身于现代技术兴起并迅速繁盛之际，鉴于技术带来的好处，起初他们也同普通大众一样主要把目光集中到新技术的开发和应用等方面。虽然日益显现的技术的弊端使他们的目光发生了一些偏转，但由已取得的成就所培育出的乐观态度使他们坚信人的力量始终会战胜技术进步中的阻碍。

从理论上讲，工具论者的策略表现出三方面的不足或片面性：其一，技术工具论过分强调技术的工具性、普适性和标准化，忽视了对现代技术与其结果（自然的和社会的）之间的因果关系的进一步分析，未能关注到技术具有产生某种特定结果的某些本质特征或趋向。马克思在机器作为大工业的生产工具的阐述中，揭示了机器具有被资本占有、与资本结合，以及侵占工人劳动岗位、使工人相对贫困等异化特征，这种历史唯物主义的工具理论已经超出了一般工具论的范畴。其二，技术的工具论者通常未像实体论者那样重视技术对社会、伦理或宗教等的影响，而仅强调人类对技术的单向作用，进一步来讲，就是只依赖于人的改变来改善技术，忽视了技术具有改善技术的自主倾向。其三，由于认为技术仅是工具，工具论者所建议

① 安德鲁·芬伯格：《技术批判理论》，韩连庆、曹观法译，北京大学出版社2005年版，第4页。

的"控制技术"的活动范围将仅仅局限于技术应用的范围和效率,而较少涉及技术的设计等需要改变"人-技术"关系的深层环节。这些弊端在现代的技术实践中不断得到确证,也沦为技术实体论者关注和批评的对象。

技术的实体论者反对将技术视为工具的人类学解释,认为技术(尤其是现代技术)已成为人类生存的背景或环境,其本质是"系统"(埃吕尔)或"座架"(海德格尔)。现代技术因其自主性而脱离了人的控制,即人不再主导技术的发展而仅仅被动参与其中,从而失去自由或"自身性"。这正是实体论者眼中的技术的最高危险。

对于被技术统治这个"最高危险",实体论者认为我们能做的事情非常有限。在他们看来,技术已成为塑造世界或存在展现的占支配地位的方式,人类被裹挟其中,其自由受到了极大限制,这业已成为一个社会事实。比如,海德格尔就认为,我们除了唤起"沉思的思想"并以此为准备而静待事情自行转变之外,别无他法。通过对技术本质的分析,海德格尔甚至得出如下悲观的结论:"我们首先必须符合技术的本质,以便此后问道,人是否和如何控制技术。一般说来,这个问题也许表明自己是无意义的,因为技术的本质来自在场者的在场,即来自人决不控制而至多能够事奉的存在者的存在。"[①]

与海德格尔不尽相同,虽然埃吕尔也认为技术已然失控,但却较为乐观地赞同一种"非权力伦理学",这可以在米切姆对埃吕尔的解读中寻找到。米切姆转述埃吕尔的话说:"一种非权力伦理学——事情的根本——显然是人类不会做所有有能力做到的事。然而,不再有……可以从外界来反对技术的神圣的法律。因此,有必要从内部来考察技术,并认识到,如果人类不能实行这种非权力伦理学,与技术共存就是不可能的,并且仅仅是生存。这是一个十分基本的选择……我们必须积极而系统化地探索这种

① 冈特·绍伊博尔德:《海德格尔分析新时代的技术》,宋祖良译,中国社会科学出版社1993年版,第220页。

非力量，当然这并不意味着接受软弱无能……命运和被动消极，等等。”[①]

“非权力伦理学”与其说是对人类的行为设定限制，不如说是鼓励人们充分发挥“自由”——诸如关掉手机，降低车速，甚至吸毒等违法行为。换言之，这种伦理学就是鼓励人们反技术。通过这类行为，人们将革新自己的生活或思考方式，而这“不仅与质疑的自由也与某种反技术的赌注存在着相互培育与促进的关系”[②]。

虽然工具论和实体论都各有弊端，甚至实体论的结论还颇为悲观，但它们较之各自之前的情状，还是所有发展的。技术基础主义有关“控制技术”的观点启迪了批判论者。得益于工具论和实体论关于“控制技术”的观点的启发，温纳、芬伯格、伊德等批判论者分别从认识论角度、政治角度以及现象学和诠释学角度，阐述了三种具有代表性的“控制技术”的观点。这可以看作是发轫于技术基础主义的“控制技术”问题及其研究的进一步发展，虽然他们在技术的一些基本观点上很难赞同技术基础主义。由于技术的批判论者都明确强调某些条件的必要性，因此我们可以把三者的观点统称为“对技术的有限（或有条件）控制”。

1. 温纳：“作为认识论的卢德主义”

温纳所主张的“作为认识论的卢德主义”实质上是对“控制技术”问题的解答。“作为认识论的卢德主义”是指“认真并有意识地拆解技术的做法”[③]，这种做法是重新发现技术本质的一种方法，与传统意义上的卢德主义（即砸毁和破坏机器）无关。认识论意义上的卢德主义致力于考察现代技术与人的联系，在温纳看来，它主要涉及以下内容：“（1）人以特定种类装置为中心的依赖性和受控行为类型；（2）合理化技术在人类关系上烙印出

① 转引自米切姆：《通过技术思考：工程与哲学之间的道路》，陈凡等译，辽宁人民出版社 2008 年版，第 79 页。

② 米切姆：《通过技术思考：工程与哲学之间的道路》，陈凡等译，辽宁人民出版社 2008 年版，第 79 页。

③ Langdon Winner, *Autonomous Technology: Technics-out-of-Control as a Theme in Political Thought*, The MIT Press, 1977, p.330.

的社会活动模式;(3)大规模、有组织的技术网络塑造出的日常生活形态。"[①]这与温纳对"技术"的界定是相对应的。温纳把"工具、仪器、机械、用具、武器、小器件"等称为"装置"(apparatus);把"技巧、方法、步骤、程序"等称为"技法"(technique);把某些种类的社会组织,如"工厂、车间、行政部门、军队、研发团队"等称为"组织"(organization);把将人与装置加以组合、联系在一起的大规模系统称为"网络"(network)[②]。温纳认为,技术的基本功用正是"将事物拆开以及将它们组装成一体"[③]。实际上,作为方法的卢德主义无疑也是一种"技术"。通过这种"技术",装置、技法、组织和网络将会暂时被拆开、失去功能,人们借此之机来弄清楚它们到底在做些什么,以及给人类带来什么影响。温纳说:"如果能得到这种知识,那么你就能在发明完全不同的技术安排时运用它,使其更适于那些未受操纵的、经过有意识和慎重考量而得到明确表达的目的。"[④]

举一个涉及"装置"的例子。如果我们想分析电视这种装置,我们可以通过以下步骤:首先,我们要预先约定摆脱对它的依赖;其次,仔细观察这些类似"脱瘾"的不适感、需求等,并加以彻底分析,厘清人类与所涉及的发明物之间的关系结构;再次,考量是否应恢复某些关系,以及想象新的技术形式是什么样的;最后,做出选择。这种卢德式的举措同样适用于组织、机构、系统等。

有人或许会责备说"这种卢德式的举措仍就难脱'主动搞破坏'的干系"。对此,温纳指出,卢德式方案并"不要求采取直接行动:能做的最好的

① Langdon Winner, *Autonomous Technology: Technics-out-of-Control as a Theme in Political Thought*, The MIT Press, 1977, p.331.

② Langdon Winner, *Autonomous Technology: Technics-out-of-Control as a Theme in Political Thought*, The MIT Press, 1977, pp.11-12.

③ Langdon Winner, *Autonomous Technology: Technics-out-of-Control as a Theme in Political Thought*, The MIT Press, 1977, p.330.

④ Langdon Winner, *Autonomous Technology: Technics-out-of-Control as a Theme in Political Thought*, The MIT Press, 1977, p.330.

实验，仅仅是当技术系统崩溃时拒绝对其加以补救”[①]。在他看来，由“作为认识论的卢德主义”所可能达成的最重要的结果是有意识地“回归到对技术的最初理解，即作为一个手段”。这个手段如所有其他可资利用的手段一样，“必须仅在我们对什么是适宜的有可靠认识的情况下……才会得以应用”[②]。在此基础上，新的技术形式的构建将依循以下具体原则：(1)“技术应被赋予一定规模和结构，使非专业人员能够直接理解”；(2)“技术应被构建得具有高度的可塑性和可变性”；(3)“应按照技术倾向于促成的依赖程度来对之作出评价，那些造成了更大依赖性的技术是较差的”[③]。

“作为认识论的卢德主义”是“控制技术”的一种方法，但针对的是具体技术，比如“人脸识别技术”“监控技术”“网络技术”等等的控制问题。对于技术是否原则上能够被控制的问题，仍然没有回答，因而显得反思得不彻底。而且温纳的控制技术具有抽象性，没有涉及基于不同国家的不同政策和文化而在世界范围内控制技术的可能性条件，因为现实的技术控制问题会完全不同，比如“人脸识别技术”，在一些国家被禁止，在一些国家被鼓励。这种相同技术因为不同国家的意识形态、产业政策、知识产权和环境要求等的不同而表现出不同命运，获得不同发展的现象，在产业领域比比皆是。

2. 伊德：技术文化的改变

对于“能否控制技术”这一问题，伊德给出了“否定”的回答。伊德说：“技术不能被‘控制’的原因在于问题提错了。这个问题或者假定技术‘仅仅’是工具，因此就意味着技术是中性的，或者假定技术完全起决定作用，因此是无法控制的。”[④]在此基础上，伊德提出自己对技术的界定。一方

① Langdon Winner, *Autonomous Technology: Technics-out-of-Control as a Theme in Political Thought*, The MIT Press, 1977, p.333.

② Langdon Winner, *Autonomous Technology: Technics-out-of-Control as a Theme in Political Thought*, The MIT Press, 1977, p.327.

③ Langdon Winner, *Autonomous Technology: Technics-out-of-Control as a Theme in Political Thought*, The MIT Press, 1977, pp.326-327.

④ 伊德：《技术与生活世界》，韩连庆译，北京大学出版社2012年版，第147页。

面，技术发展不存在单一的或唯一的路径，因此技术不是自主的；另一方面，技术也不是中性的，而是具有本质性的、结构性的含混性，换言之，技术具有"多元稳定性"(multistability)[1]。伊德指出，从现象学的角度来看，技术本质上的含混性包含双重含义："(1)任何一种技术人工物都可以置于多重使用情境中；(2)任何一种技术意图都可以由各种可能的技术来满足。"[2]比如，中世纪城堡的塔楼既用作城墙的楼梯，又用作贮藏室或厕所。

技术的含混性决定了"技术-人"或"技术-文化"的相对性。这也使得传统的"控制技术"的提法显得多余。因为技术总是"使用中的技术"，它表明的是一种"技术-人"的关系。只要处于这种关系之中，"控制"就是相对的了。正如伊德所说："进入任何一种'人-技术'关系，就已经'控制'和'被控制'了。一旦从整体上来看待技术，特别是技术嵌入在文化的复合体中，'控制'的问题就更是显得没有意义了。"[3]

伊德从现象学-诠释学的角度，回答了技术的控制总是具体社会、文化环境中的控制，当技术被某人使用，就形成了它与某个具体的包括一个国家的社会生产力水平、意识形态、法律制度、产业政策等在内的"文化"的关系，控制技术就是这个具体关系，即"技术-文化"的调整。伊德的技术现象学-诠释学，比较好地解释了相同技术在不同国家可能具有完全不同结果的事实，同时也把技术控制问题转变为一个国家的社会生产力、文化传统、产业政策、价值观等的衡量和调整问题。伊德说，"控制技术"的问题"在现在和将来都是一个如何改变技术文化的问题，而不仅仅是在现在和将来如何发展哪一种抽象意义上的技术的问题"[4]。技术文化的复合性，决定了技术文化的多样性，而这在促使技术应用多样性的同时，也因为不同的国家和价值观造成了技术的失控，因此伊德强调说："在如今生活世界的高技术结构中，可能性的激增是多种多样的、多元稳定的，通常既令人眼花缭

① 伊德：《技术与生活世界》，韩连庆译，北京大学出版社2012年版，第151页。
② 伊德：《技术与生活世界》，韩连庆译，北京大学出版社2012年版，第146页。
③ 伊德：《技术与生活世界》，韩连庆译，北京大学出版社2012年版，第147页。
④ 伊德：《技术与生活世界》，韩连庆译，北京大学出版社2012年版，第230页。

乱，也危险重重。”[①]所以，伊德的技术现象学-诠释学虽然解释了现实的技术现象，但因将技术控制问题转换成了技术文化，特别是意识形态和价值观的改变问题，因而技术控制就被转换成为一个意识形态和国家政治问题，需要用国际条约来约束和实现。

3. 芬伯格："技术的整体论"

芬伯格在谈到技术的性质时说道："技术是一种双面(two-sided)现象：一方面有一个操作者，另一方面有一个对象。当操作者和对象都是人时，技术行为就是一种权力的实施。更进一步地说，当社会是围绕着技术来组织时，技术力量就是社会中权力的主要形式。"[②]我们从引文中可以看出，芬伯格一方面延续了温纳从政治角度对技术进行批判的做法，另一方面也借鉴了伊德有关"人-技术"关系的分析。"技术的整体论"的理论基础，是芬伯格提出的关于技术本质的"工具化理论"。"工具化理论"认为技术的本质表现为"初级工具化"和"次级工具化"这两个层次。前者是指面向现实的一种倾向，可以视为一种技术的"揭示方式"；后者指的是以社会为条件的一系列行为。具体而言，初级工具化包含去情境化、简化法、自主化和定位四个方面，而次级工具化也包含四个方面：系统化、中介、职业和主动[③]。芬伯格指出，"从这两个层次上分析技术的目的在于将本质主义对面向世界的技术倾向的洞察和批判的、建构主义对技术的社会的本质的洞察结合起来"[④]。

初级工具化与次级工具化是依次相互补充的。例如，"去情境化"是指技术对象与它的直接情境的分离，而与之相对应的"系统化"则是指去除了情境的技术对象之间以及使用者与自然之间的联系。芬伯格指出，本是作

① 伊德：《技术与生活世界》，韩连庆译，北京大学出版社2012年版，第232页。

② 安德鲁·芬伯格：《技术批判理论》，韩连庆、曹观法译，北京大学出版社2005年版，第17～18页。

③ 安德鲁·芬伯格：《技术批判理论》，韩连庆、曹观法译，北京大学出版社2005年版，第224页。

④ 安德鲁·芬伯格：《技术批判理论》，韩连庆、曹观法译，北京大学出版社2005年版，第221页。

为一体的两者却遭到资本主义的不同对待:初级工具化的四个方面得到广泛应用,而次级工具化的四个方面则被压制[1]。种种技术问题也由此而生。既然问题的关键在此,那么控制技术便要从此处着手,即重新调整初级工具化和次级工具化的地位,使两者恢复平衡并保持统一。芬伯格所倡导的"技术的民主化",包括"技术争论""创新对话和参与设计""创造性的再利用"等,就是"技术的整体论"在微观和可操作层面上的深化。在芬伯格看来,社会主义较之资本主义更能胜任这一"民主化"任务[2]。此外,芬伯格还为"控制技术"设定了目标:"重新将实践情境化""具体化"和"前进到自然"。

第三节　向不确定性敞开

技术基础主义表现出了人类对确定性的追寻。在人们追求确定性时,对"含混性"的克服是极具诱惑性的。前面我们已经论述了技术的不确定性不完全是人的主观观念造成的,不确定性是技术的一种客观属性。人们在追求技术的确定性的时候,把确定性与不确定性对立起来,把确定性的确立看作是对不确定性和多样性的克服,以达到绝对的精确性、普遍性和统一性,这是不合理的。而且,西方哲学在对确定性的追寻中表现出了实证主义、科学主义和自然主义的缺陷,即追求"量"的精确性排斥"质"的多样性,强调实证排斥思辨,追求效率而忽视人的实际需要,追求现代性否定其他生活方式,以科学主义否定人文文化,以西方的文化、价值观否定东方的文化、价值观等等。这种确定性观念造就了以现代技术和现代性表达的技术观念和技术文化。在我们书中引述的许多思想家看来,这是极其危险

① 安德鲁·芬伯格:《技术批判理论》,韩连庆、曹观法译,北京大学出版社2005年版,第224页。

② 安德鲁·芬伯格:《技术批判理论》,韩连庆、曹观法译,北京大学出版社2005年版,第238页。

的。现代化和现代技术发展的后果，要求技术基础主义在对技术与社会、技术与人类生活的关系的阐释中，必须重新思考不确定性的意义，确立技术的确定性与不确定性的辩证法。

一、不确定性的意义

按照通常的理解，“确定”是指明确而肯定，有固定的意思。当我们用“确定性”来表示事物的特征时，除了在认识论上表示认识的“明确而肯定”，还可以在本体论上表示存在者的“固定”的含义。相应的，“不确定性”也具有认识论和本体论上的两种含义。在本体论上，“不确定性”包含不能完全确定、多样性、可变性等；在认识论上，“不确定性”包含不明确、含混性、多重意义、多个解释等。当我们说“技术具有不确定性”，意思是说：技术的意义不是固定不变的，而是受社会因素影响和制约的；技术的含义是不明确的，技术的概念具有多重意义，技术可以做多个解释；技术的发展不是单一的、固定的，而是具有多样性；等等。因此，我们这里说的不确定性、多样性、含混性与无知、混乱、不充分、不完备没有关系，它是建立在充分的知识基础上的。

技术的基础性和确定性，是技术基础主义的出发点，也是技术基础主义的理论追求。被我们看作是技术基础主义者的思想家，往往都是从这里走向分歧的。我们想说的是，既然不确定性是技术的一种客观属性，那么，当技术基础主义追求技术的确定性时，应该在确定性与不确定性的辩证法中考虑不确定性的意义与价值。

1. 盖伦：不确定性是现代的时代特征

盖伦（Arnold Gehlen）是德国哲学家、社会学家和人类学家，主要著作有《技术时代的人类心灵》（1949 年）、《原始人与晚期文化》（1956 年）、《时代-图像》（1960 年）、《人类学研究》（1961 年）、《道德与超道德》（1969 年）等。美国社会学家伯杰（Peter Ludwig Berger）将《技术时代的人类心灵》引入美国时在这本书的“英文版前言”中指出，与“制度”相关的理论是盖伦著作的中心点[①]。

盖伦讨论的"制度"是广义的，包括社会制度、规范、思想、理论、习俗、感情、心态等。它几乎涵盖了以下所有概念，如神话、巫术、语言、文化、道德、国家、家庭、法律、经济生活、艺术、组织、人格等。例如，盖伦指出："人格在某一场合中，就是一种制度。"[②]盖伦制度理论的出发点是对人进行生物学考察，其立足点是人在动物界所处的特殊地位。盖伦指出，人与其他哺乳动物的不同在于，人自诞生起便带有"尚未完成的"特性，即人"本能的贫乏"：人无法忍受生存条件的不确定性，它迫使人类"以自己的活动来建造出稳定的结构"[③]。盖伦认为，制度是核心，人类靠创造的宗教、神话、习俗、法律、规章、艺术、科学、技术、组织等等来寻求确定性，实现从"不确定"到"确定"的转变，并且人类在这种活动中开辟出了种种"情景"(foreground)。

在盖伦看来，在古代，制度包罗万象，高度稳定，它们作为"被人体验到的不可避免和信得过的事实"，为人类"提供了强而有力的缓解作用"[④]。相比之下，现代社会的制度则缺乏这种稳定性和客观性，"它们很容易被人看作、并且确实被人体验为是各种特殊的构造，它们当下在此处是如此，而明天可能就成为过去；无论如何它们不能被看作是理所当然的，而是随时都可能发生根本改变的"[⑤]。从人类的历史进程看，盖伦描述的古代的稳定性是主观上的确定性，是人类社会生产力和人类的个性没有得到充分发展，人类认识没有本质提升的情况下的确定性；当现代自然科学、资本主

① 伯杰：《技术时代的人类心灵——工业社会的社会心理问题》，何兆武、何冰译，上海科技教育出版社2003年版，"英文版前言"。

② 阿诺德·盖伦：《技术时代的人类心灵——工业社会的社会心理问题》，何兆武、何冰译，上海科技教育出版社2003年版，第149页。

③ 伯杰：《技术时代的人类心灵——工业社会的社会心理问题》，何兆武、何冰译，上海科技教育出版社2003年版，"英文版前言"。

④ 伯杰：《技术时代的人类心灵——工业社会的社会心理问题》，何兆武、何冰译，上海科技教育出版社2003年版，"英文版前言"。

⑤ 伯杰：《技术时代的人类心灵——工业社会的社会心理问题》，何兆武、何冰译，上海科技教育出版社2003年版，"英文版前言"。

义、资产阶级、文艺复兴运动在欧洲发生后，中世纪欧洲的政教合一被打破，过去被描述为神的世界被归还给了人，盖伦概括的现代“制度”向主体化方向发展，而自然科学和技术的不断革命“加深了人的主体性”。盖伦认为，在外部缺乏稳定性的现代，人的“本能的缺乏”使人“在自己的意识之内去寻找这种稳定性”①。现代哲学、文学和艺术等都“朝着主体性在转向”，都是现代人试图从不确定寻求确定性的理论表现。

“不确定性”是现代社会的时代特征。这是盖伦的一个基本观点。盖伦的“不确定性”，指的是“两面性”（two-sidedness）和“含混性”（ambiguity）。盖伦认为，现代的各种现象、征兆、状态和事件骨子里就透着“某些含混的和客观上是模糊的东西”，“都是由全然异质的各种成分所形成的”②。盖伦说：“我们拥有的是战争还是和平？我们有祖国，还是没有祖国？我们是生活在社会主义时代，还是资本主义时代？答案是随意的，这倒不是因为它们随着一个人的观点而变化——而是因为两种答案是同样正确的。”③在盖伦看来，如果一个国家的富人和穷人的财富都在增加，人人也都同意应该消除苦难，但是客观上不同阶级的差距却在扩大，那么你将很难给这个社会形态定性，因为它可能既符合又不符合某一革命纲领④。总之，由复杂多变、可以做不同解释的因素构成的现代社会，其特征并不适合用“成熟”“确定”“单一”等字眼来形容⑤。揭示现代社会的不确定性，以及人为什么需要从理论上寻求确定性，这是盖伦的“制度理论”给予我们的启示。如果现代社会本身是不确定的诠释学的，要在多元的、可

① 伯杰：《技术时代的人类心灵——工业社会的社会心理问题》，何兆武、何冰译，上海科技教育出版社2003年版，“英文版前言”。

② 阿诺德·盖伦：《技术时代的人类心灵——工业社会的社会心理问题》，何兆武、何冰译，上海科技教育出版社2003年版，第109页。

③ 阿诺德·盖伦：《技术时代的人类心灵——工业社会的社会心理问题》，何兆武、何冰译，上海科技教育出版社2003年版，第109页。

④ 盖伦在此论述的是德国的情况，“纲领”指的是哥达纲领。

⑤ 阿诺德·盖伦：《技术时代的人类心灵——工业社会的社会心理问题》，何兆武、何冰译，上海科技教育出版社2003年版，第113页。

以多重解释的、具有含混性的社会中阐述技术，就必须考虑技术本身的不确定性和含混性问题。

2. 杜威：真实的不确定性

实用主义大师杜威的实用主义实践观、经验论、科学观和情景论等理论，在当今的哲学、教育学、心理学、社会学等领域都产生了重要影响。杜威对不确定性与确定性的关系的处理，成为他阐述实用主义的实践观、知识论、科学观和教育观的本体论和认识论基础。

首先，杜威认为，“不确定性本来是一件实事”[1]。在杜威看来，人类的生存和探究面对的总是不确定性的真实状态，或者说，人类总是生活在不确定性的危险之中，并面对不确定性“行”和“知”的。在杜威那里，不确定性至少具有三个方面的意义：一是，不确定性是人的所有活动的出发点，它是含混的、不明确的、不固定的，但它是真实的，不是虚幻的。二是，不确定性是人的所有活动的基本特征。杜威的“知”和“行”、经验和科学，强调的都是它们的连续性，认为它们始终处于未完成的状态；人类从不确定性寻求确定性，而暂时的相对的确定性结果对于另一个或者下一个“知”和“行”又是不确定性的状态。所以，确定性是相对的，不确定性是常态。三是，不确定性代表着人类的未来，它是人类未来发展的各种可能性的表征。杜威的实用主义强调人与环境的相互作用，强调对具体事物和环境各方面联系的认识，强调基于具体情景的科学知识能够自由应用于其他经验，正是不确定性使人类的参与和选择成为可能。

其次，行为有很多种，如情绪的、意志的和理智的，在杜威看来，与其说它们是人类心灵活动的不同方面，不如说它们“都是对不确定的东西所作的各种不同方式的反应”[2]。人类的生存和认知面对的总是不确定性，人类的智慧使自己的行动“聪明起来”，在正式行动之前会进行准备性的工作

① 杜威：《确定性的寻求：关于知行关系的研究》，傅统先译，上海人民出版社2005年版，第172页。

② 杜威：《确定性的寻求：关于知行关系的研究》，傅统先译，上海人民出版社2005年版，第174页。

和实验性的行为，于是直接行动变成了间接行动。这种转变“最初和最明显的结果”就是把具有不确定性的、充满危险的“情境”变成“探究的对象”[①]。因此，人们的诸多行动便围绕这个对象展开了。行为的目的更多地体现在为下一步的行动做准备，而较少地指向具有终结性或完满性的结果。在寻求确定性的道路上，行为具有的工具性便被凸显出来了[②]。

再次，人类的知识、经验、行动以及行动所处的情境既是确定性的，又都具有不确定的性质。杜威的实用主义经验论和知识观，强调人类与环境之间的互动，认为经验与知识都是关于具体情境的。在杜威的本体论理论中，“一切经验对象都有双重的身份”：它们既是个别的、分散的、整体的，因而可以被当作“最后的东西”用来欣赏，也可能是连续的、关联的、有问题的，被当作“准备的手段”用来使用[③]。人类的每一次探究，都是把当前的经验对象改造成一个新对象，这个新对象“既具有个别性而又在一个系列中具有连续的内在融贯性”[④]。因此，人类知和行的经验对象，既是确定性的，又始终处于不确定的状态。经验对象的这种不确定性，就是问题情境，它指称着问题、困难、混乱、矛盾、烦恼，代表着人的经验、知识、意志和欲望，而理智的探究就是使“有问题的情境”过渡到“安全可靠清晰的情境”。因此，杜威说，真正的知识是指“内在不定的或怀疑的情境得到完全的解决”[⑤]。但人类取得的每一次这样的确定性，又会在一次次的问题情境的制备中成为不确定性，人类的探究又会朝着新的确定性行动。杜威也指出，通常人们总是把“确定的情境”、关于确定情境的经验和知识，当作最终

---

① 杜威：《确定性的寻求：关于知行关系的研究》，傅统先译，上海人民出版社 2005 年版，第 172～173 页。

② 杜威：《确定性的寻求：关于知行关系的研究》，傅统先译，上海人民出版社 2005 年版，第 173～174 页。

③ 杜威：《确定性的寻求：关于知行关系的研究》，傅统先译，上海人民出版社 2005 年版，第 182 页。

④ 杜威：《确定性的寻求：关于知行关系的研究》，傅统先译，上海人民出版社 2005 年版，第 183 页。

⑤ 杜威：《确定性的寻求：关于知行关系的研究》，傅统先译，上海人民出版社 2005 年版，第 175 页。

的、可依赖的“确定感”和确定性，因而陷入了武断、狂热、盲目、偏执、懒惰和不负责任。

最后，在整体上，对人类文化来说，重要的是理解和处理好不确定性与确定性的关系。其一，确定性与不确定性的关系与人类文化的多样性密切相关。任何事物都具有二重性，确定性和不确定性这两种状态的共存是自然的基本特征，正是它们的混合使存在变得更加丰富而深刻，完全必然或完全偶然的状态都会排除诸如喜剧、悲剧、求生意志等事物的存在；在理论上，诸如政治与道德、科学与宗教、美术与工艺等相对领域的存在，便根源于自然界中始终存在着的确定性和不确定性的对立以及对它们的从未完成统一的活动。其二，确定性与不确定性的关系与现实文化的复杂性密切相关。“以实验探究为模式”的科学认知[①]，强调运用“那些公开的、可观察的和可证实的因素”[②]，通过关注具体的问题情境来寻求稳定可靠的知识。虽然科学不是“唯一有效的知识”，但科学作为“强化了的认知形式”，理应是我们“用来发展其他形式的知识的最有力的工具”[③]。但是，当我们将科学知识推广到诸如社会、政治、道德、宗教等领域，就会遇到一系列的不确定性，诸如现实中这些领域既定的标准、秩序、权威和价值。杜威说：“在物理探究范围以外，我们便逃避问题；我们不喜欢暴露严重的疑难，把它搞深搞透。我们喜欢接受现有的东西，稀里糊涂地混过去。”[④]这样，科学和日常经验之间的分裂就出现了：远离人类的精神、政治、道德等事务的事物是

---

① 杜威认为，“实验探究”有三个主要特点：一是，一切实验都包含外在于实验的行为，这些行为明确用于改变环境或人们与环境的关系；二是，实验是由观念指导的有条不紊的活动，这些观念符合于积极探究所需的条件；三是，实验的结果构成一些新的经验情境，这些情境中的对象具有“被认知的特性”且彼此之间形成了不同以往的关系。见杜威：《确定性的寻求：关于知行关系的研究》，傅统先译，上海人民出版社2005年版，第64页。

② 杜威：《确定性的寻求：关于知行关系的研究》，傅统先译，上海人民出版社2005年版，第176～177页。

③ 杜威：《确定性的寻求：关于知行关系的研究》，傅统先译，上海人民出版社2005年版，第194页。

④ 杜威：《确定性的寻求：关于知行关系的研究》，傅统先译，上海人民出版社2005年版，第194页。

由可靠的科学知识来控制，而其他的实践活动则是由“传统、私欲和偶然的条件”来主导。想要弥合分裂，杜威认为，关键在于教育，教育是“有条理地改造社会的关键”[①]，然而教育本身却是病态的：“知识与行动分离、理论与实践分离”。其三，对确定性和不确定性关系的理解，也决定了哲学理论的性质和发展。对于哲学理论而言，杜威说：“如果当它寻求确定性时忽视了自然进行过程中这种不确定状态的实在性，就否定了确定性之所由产生的条件。如果有人企图把一切疑难的东西都包括在理论上牢固掌握的确定事物范围之内，这种企图便犯了虚伪和脱漏的毛病并将因此而具有内在矛盾的烙印。”[②]在杜威看来，忽视不确定性的本体论意义之所以导致了哲学理论的“内在矛盾”，是因为这类哲学会采取“二分”的思维方式，它把研究的题材划分为表面的和真实的、客体的和主体的、心理的和物理的、现实的和理想的等等。

总之，杜威对人类行为、经验、“实验探究的认知模式”、科学与文化、哲学等的探讨，都是建立在对事物具有不确定性这一事实的确认基础之上的，是建立在杜威辩证地理解确定性与不确定性的本体论和认识论关系的基础上的。在杜威的理论中，我们看到了承认和重视不确定性的意义，也看到了否认和轻视不确定性的后果。杜威对确定性和不确定性关系的辩证理解，对技术基础主义在寻求技术的确定性的理论探索中处理确定性和不确定性的关系，具有启发意义和示范价值。

3. 量子力学：不确定性不代表认识的不完备

在杜威和盖伦对不确定性的阐述中，都把现代物理学中的不确定性作为重要的科学观念来支持各自的理论观点。盖伦指出，现代物理学不得不面对“模糊的、联系并不很清晰而客观上不确定的（objectively

① 杜威：《确定性的寻求：关于知行关系的研究》，傅统先译，上海人民出版社 2005 年版，第 195 页。

② 杜威：《确定性的寻求：关于知行关系的研究》，傅统先译，上海人民出版社 2005 年版，第 189 页。

indeterminate)各种实体”[1]。杜威则更一般地分析了物理学中不确定性观念的发展。杜威认为，自然存在是否具有不确定性，关系到物理学的发展。在古希腊时，希腊思想家虽然承认某些自然存在具有偶然性，但同时认为这种自然存在是不完满的，其地位“低于必然的‘实有’”[2]。以牛顿力学为范式的近代物理学，认为自然界的一切都是决定的，自然对象是可测量的和完全确定的，可以作数学化的、完备的决定论描述。杜威说，近代的这种决定论科学观告诉我们，“不确定的东西完全是主观的”，“是我们在怀疑、困惑、模糊、不定，而对象则是完全、确切、固定的”[3]。但量子力学的出现，确立了不确定性和统计性的科学地位。杜威指出，量子力学告诉人们，物理法则不是对个体本身行为的记录，而是具有统计性质的概括[4]。并认为，他对科学探究、情景和不确定性的阐述，与海森堡的不确定性原理(uncertainty principle)相契合，也符合统计物理学(statistical physics)或统计力学(statistical mechanics)的主张。

杜威对量子力学和不确定性的认识是深刻的。但他有一个错误，即把量子力学的统计性和统计物理学、统计力学中的统计性相提并论。在量子力学产生前，以牛顿力学为范式的热力学与统计物理学研究，和牛顿力学一样，追求决定论的描述方式，理论中统计性的出现被看作是我们对分子不确定运动没有完全把握，对具体细节的认识不完备造成的。这种决定论的科学观认为，关于个体现象的基本定律应该是决定论的，统计论对复杂系统的整体研究是有用的，但统计性和不确定性是知识不完备的表征。量子力学对决定论科学观进行了革命性变革。在微观粒子具有波粒二像性

---

① 阿诺德·盖伦:《技术时代的人类心灵——工业社会的社会心理问题》，何兆武、何冰译，上海科技教育出版社2003年版，第110页。

② 杜威:《确定性的寻求:关于知行关系的研究》，傅统先译，上海人民出版社2005年版，第179页。

③ 杜威:《确定性的寻求:关于知行关系的研究》，傅统先译，上海人民出版社2005年版，第179页。

④ 杜威:《确定性的寻求:关于知行关系的研究》，傅统先译，上海人民出版社2005年版，第192页。

事实的基础上，量子力学确认对单个微观粒子（如电子）的运动原则上不能做出完全确定的描述，只能给出微观粒子测量的各种结果的几率。在量子力学中，构成上述科学观的物理学基础，是微观粒子的波粒二像性、波函数的几率解释和不确定性关系（也称不确定性原理、测不准原理）。波粒二像性表现出微观粒子的宏观实验现象总是相互排斥的，即要么表现为波的图像，要么表现为粒子图像，它告诉人们：微观粒子行为与实验装置不能完全分离，关于微观粒子的描述只能是统计的；波函数的几率解释，即波函数模的平方表示在坐标空间或者动量空间找到粒子的几率密度，在基本物理量波函数与可观察量几率之间建立了实证的联系；海森堡的不确定性关系则进一步指出，微观粒子的任何一对共轭变量，如坐标和动量、时间和能量，不可能同时具有确定值，一个的量愈确定，则另一个的量就愈不确定。到目前为止，量子力学的正确性和完备性，得到了广泛的实验支持。以量子力学为基础的科学范式告诉我们，认识的不确定性、统计性不是关于对象的知识不完备的表示，完全确定的决定论的描述方式，代表的只是普朗克常数可以忽略不计情况下的理想化状态。对此，玻尔是这样说的："几乎用不着强调，我们在这儿所涉及的，并不是统计学的习惯应用的一种类似事例。在习惯应用中，是用统计学来描述一些物理体系，它们的结构过于复杂，以致实际上无法将它们的状态定义得像决定论的说明所要求的那样完备。在量子现象的情况，决定论的说明所蕴涵的各事件的无限可分性，在原理上是被指定实验条件的要求所排除了的。"[①]

量子力学是最先向不确定性敞开的自然科学理论，它以丰富的实验支持，在理论和经验两个层面对完备知识和不确定性的关系做出了解释。不确定性是我们关于微观对象的知识的基本特征，过去被人们看作是科学知识的标准的确定性倒是一种理想化情景，量子力学表现出的这种科学观为技术基础主义向不确定性敞开提供了科学基础。

---

① N.玻尔：《原子物理学和人类知识论文续编》，郁韬译，商务印书馆 1978 年版，第 6 页。

二、“假象”不假

上面通过诠释杜威和盖伦的思想，阐述了人类对确定性的追寻，核心是要辩证地理解和处理确定性和不确定性的关系。量子力学对经典的决定论科学观的革命，从自然科学方面奠基了统计性、概率、不确定性的本体论和认识论地位。下面我们结合哲学史上的“假象说”，从诠释学的角度，进一步阐述技术理解中的不确定性为什么不仅是可能的，而且也是必须的。

在“假象说”与技术理解之间进行类比的基础，是它们共同都在认识中追寻确定性。“假象”是对于“真相”来说的，并且被看作是获得正确认识的障碍。确定性和不确定性可以分别被看作是“真相”和“假象”的主要特征之一：“真相”往往意味着确定性、固定性和唯一性等，而“假象”则相反，它意味着不确定性、易变性和多样性等。“真相”受到推崇，而“假象”遭受贬抑。

在哲学史上，柏拉图的“洞穴隐喻”可看作是对“真相”或“理念”的描绘，也是对“假象”的刻画。到了中世纪晚期，罗吉尔·培根提出了具体的“假象说”，即“屈从于谬误甚多、毫无价值的权威；习惯的影响；流行的偏见；以及由于我们认识的骄妄虚夸而来的我们自己的潜在的无知”[①]。近代弗朗西斯·培根延续了这一传统，在《新工具》中对“假象”作了系统的分析，形成了著名的“四假象说”。

培根将存在于人心中并影响人获得正确知识的各种思维障碍称为“假象”或“假象”(idols or false appearances)，揭露和批判“假象”的意义在于为“新工具”(即科学归纳法[②])的应用做准备，而且在培根看来，“假象”是

① 张志伟:《西方哲学史》，中国人民大学出版社 2002 年版，第 269 页。

② 它作为方法系统，分为四步：充分占有事实材料，列表，排除，以及发挥理智做出解释。

人心固有的或是对人产生深刻影响的，它“难以根除”甚至“根本无法根除”[①]。

先看看培根论述的“四个假象”。(1)“族类假象”(idols of the tribe)，指根植于人类的本性之中的“假象”。比如，人类对秩序的偏爱和追求，人类理智易受意志和情感等因素的影响，人类理智对事物的探究永无止境或定论，人类的感官阻碍对事物内部的认识，以及人类理智偏向于抽象思维，等等。培根认为，形成种族假象的人类本性有统一性、成见、永恒的运动性、人类感官的局限性、人类天生的狭隘、人类认识或接受事物在方式上的差异、情感上的“偏执”和“热情”等等。培根指出的这些产生种族假象的人类本性可分为，人类作为类存在物在身体和感官上的需要和特征、人类和自然相处的独特方式、人类精神的类追求等。(2)“洞穴假象”(idols of the cave)，指因个人的具体情况不同而引起的“假象”。比如，有的人认为古人的思想都是深刻的，有的人只接受新事物，有的人偏爱思辨，有的人偏爱经验知识等等。产生洞穴假象的是个人的历史性，包括个人独特的气质、思想、所受教育、物质生活条件、观念和信仰等等。(3)“市场假象”(idols of the market-place)，指由人们在使用语言和文字的过程中引起的“假象”。在培根看来，市场假象主要表现为概念空洞、语义混乱，比如像“火元素”“行星的轨道”“第一推动者”等名称实际上只是虚构，实无所指；另外一些名称虽有所指但语义混乱、含义不清，如“潮湿的”“轻”“重”“浓”“稀”等等[②]。自然语言的语义歧义、用法混乱，是导致市场假象的主要因素。(4)“剧场假象”(idols of the theatre)，也称“学说体系的假象”，是指由各种各样的哲学理论、观念引起的“假象”。培根指出的引起假象的“剧场”主要有“只注重形式推演的诡辩哲学(理性哲学)”“只以少数实验为根据的经验哲

① 叶秀山、王树人：《西方哲学史(学术版)》第四卷，凤凰出版社、江苏人民出版社2004年版，第240页。

② 培根：《新工具》，陈伟功编译，北京出版社2008年版，第25～26页

学”和“与神学和迷信相联系的迷信哲学”[①]，代表人物是亚里士多德、炼金术士和毕达哥拉斯、柏拉图。在这四种假象中，培根认为前三种“假象”是人心固有的、无法根除的，第四种是外来的、可以根除的。

培根“假象说”的前提，是认为人能够无条件地获得真理，“假象”阻碍了人类的认识活动。哲学和科学的发展，已经充分说明了培根的“假象说”本身是一种假象。海德格尔的现象学揭示了，“把某某东西作为某某东西加以解释，在本质上是通过先行具有、先行视见与先行掌握来起作用的。解释从来不是对先行给定的东西所作的无前提的把握”[②]。伽达默尔秉承海德格尔的现象学，在哲学诠释学中把随人的历史性而来的由“先有”“先见”“先知”组成的“前理解”，看作是理解和解释所以可能的条件。当代科学诠释学用哲学诠释学来理解人类的科学活动，提出了自然科学的筹划性质、意义框架对于理论的先在性、真理离不开语境等观点，论证了自然科学“是彻头彻尾的诠释学的事业”[③]。在今天再坚持培根的“四假象说”是没有根据的。培根“假象说”的意义在于，它论证了人类本性、主体的历史性、语言和文化、哲学观念和理论等对于认识影响的客观性和必然性。我们用培根的“假象说”与技术研究的类比，说明培根阐述的“四假象”对技术的研究也适用，形成我们说的“技术的四假象说”。我们认为，这四类技术“假象”构成了技术理解的前理解，导致了技术理解的多样性和不确定性。

(1)技术的“族类假象”，即来自人类的类本质的“技术假象”。人的类本质存在二重性，即人是自然存在物又是社会存在物，人有物质躯体也有自我意识。这种二重性在技术的哲学理解中就形成了一系列的“技术假象”。比如，唯心主义倾向于从精神或者社会理念的角度理解技术，唯物主义则强调人作为生命体的生存，决定了人必须把物质需要或物质资料的生

① 叶秀山、王树人:《西方哲学史(学术版)》第四卷，凤凰出版社、江苏人民出版社2004年版，第242页。

② 海德格尔:《存在与时间》(修订译本)，陈嘉映、王节庆译，生活·读书·新知三联书店1999年版，第176页。

③ 曹志平等:《科学诠释学的现象学》第一章，厦门大学出版社2016年版。

产作为理解技术的基本点。再如，人的社会和精神生活本身服从一定的规律性，如人类群体中人对人和人关系的依赖性，人类对自然和社会秩序的渴望，劳动者的兴趣总是从生产领域向政治、经济、教育或自由职业等领域转移等等，这些规律性都会产生出技术理解的“假象”。总结起来，导致技术“种族假象”的人类类本质，可以分成物质资料的生产、自我意识、人与自然的作用方式、秩序性和统一解释的追求、社会和精神生活的规律性等几个方面。

(2)技术的“洞穴假象”，即来自人的历史性的“技术假象”。研究者的历史性，如人出生家庭的社会地位、所在地区的经济发展水平、个人经历，以及个人经受的教育、兴趣、信仰和观念。这些历史性因素，都会深刻影响研究者对技术的理解。比如，一个家庭生活水平低下、从事或者从事过体力劳动的人(如农民)，很可能会形成积极和乐观的技术假象，欢迎工业技术和产品。芒福德就注意到，资本主义体系之下的机械化生产已使人们关于生活需求的态度发生了转变，通过销售渠道用金钱购买生活资料以满足生活需求已变得比从自然界直接攫取生活资料来满足需求显得更为体面[①]。一个农民直接享用通过亲手种植、饲养而生产的供日常生活所需的瓜、果、蔬、蛋、肉等，另一位农民则先把生产出来的这些东西拿到市场上销售，然后通过换来的钱购买由工厂生产的面包、饼干、罐头等。尽管这些食品得来不“易”且不够新鲜，但在后一位农民看来，他还是比前者更有品位和档次[②]。如果一位久居城市的人或者一位人文主义者看待这件事，结论可能就会完全不同。从人文主义或者科学主义理解技术，可能会放大技术的负面作用或者正面作用，形成技术假象。英国画家透纳欢迎工业化，他后期的作品只有“烟尘和光”两个主题，表示透纳“从表达撒满垃圾的科文特市场街道、灰色的厂房和黑暗的伦敦贫民窟转向表达光的纯洁”[③]。梵高的境遇差不多和透纳相反。他的早期画作描绘了阴暗的矿山、身子扭曲

① 芒福德:《技术与文明》,陈允明等译,中国建筑工业出版社 2009 年版,第 347 页。
② 芒福德:《技术与文明》,陈允明等译,中国建筑工业出版社 2009 年版,第 347 页。
③ 芒福德:《技术与文明》,陈允明等译,中国建筑工业出版社 2009 年版,第 183 页。

的矿工、肮脏破败的住房等。在从英国到法国之后，梵高便沉醉于普罗旺斯的美丽世界里，并通过创作新形式的作品来表达他对工业化的不满[①]。

(3)技术的"市场假象"，即来自语言的歧义性、基本概念的复杂性等语言和文化的"技术假象"。从研究的对象看，技术理解的困难，首先来自语言的歧义性。在古希腊，柏拉图和亚里士多德用"techne"一词指代某些技艺(包括制作、修辞和演讲等)；17世纪初，"technique"在英文中出现，指代各种应用技艺；在1707年，英国学者菲利普斯将"technology"诠释为"对工艺，尤其是机械工艺的描写"；在1728年，德国哲学家沃尔夫用"Technica"或"Technologia"来称呼一门关于技术的哲学学科——以技术或技术产品，即人通过使用身体器官特别是手制造出来的产品的科学；至18世纪中期，法国启蒙思想家狄德罗在《科学、美术与工艺百科全书》中撰写了"art"词条，用以概括"为了完成特定目标而协调动作的方法、手段和规则相结合的体系"[②]；在1777年，德国经济学家贝克曼(Johann Beckmann)在著作《技术学指南或论手工技术、工厂和工场技术》中，用"technologie"来指称"传授对自然物进行加工处理的技能知识的科学"，即"技术学"[③]。不难发现，英文"technique"(德文"Technik")与英文"technology"(德文"technologie")二者之间存在混用的情况。

在不同学者那里，"技术"一词的所指也是不尽相同的。例如，在马克思那里，技术是人的器官延长，是"机械性的劳动资料"，是工业、分工、机器，是人的本质力量的展现；在杜威那里，技术是"科学的技巧"，是科学方法，是人工制造物，是广义的"工具"；在海德格尔那里，古代技术和现代技术都是真理的"解蔽"方式，现代技术的本质是"座架"；在埃吕尔那里，技术是一种理性的活动，是一套追求绝对效率的方法，是所有技艺、技能、社会技术的集合。除此之外，费布里曼认为技术是"感觉运动技巧"；本奇认为技术是"应用科学"；贾思珀斯认为技术是"中间方法"；贾维尔认为技术是

① 芒福德：《技术与文明》，陈允明等译，中国建筑工业出版社2009年版，第184页。

② 吴国林：《自然辩证法概论》，清华大学出版社2014年版，第118页。

③ 吴国盛：《技术释义》，《哲学动态》2010年第4期。

"实现社会目的的手段";卡本特认为技术是"适应人类需要的环境控制";琼格认为技术是"实现工人格式塔心理的手段";德赛尔认为技术是"超验形式的发明和具体的实现";奥特加认为技术是"实现任何超自然自我概念的方式";黑德格认为技术是"迫使自然暴露本质的手段"[1]。技术理解中的基本概念,除了技术,还有机器、工具、价值、真理等等。对于这些概念的不同理解,也会形成技术的市场假象。

(4)技术的"剧场假象",即由哲学观念和其他重要理论引起的"技术假象"。正如黑格尔指出的,哲学发展的基本方式是派别冲突。不同时期的哲学派别冲突,以相互批判的形式,阐述了不同时代的时代精神。研究者坚持自己信赖的哲学观念和理论,排斥其他哲学理论,形成他相信为真而被另外一部分人排斥的技术理解。杜威从实用主义的角度来考量技术,将技术与工具同等看待。舍勒依其人类学现象学,揭示了"现代技术与现代科学、现代经济的共同基础和并行关系"[2]。海德格尔的现象学将技术视为存在展现的方式,并将现代技术看作是形而上学的完成形态。伊德立足于他对现象学的研究来探讨技术,认为技术的研究要系统涉及以意向性为基础的人与技术的四种关系,即具身关系、诠释关系、它异关系(alterity relation)和背景关系[3]。技术哲学本身就是从一定的哲学观对技术进行理解,技术哲学的派别冲突标志的不是技术哲学的不成熟,它标志的恰是技术哲学研究的巨大进步。

正如培根指出,导致"种族假象""洞穴假象""市场假象"和"剧场假象"的人的因素是很难克服甚至无法克服的。我们用上述四种技术"假象",表现哲学诠释学基于前理解而阐述的理解和解释的多样性。人们虽然努力从事寻求技术的统一性、确定性的工作,消除技术理解的不确定性或含混性,但从人的类本质、人的历史性、语言文化的歧义性、哲学观念的内在性

---

① 邹珊刚:《技术与技术哲学》,知识出版社 1987 年版,第 247 页。

② 吴国盛:《技术哲学经典读本》,上海交通大学出版社 2008 年版,"编者前言"第 9 页。

③ 伊德:《技术与生活世界》,韩连庆译,北京大学出版社 2012 年版,第 77 页。

等根本性上说，这种努力是不可能实现的。杜威曾说："实践活动有一个内在而不能排除的显著特征，那就是与它俱在的不确定性。因而我们不得不说：行动，但须冒着危险行动。"[①]就技术实践来说，工程技术人员追求确定性，克服不确定性，但仍然要在实践中深刻注意由不确定性导致的技术风险；理论工作者也追求确定性，但必须正视不确定性的意义和价值。这不是说，不确定性是"好的"或者"不好的"，而是说，不确定性是客观存在的。

第四节 "技术的隐匿"

关于技术本质的理解，还需要解决一个问题，即理解者的立足点的问题。这个问题与上面说的前理解的侧重点是不同的，它关注的重点是，技术是非常特殊的被研究的对象，在人研究技术以前，技术早已经构成了人的生活的内在部分。我们用"技术的隐匿"来描述人类理解技术的这个困境，即人类是在社会、生活和人自身的技术化的历史和现实中理解技术、评价技术的，而且这个技术是以发端于欧洲的现代科学为理论基础的现代技术。

一、技术史与"技术的隐匿"

我们先看看柏拉图的"洞穴隐喻"。在一个道通外面、通道透光的洞穴里住着一些打小就生活于此的囚徒。被绑得结结实实的他们，眼前是穴壁，身后隔着一条路有一处火光，路边还有一道矮矮的墙。有人举着各种各样的东西路过此地，而囚徒们将看到的投射在穴壁上的影像当作是真实的事物。偶然间，某个囚徒由于桎梏松落而站立起来并看到了背后的火光。经过一系列的际遇和不断适应，他看到了阴影、倒影、实物、月光和星

① 杜威：《确定性的寻求：关于知行关系的研究》，傅统先译，上海人民出版社2005年版，第3～4页。

光，他从最不真实的影像开始，直到走出洞穴看到了外面的真实世界[①]。柏拉图的洞穴隐喻描述了导致囚徒认识状态发生改变的参照物和立足点的变化，从穴壁、站立起来再到走出洞穴观察世界。可以用柏拉图的洞穴隐喻来比喻人类对技术的研究，石器工具（打制石器和磨制石器）、狩猎技术、金属工具、农业技术、建筑技术、交通工具、手工机器、自动化机器等不同时代的技术，都充当了人类认识技术的参照物和立足点。柏拉图洞穴中的囚徒因为适应了居住的洞穴而否认、反对走出洞穴的那位囚徒给予的关于外面世界的知识，我们是否也有可能因为居住在技术的世界而反对关于技术的真相呢？技术世界和柏拉图的洞穴不同的是，洞穴隐喻中有一位走出洞穴而又回到洞穴带来关于外面世界知识的囚徒，然而在现实社会，我们找不到这样一位能够走出技术世界，站立在技术化的社会之外，能够看清楚技术本质然后告诉我们的人。我们在技术世界中看技术、思技术，是不是也像柏拉图的囚徒在生活的洞穴中看世界一样呢？

当不能走出技术世界看技术，我们就将研究的目光投向了历史，想在技术史中通过寻找不同时代技术的异同来理解技术的本质。

技术史是技术事件的总和，而不是技术的总和[②]。这里的"事件"不是指维特根斯坦的"事态"，即"对象或事物以一确定方式结合"，也不是指怀特海的"事件"（event），即"处于一定时空关系中的世界的基本要素"，而是指社会和历史上发生的颇具影响的事情。正是这样的事情或事件构成了整个技术史。技术史首先是人类认识技术的历史，归根结底，它是一种认识史。这种认识由于受到文化的有意选择和排斥等不确定因素的影响而不可能穷尽历史上的全部技术物，因此，技术史是被记住的技术事件的历史。其次，即便关于所有被记住的技术物的具体描述的总和也不是技术史，而只能是技术物在文字上的简单累积，技术史是一定文化中的人对技

① 叶秀山、王树人：《西方哲学史（学术版）》第二卷，凤凰出版社、江苏人民出版社2005年版，第595～596页。

② 恩格斯曾说："世界不是既成事物的集合体，而是过程的集合体"。《马克思恩格斯文集》第4卷，人民出版社2009年版，第298页。

术存在物的解释的历史，“碎片化”是技术史的一个基本特征。最后，构成技术史的技术事件，不是以并列的形式在现代展示开来供我们研究，而是以类似于“卷轴画”的卷起动作，把技术存在物、技术事件不断卷入的形式给予我们的。“技术卷轴画”朝向的是技术创新，不断卷起的是落后的技术，“卷入”相当于历史上技术的消失，我们把技术的被卷入称为“技术的隐匿”。

技术在其历史上是以一种不断隐匿的方式向我们呈现的，技术史就是技术不断隐匿的历史。如果用具体技术的发展来分析，就会发现，技术的隐匿是一个简单的事实。以我们经常打交道的个人电脑来说。我们熟悉的是现在手上用的电脑，和现在的电脑比，不要说第一代电子管计算机（1946—1958年）、第二代晶体管计算机（1959—1964年）、第三代中小规模集成电路计算机（1965—1970年）等与个人关系比较远的产品，就是迄今不太远的个人电脑，如俗称的“286”（1984年）、“386”（1986年）、“486”（1989年）、“奔腾”（1996年）等，一般都难寻踪迹。软盘是个人计算机的可移储存硬件，现在人们普遍用U盘，光盘已经很少用了，至于以前的3.5英寸软盘（最大容量1.44MB）、5.25英寸软盘（最大容量360K），就早已消失了。技术存在物消失在了技术博物馆，而技术以积累的形式成为了技术创新的储备。这是“技术的隐匿”在技术层面表现出的含义。同时，从上面的例子我们还发现，这些“技术的隐匿”，不是相对于技术博物馆来说的，而是针对人们的使用，是说它们曾经被人使用一段时间然后消失了，因此，“技术的隐匿”在深层次上涉及人与技术的关系。而这正是我们关心的问题。

二、“技术隐匿”的实质

在新技术与原有技术的关系上说，“技术的隐匿”是技术的更新换代，隐匿的是旧技术。而在人与技术的关系上，“技术的隐匿”具有更深刻的寓意：“技术的隐匿”掩盖了人类理解技术的立足点。也就是说，技术以构建着人的自我意识、知识世界和世界经验的方式，让人面对技术，理解和解释技术。

技术隐匿人类解释技术的立足点,是通过三种方式实现的:技术与生活世界的融合、技术与科学的一体以及人对技术的生命认同。

第一,技术与生活的融合,构造了“我们的世界”。生活世界是我们实际生存的世界,它由客观自然界、人类精神文化和社会制度、知识和经验以及人类知觉等构成。人与人的关系和人与自然的关系,是人类生活世界的两条主线。生活世界是人类活动的立足点。“技术的隐匿”,掩盖了技术对人类这个立足点的构成作用;人们对技术的研究,表面上好像直接是以现在的技术为对象的,但人们在逻辑上早已经被技术化的生活世界和生活世界已隐匿的技术所“筹划”,正像海德格尔说的,人们事实上一直是和熟悉的东西打交道。以望远镜为例子。17 世纪初,历史上第一架具有实用价值的望远镜诞生于利伯希(Hans Lippershey)之手,与利伯希(其职业是“眼睛工匠”和“制造商”)不同,作为现代科学开创者之一的伽利略以当时最具科学性的方法制作出了被开普勒称之为“天文望远镜”的望远镜。望远镜开启了人类构造科学世界的进程,是人类认识自然和驾驭自然方面的里程碑事件,也是人类认识自我、构造自己生活世界的里程碑事件。在自然认识方面,望远镜作为里程碑式的技术事件,成为标准的科学本体论、认识论和方法论的内容:在本体论上,它告诉人们,望远镜里的“自然”才是自然的真实状况,人类肉眼观察形成的经验往往是一种假象;认识论上,望远镜奠基了科学经验论的物质基础,科学的经验必须以物质仪器为中心;方法论上,望远镜教导人们,科学研究从哪里入手,自然研究的决定性因素是什么,以及如何以物质仪器为中心进行经验的观察。以科学知识为中心,望远镜深刻地影响着人类对人的地位、精神文化的中心以及社会规范等的认识。“地球不再是宇宙的中心”,像是推倒了第一张多米诺骨牌,“人类不再是天之骄子”(达尔文)、“上帝死了”(尼采)、“我们并不了解自己的终极需求”(弗洛伊德),以及“自由意志只是幻觉”(约翰·华生)等接踵而至①。

① 波斯曼:《技术垄断:文化向技术投降》,何道宽译,北京大学出版社 2007 年版,第 32 页。

当我们现在面对与伽利略望远镜具有本质不同的射电望远镜，反思我们对来自射电望远镜的数据的信赖，上面阐述的本应是我们的理解必需的出发点，但历史上伽利略望远镜的隐匿，掩盖了我们理解望远镜与我们的知识之间的关系的这种立足点。事实上对于绝大多数人来说，由于“技术的隐匿”，伽利略望远镜本身的理解往往也晦暗不明。我们曾在《科学诠释学的现象学》第七章“伊德技术诠释的现象学”中阐述了伊德对伽利略望远镜的看法[①]。伽利略望远镜所以能够成为里程碑的技术事件，在于伽利略对用透镜组成的望远镜的相信，更在于当时人们对望远镜观察到的自然状况的相信，而这些“相信”又是如何发生的？“技术的隐匿”，造成了我们理解这种“相信”的困难。在伽利略的望远镜之前，13 世纪欧洲普遍使用的光学技术、水泵、起重机、升降机、水磨、风磨、火炮及其机械加工技术等都隐匿在了历史中，而正是它们使 17 世纪的人们使用机械、信赖机械带来的知觉成为生活世界的内在部分。因此，伊德说，“从富有历史感的角度来看待伽利略的时代就会发现，大批已经普遍使用的技术给人留下了深刻印象”，它们“已经变成了一种普通的生活形式”[②]。

总之，技术的发展是技术不断隐匿的过程，这个过程同时也是技术不断隐藏它在人类生活世界中的“痕迹”“结果”和“效用”的过程。我们对技术的理解，表面上看好像和其他新的认识对象没有本质的区别，但技术与人类生活世界的融合，使我们的理解具有了根本上的“技术的基础”。“技术的隐匿”，掩盖和隐藏了生活世界的这个技术基础。

第二，技术与科学的一体。技术与科学是有区别的，不能将轧钢技术与量子力学、相对论相提并论。正因为这样，当欧洲产生的自然科学与现代技术融为一体，就会产生一种文化和思想的垄断，即技术垄断。技术垄断隐匿和掩盖了不同文化之间的技术选择。

对于人类来说，技术比科学更根本，技术作为劳动工具是人成为人的

① 曹志平等：《科学诠释学的现象学》，厦门大学出版社 2016 年版，第 263～272 页。

② 唐·伊德：《技术与生活世界》，韩连庆译，北京大学出版社 2012 年版，第 61 页。

一个基本条件。古代技术是和人类对自然的认识独立发展的,它们是非系统化的,具有与生产劳动紧密结合的、单一的、分散的特征。人类技术的积累,是现代自然科学系统发生的一个必要条件,就像恩格斯总结的:“科学的发生和发展一开始早就被生产所决定。”[①]现代自然科学的对象具有的可测量和数学化的要求,本质地把技术和仪器作为了科学发展的基础。没有技术和仪器,科学会失去经验支持,科学的检验成为空话,科学就变成了和形而上学一样的逻辑推演。而反过来,科学的测量经验论,使现代技术推行的测量、检测、量的精确及其标准化程序,普遍化为现代人生活世界的重要特征。比如,人们往往很容易地接受了医院医生要求的多种多样的医学检查,而且每年一次的体检被许多人看作是一件必须做的事情;至于人们从一些主要技术规格的数字的高低,区分新产品和旧产品这样的事情,更被看作是自然而然的了。科学在测量经验论方面对现代技术的支持,通常被技术哲学所忽视,人们看到的往往是科学理论到技术的转化,忽视了在影响人类思想方面科学比技术更有理论优势。马克思总结了18—19世纪欧洲工业革命,在《资本论》中提出技术是科学的应用;现代科学观往往习惯于称技术是应用科学;伊德从科学现象学提出科学是技术-科学,认为不从技术出发就不能理解科学;斯蒂格勒提出,与其说技术是应用科学,不如说科学是应用技术的观点[②];等等。这些看起来相互冲突的观点,说明了科学与技术的一体化已经是一个事实。如果我们进一步分析现代科学与技术的实质,就会发现科学与技术的一体事实上是一种技术的隐匿。

我们平常说的科学,是15世纪开始诞生于欧洲的现代自然知识体系,它具有测量的经验论和数学化特征,一般认为它是经验主义和理性主义结合的产物。自然科学的基本特征有两个:一是自然科学研究的自然是可数学化和可测量的自然,不可测量的自然,自然科学并不研究,这就是西方马克思主义所批判的自然科学在自然的认识中以数量的精确性代替了质的

① 恩格斯:《自然辩证法》,于光远等编译,人民出版社1984年版,第27页。

② 胡翌霖:《电影哲学,而不是关于电影的哲学》,《中国图书评论》2012年第11期。

多样性；二是自然科学对自然对象的研究是以对立的思维方式，以改造、加工等“侵略性”的方式进行的，这也就是我们上面说的自然科学为什么必须以技术和仪器为条件的原因。自然科学的这两个特征，把自然科学与古代中国的以体验等方式获得的自然知识区分了开来。自然科学与技术的一体化，形成了以自然科学和现代技术为核心的技术垄断和思想垄断，当以科学技术为核心的文明随着经济全球化、社会现代化而普遍化后，其他的文明、文化、自然知识、思维方式都被排斥。所以，我们说，科学与技术的一体是一种“技术的隐匿”，它用现代技术、现代化，隐匿、掩盖了其他文明、文化、自然知识和思维方式的意义。中国古代技术具有悠久的历史传统，大家熟知的“四大发明”极大地推动了人类文明的历史进程，具有辩证思维方式、独特的理论和技术方法的中医药是中国古代自然认识和治疗技术的瑰宝。因此，对技术的研究，不能仅仅根据现代技术，而必须考虑到人类不同文化中的技术，而科学与技术一体化下的技术研究却掩盖了这一点。

第三，人对技术的生命认同，隐匿了技术正在构建着现代人的自我意识和世界经验。人的生命认同，像狄尔泰的生命移情概念一样，本应只发生在人与人之间。但现代技术已经参与到了人类生命的再造，人对机器人、克隆技术、人造器官、各种整容技术等的确认和欢迎，就具有生命认同的性质。人对技术的生命认同，典型地存在于现代人的自我意识、生命表现和世界经验的重构中。我们用“电影”和“电影院”来进行分析。

世界上第一部电影上映于1895年12月28日的巴黎卡普辛路14号大咖啡馆。北京在1905年拥有了平安电影院，上海人1908年在虹口大戏院开启了观影之旅，之后“影戏院（园）”在北京和上海这样的大都市如雨后春笋般涌现。随着电影放映业的发展，现代社会中已形成了特有的电影文化公共空间，这一空间“以电影院为中心”，涵盖了“电视、电台、网络、手机、游戏、电影杂志、报刊专栏、电影书籍等在内的影像、文字媒介”[①]。从词源上看，“cinema”来自古希腊语的“kinema”，兼有“运动”和“情感”之意。运

① 陈晓云：《现代电影院文化涵义的双重读解》，《文艺研究》2009年第8期。

动着的电影打动我们，靠的不仅是“情感渲染”，而且还有其作为“传动系统的形式和作为媒介物的方式”[①]。正如博德里(Jean Baudrillard)所看到的那样：“放映机、黑暗的大厅、银幕等元素以一种惊人的方式再生产着柏拉图洞穴……的场面调度。”[②]作为现代科技的产物，电影院如同柏拉图所说的洞穴，放映机投射出的光影犹如火光映射的影子，而安坐的观影者则像被固定在洞穴的“失由人”(失去自由的人)[③]。电影院犹如一部“催眠的机器”，对进入者实施着“梦幻的诱惑”。“灯光熄灭是一个信号”，“意指着梦境的开始”。“观众的观看欲望的激发和对影像世界的投入”都有助于“想象性认同”的正常进行[④]。这一“认同”根源于现代性。电影不仅是科技和艺术的融合，也是现代科技和工业化的“鼓吹者”。“伴随着现代性，对触觉和表面体验的渴望增多，这驱使着一种扩张个体宇宙的冲动，并最终将之展示在屏幕上”[⑤]。巴迪欧说：“电影是绝对不纯的艺术，它基于对世界最粗俗的复制，其生产条件也依靠不纯的物质系统。”[⑥]电影和电影院，作为一种哲学体验场所，隐匿了这样一个事实：“以电影工业为代表的现代技术正在构建着现代人的自我意识和世界经验。”[⑦]

在当代，技术对人类意识和生命的建构，比以往任何时候都突出和强大。计算机和网络技术创造的“虚拟世界”“镜像世界”，比电影院更像柏拉图的洞穴。它更加形象地说明了，我们确实是在“技术洞穴”中反思技术，并且在我们的反思中，洞穴不断地在事物的产生和隐匿中变化着。“技术的隐匿”揭示了技术发展中的一个客观事实：现代技术的发展，隐匿了技术

---

① 朱莉安娜·布鲁诺：《放映之场所：电影院、博物馆及投影的艺术》，刘永孜译，《北京电影学院学报》2016年第2期。

② 让-路易·博德里：《基本电影机器的意识形态效果》，李迅译，李恒基、杨远婴：《外国电影理论文选》，上海文艺出版社1995年版，第494页。

③ 陈晓云：《现代电影院文化涵义的双重读解》，《文艺研究》2009年第8期。

④ 吴琼：《电影院：一种拉康式的阅读》，《中国人民大学学报》2011年第6期。

⑤ 朱莉安娜·布鲁诺：《放映之场所：电影院、博物馆及投影的艺术》，刘永孜译，《北京电影学院学报》2016年第2期。

⑥ 阿兰·巴迪欧：《电影作为哲学实验》，李洋译，《文艺理论研究》2013年第4期。

⑦ 胡翌霖：《电影哲学，而不是关于电影的哲学》，《中国图书评论》2012年第11期。

构成了我们生活世界的基础，掩盖了现代技术的垄断和思想统治，隐藏了对其他文化及其技术的排斥，以及技术对人类自我意识和世界经验的构建。因此，“技术隐匿”的方法论意义是：技术的哲学研究，必须建立在通晓人类技术的历史和成就，融合不同文明传统中的技术、哲学观念、思维方式和价值观的基础之上。

结束语

技术基础主义不仅仅是一种技术功能观，即将技术看作是解释或构建人类生活世界的依据或核心，更是一种独特的技术哲学观——它寻求技术在认识论、价值论和存在论上的统一性，是在哲学层面上对技术与社会关系的整体把握。我们的主要目的在于阐明技术基础主义的内涵与标准，揭示技术基础主义产生的历史条件和与之相关的哲学理论，阐述技术基础主义的基本观点或主张，探究它们背后的存在论、价值论和认识论根据，指出技术基础主义的弊端、合理性以及可能的前景。与此同时，我们也想通过对技术基础主义的考察，尝试回答在序言中提出的问题——我们未来会生活在更好的世界吗？

现在看来，虽然我们基本完成了主要目标，但仍不能完全确定地回答上面的问题。因为，不仅“现实”和“未来”本身充满了不确定性，而且它们之间的通道也是由饱含不确定性的事物构筑而成的，所以，无论我们的答案是肯定的还是否定的，这答案本身都仍具有不确定性和含混性。然而，在对技术的哲学研究中，现实的技术问题总是“逼迫”着我们去思考人类的未来。

技术哲学研究存在两种目标取向，即如何使人在更好的技术世界里生活，以及如何使人在技术世界里生活得更好。不论结果如何，这两个目标都隐含了“更好”的取向。技术基础主义坚持这个“更好”，但“什么是更好的”或者“更好如何衡量”这个问题仍然晦暗不明，有一点却是可以肯定的：从技术出发来讨论人的本质，或从人出发来讨论技术的本质，都是有问题的。技术和人都如同一幅卷轴画，技术隐匿的不仅是原有的技术，而且包括人原有的生活世界；技术-人共同体将成为理论研究关注的现实对象，这不仅是从人类社会和人类生活的技术化、技术文化的统治来说的，而且是从技术对人类生命、自我意识和世界经验的建构来说的。未来当人们从人出发批判技术的时候，“人是什么”会因为技术而成为最基本的问题。只有面向未来，拉·梅特里在《人是机器》中说的这段话，才会真正显示出它的含义。拉·梅特里说：“毛虫看到它的同类的蜕化，痛楚地悲悼它的种类的命运，认为它消亡了。这些毛虫的心灵（因为每一个动物都有它的心灵）不能够了解自然的无穷变化。从来就不曾有过一条最聪明的毛虫会想到它一朝会变成蝴蝶。我们的情形也是一样。我们连自己的来源都不知道，又怎能知道我们的命运呢？”[①]

技术基础主义揭示了人类社会的技术基础，像马克思、海德格尔等人都对这个基础进行了全面批判。社会的技术基础是在技术的隐匿中进步的，我们过去更多关注的是进步的异化形式，而对“技术的隐匿”反思不足。“技术的隐匿”，不仅涉及西方马克思主义社会批判理论讨论的人对自然“侵略”“改造”的态度和对立的思维方式，而且更重要的是它关系到人类文明、文化的多样性问题。现代技术隐匿了它对其他文明中的技术和自然知识的排斥。强调人类文明、文化的多样性，将中医药这样的与自然科学和现代技术的思维方式不同的具有悠久历史传统的理论和技术作为现代社会文化的重要部分，改变现代技术在思维方式、文化和价值观上的统治，是我们寻找更好的技术社会或者在技术社会中更好地生活应该进行的实践。这应该是我们通过技术基础主义研究理应达到的一点共识吧。

① 拉·梅特里：《人是机器》，顾寿观译，商务印书馆1991年版，第72页。

参考文献

[1] Andrew Feenberg, *Questioning Technology*, Routledge, 1999.

[2] B. Bimber, *Three Faces of Technological Determinism*, in Merritt R. Smith and L. Marx(eds.), *Does Technology Drive History?: the dilemma of technological determinism*, Massachusetts Institute of Technology, 1994.

[3] Emmanuel G. Mesthene, *Technology Change: Its Impact on Man and Society*, Harvard University Press, 1970.

[4] Jacques Ellul, *The Technological Society*, trans. John Wilkinson, Alfred A. knopf, 1964.

[5] Jacques Ellul, *The Technological System*, trans. Joachim Neugroschel, Continuum, 1980.

[6] John Dewey, *Evolution and Ethics*, The Monist, 1898(3).

[7] John Dewey, *Progress*, International Journal of Ethnics, 1916(3).

[8] John Dewey, *Philosophy and Civilization*, Minton Balch & Co., 1931.

[9] John Dewey, *Logic: The Theory of Inquiry*, Henry Holt and Co., 1938.

[10] John Dewey, *The Public and Its problems*, Henry Holt and

Co.,1972.

[11] Langdon Winner, *Autonomous Technology: Technics-out-of-Control as a Theme in Political Thought*, The MIT Press, 1977.

[12] Melvin Seeman, *On the Meaning of Alienation*, American Sociological Review, 1959(6).

[13] W. F. Ogburn, *On Culture and Social Change Selected Papers*, The University of Chicago Press, 1964.

[14]马克思、恩格斯:《马克思恩格斯全集》第3卷,人民出版社2002年版。

[15]马克思、恩格斯:《马克思恩格斯全集》第16卷,人民出版社1964年版。

[16]马克思、恩格斯:《马克思恩格斯全集》第23卷,人民出版社1972年版。

[17]马克思、恩格斯:《马克思恩格斯全集》第27卷,人民出版社1972年版。

[18]马克思、恩格斯:《马克思恩格斯全集》第30卷,人民出版社1995年版。

[19]马克思、恩格斯:《马克思恩格斯全集》第31卷(上),人民出版社1998年版。

[20]马克思、恩格斯:《马克思恩格斯全集》第32卷,人民出版社1998年版。

[21]马克思、恩格斯:《马克思恩格斯全集》第42卷,人民出版社2016年版。

[22]马克思、恩格斯:《马克思恩格斯全集》第43卷,人民出版社2016年版。

[23]马克思、恩格斯:《马克思恩格斯全集》第44卷,人民出版社2001年版。

[24]马克思、恩格斯:《马克思恩格斯全集》第46卷(下),人民出版社

1980 年版。

[25]马克思、恩格斯:《马克思恩格斯全集》第 47 卷,人民出版社 1979 年版。

[26]马克思、恩格斯:《马克思恩格斯文集》第 1 卷,人民出版社 2009 年版。

[27]马克思、恩格斯:《马克思恩格斯文集》第 8 卷,人民出版社 2009 年版。

[28]马克思、恩格斯:《马克思恩格斯选集》第 1 卷,人民出版社 1995 年版。

[29]马克思、恩格斯:《马克思恩格斯选集》第 2 卷,人民出版社 1995 年版。

[30]马克思、恩格斯:《马克思恩格斯选集》第 3 卷,人民出版社 1995 年版。

[31]马克思、恩格斯:《马克思恩格斯选集》第 4 卷,人民出版社 1995 年版。

[32]马克思:《1844 年经济学-哲学手稿》,刘丕坤译,人民出版社 1979 年版。

[33]F.拉普:《技术哲学导论》,刘武等译,辽宁科学技术出版社 1986 年版。

[34]弗洛伊德:《一种幻想的未来　文明及其不满》,严志军、张沫译,上海人民出版社 2003 年版。

[35]F.拉普编:《技术科学的思维结构》,刘武等译,吉林人民出版社 1988 年版。

[36]盖伦:《技术时代的人类心灵:工业社会的社会心理问题》,何兆武、何冰译,上海科技教育出版社 2003 年版。

[37]冈特·绍伊博尔德:《海德格尔分析新时代的技术》,宋祖良译,中国社会科学出版社 1993 年版。

[38]哈贝马斯:《作为"意识形态"的技术与科学》,李黎、郭官义译,学

林出版社 1999 年版。

[39]海德格尔:《存在与时间》(修订译本),陈嘉映、王节庆译,生活·读书·新知三联书店 1999 年版。

[40]海德格尔:《路标》,孙周兴译,商务印书馆 2000 年版。

[41]海德格尔:《演讲与论文集》,孙周兴译,生活·读书·新知三联书店 2005 年版。

[42]拉德卡:《自然与权力:世界环境史》,王国豫、付天海译,河北大学出版社 2004 年版。

[43]雅斯贝斯:《时代的精神状况》,王德峰译,上海译文出版社 1997 年版。

[44]雅斯贝斯:《历史的起源与目标》,魏楚雄、俞新天译,华夏出版社 1989 年版。

[45]博德里亚尔:《完美的罪行》,王为民译,商务印书馆 2000 年版。

[46]卢梭:《论科学与艺术》,何兆武译,商务印书馆 1963 年版。

[47]斯蒂格勒:《技术与时间:爱比米修斯的过失》,裴程译,译林出版社 1999 年版。

[48]E.舒尔曼:《科技文明与人类未来——在哲学深层的挑战》,李小兵等译,东方出版社 1995 年版。

[49]安德鲁·芬伯格:《技术批判理论》,韩连庆、曹观法译,北京大学出版社 2005 年版。

[50]奥尔曼:《异化:马克思论资本主义社会中人的概念》,王贵贤译,北京师范大学出版社 2011 年版。

[51]奥格本:《社会变迁——关于文化和先天的本质》,王晓毅、陈育国译,浙江人民出版社 1989 年版。

[52]巴萨拉:《技术发展简史》,周光发译,复旦大学出版社 2000 年版。

[53]波斯曼:《技术垄断:文化向技术投降》,何道宽译,北京大学出版社 2007 年版。

[54]杜威:《经验与自然》,傅统先译,商务印书馆 2014 年版。

[55]杜威:《确定性的寻求:关于知行关系的研究》,傅统先译,上海人民出版社 2005 年版。

[56]杜威:《人的问题》,傅统先、邱椿译,上海人民出版社 2006 年版。

[57]卡尔·米切姆:《技术哲学概论》,殷登祥、曹南燕等译,天津科学技术出版社 1999 年版。

[58]拉里·希克曼:《杜威的实用主义技术》,韩连庆译,北京大学出版社 2010 年版。

[59]兰登·温纳:《自主性技术:作为政治思想主题的失控技术》,杨海燕译,北京大学出版社 2014 年版。

[60]马尔库塞:《单向度的人:发达工业社会意识形态研究》,刘继译,上海译文出版社 1989 年版。

[61]麦克莱伦第三、多恩:《世界史上的科学技术》,王鸣阳译,上海科技教育出版社 2003 年版。

[62]芒福德:《技术与文明》,陈允明等译,中国建筑工业出版社 2009 年版。

[63]米切姆:《通过技术思考:工程与哲学之间的道路》,陈凡等译,辽宁人民出版社 2008 年版。

[64]塞维斯:《文化进化论》,黄宝玮等译,华夏出版社 1991 年版。

[65]威廉姆·肖:《马克思的历史理论》,阮仁惠等译,重庆出版社 1989 年版。

[66]N.维纳:《人有人的用处——控制论和社会》,陈步译,商务印书馆 1989 年版。

[67]唐·伊德:《让事物“说话”:后现象学与技术科学》,韩连庆译,北京大学出版社 2008 年版。

[68]伊德:《技术与生活世界》,韩连庆译,北京大学出版社 2012 年版。

[69]查尔斯·辛格等:《技术史:19 世纪下半叶,约 1850 年至约 1900 年》第 5 卷,远德玉、丁云龙主译,上海科技教育出版社 2004 年版。

[70]特雷弗·I.威廉斯:《技术史:20 世纪,约 1900 年至约 1950 年(下

部)》第7卷,刘则渊、孙希忠主译,上海科技教育出版社2004年版。

[71]亚·沃尔夫:《十六、十七世纪科学、技术和哲学史》,周昌忠等译,商务印书馆1997年版。

[72]约翰·齐曼:《技术创新进化论》,孙喜杰、曾国屏译,上海科技教育出版社2002年版。

[73]约翰·伯瑞:《进步的观念》,范祥涛译,上海三联书店2005年版。

[74] 曹志平等:《科学解释与社会理解——当代西方社会科学哲学研究》,厦门大学出版社2017年版。

[75] 曹志平等:《科学诠释学的现象学》,厦门大学出版社2016年版。

[76] 陈昌曙:《技术哲学引论》,科学出版社1999年版。

[77] 刘放桐等:《新编现代西方哲学》,人民出版社2000年版。

[78] 陆梅林、程代熙:《异化问题:下册》,文化艺术出版社1986年版。

[79] 乔瑞金:《马克思技术哲学纲要》,人民出版社2002年版。

[80] 王伯鲁:《〈资本论〉及其手稿技术思想研究》,西南交通大学出版社2016年版。

[81] 王伯鲁:《马克思技术思想纲要》,科学出版社2009年版。

[82] 吴国盛编:《技术哲学经典读本》,上海交通大学出版社2008年版。

[83] 许良:《技术哲学》,复旦大学出版社2004年版。

[84] 叶秀山、王树人:《西方哲学史(学术版)》第二卷(上、下),凤凰出版社、江苏人民出版社2005年版。

[85] 叶秀山、王树人:《西方哲学史(学术版)》第四卷,凤凰出版社、江苏人民出版社2004年版。

[86] 邹珊刚:《技术与技术哲学》,知识出版社1987年版。